理工系 物理学の基礎

電磁気学

在田 謙一郎 著

培風館

はじめに

自然界には4種類の力があり，そのうち我々が日常目にする自然現象に直接関与するのは重力 (万有引力) と電磁気力である．電磁気とは電気と磁気の総称であるが，電気力と磁気力とは最初別々の力として独立に研究され，のちに電気と磁気とが影響し合う現象の発見とその研究を通してそれらが統一的に扱われるようになった．こうして今日マクスウェルの理論として知られる電磁気学の理論体系が確立した．本書では，この電磁気学の基礎について学ぶ．

大学初年次に学ぶ電磁気学においては，数学的な取り扱いのやさしい静電場を最初に学び，続いて電流の磁気作用と静磁場，電磁誘導，さらにこれらをマクスウェル方程式に統括し，電磁波を導くという順で論じる形式が最も多くのテキストで採用されている．歴史的な発展を追って，磁荷を磁気の源とする記述を電流の磁気作用に先んじて論じる形式がとられているものも少なくない．基礎過程で電磁気学を学ぶ最も重要な目的の1つは場の考え方を習得することである．電気力と磁気力は，電荷にはたらくローレンツ力という1つの力の異なる側面である．また，これらの力を媒介する電場と磁場は電荷によってつくられる電磁場という1つの場の異なる側面である．本書ではこのことをより明確にし，その考え方を統一的にとらえることができるよう，電気と磁気の類似性と異質性とを対比させながら並行して論じ，電磁気学を統括する基礎方程式であるマクスウェル方程式にアプローチしていく形式を採用した．

多くの理工系学部の基礎教育課程では，1年次前期に力学を履修し，1年次後期に電磁気学を学ぶ．本書は大学の理工系教育課程初年次における電磁気学の半期講義 (15週) での使用を想定して執筆した．数学的な曖昧さを極力排除し，大学初年次の微積分の知識で理解できる範囲で，一般的かつ簡潔ですっきりとした数学的記述をめざした．

ベクトルの演算に関する初等的な知識は線形代数や力学の講義で習得してい

ることを期待するが，本書で使用する内容については，あらためて巻末の付録にまとめておいた．ベクトル解析は，電磁気学に限らず他の物理学や工学分野を学ぶ上でも必須である．クロネッカーのデルタやエディントンのイプシロンを用いたベクトルの積の計算方法や公式，その応用例についても付録に記載した．また，ベクトルポテンシャルは初等的な電磁気学の教科書では省かれることが多いが，電場と磁場の対応関係を示すうえで重要であり，諸法則の一般的導出にも有用であるので，これについても言及した．

本書で電磁気学を学ぶにあたり，高校での物理学の履修は必ずしも前提としないが，はじめて電磁気学を学ぶにあたっては難解に感じられる部分があるかもしれない．読者の学力と理解度に応じて利用できるよう，数学的にやや高度な内容を含む部分の標題に * 印をつけ，初読時にはこの部分をスキップして読み進めても支障がないように構成した．* 印の部分は主として電磁場の微分法則について記したものであり，これらを習得しなくても積分法則によって電磁気学全般の大要をつかむことができる．逆に，* 印の部分まで含めて学習するのであれば，専門課程でのテキスト，参考書としての使用にもたえる内容になっているので，電磁気学を必要とする幅広い読者に長く活用していただけるものと思う．

原稿は入念に点検を行ったが，刊行後に誤り等が見つかった場合は以下のウェブページの正誤表に随時追記していく予定である．

`https://nt.web.nitech.ac.jp/book/`

本書の執筆過程においては培風館の斉藤 淳氏，久保田将広氏に大変お世話になった．ここに感謝の意を表する．

2024 年 7 月

著者しるす

目　次

7. マクスウェル方程式と電磁波 * 165

付　録 179

演習問題解説 203

索　引 220

本書で用いる各種記号および表記法について

- 重要な物理用語は初出時にゴシック体 (太字) で表記し，括弧内に英語を付す.
- 物理量を表す記号にはアルファベットまたはギリシャ文字のイタリック体 (斜字体) を用いる．スカラー量は細字の斜字体 (a, A, α など)，ベクトル量は太字の斜字体 ($\boldsymbol{a}$, $\boldsymbol{A}$, $\boldsymbol{\alpha}$ など) で表す．これらは物理学の文献での標準的な表記法となっている.
- 物理量 A の時間変化率，すなわち時間 t による微分 $\dfrac{dA}{dt}$ を記号 $\dot{A}$ で表す．なお，時間以外の変数 x による 1 変数関数 $f(x)$ の微分 $\dfrac{df}{dx}$ については $f'(x)$ と表記する.
- 式 $A \equiv B$ は，記号 A を式 B によって定義することを表す.
- 式 $A \simeq B$ は B が A に対する近似式，あるいは近似値であることを表す.
- 正の量 A, B に関する不等式 $A \gg B$ ($A \ll B$) は A が B に比べて極度に大きい (小さい) ことを表す.
- ベクトル $\boldsymbol{A}$ とベクトル $\boldsymbol{B}$ の内積 (スカラー積) を $\boldsymbol{A} \cdot \boldsymbol{B}$，外積 (ベクトル積) を $\boldsymbol{A} \times \boldsymbol{B}$ で表す《☞ 付録 A.2》.
- 数値計算に必要なときなどに参照できるよう，付録 E に物理基礎定数表を収録した.
- 回路記号凡例 (1999 年改訂の新 JIS に準拠)

装 置 名	記 号
直流電源	 (+) (−)
交流電源	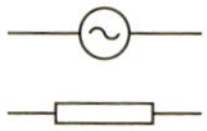
抵抗	
コンデンサー	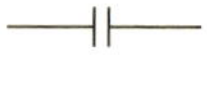
コイル	
検流計	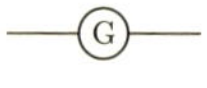 G
スイッチ	

1
電磁気の構成要素 ——電荷，電流，電場と磁場

電磁気学の学習を始めるにあたり，まず最初に電気と磁気の源である電荷とその流れである電流の基本的な性質を整理し，電荷と電荷，電流と電流の間にはたらく電磁気力を媒介する電場，磁場の考え方について学ぶ．

1.1 電　荷

あらゆる電気的および磁気的現象は**電荷** (electric charge) を源として生じ，電荷を担う粒子を**荷電粒子** (charged particle) という．電荷には正，負の 2 種類があり，同種電荷間には斥力，異種電荷間には引力がはたらく．このような静止した電荷間にはたらく力を**静電気力** (electrostatic force)，あるいはその力の性質を明らかにしたクーロン (C. Coulomb，フランス) に因んで**クーロン力** (Coulomb force) という．

物質は原子でできているが，原子の中心には正の電荷をもつ原子核 (atomic nucleus) があり，負の電荷をもつ**電子** (electron) がクーロン力によって原子核に引きつけられ，そのまわりに分布している (図 1.1)．原子核は正の電荷をもつ**陽子** (proton) と電荷をもたない中性子 (neutron) からできている．1 個の陽子がもつ電荷は 1 個の電子がもつ電荷と絶対値が等しく，その大きさ e はそれ以上分割することのできない[1]電荷の最小単位であり，**電気素量**あるいは**素電荷** (elementary charge) という．あらゆる荷電粒子は，この e の整数倍の

1) 素粒子の標準模型によると，陽子や中性子などの素粒子は，さらに小さなクォークという粒子の集合体である．クォークは e の $\frac{1}{3}$ 倍や $\frac{2}{3}$ 倍の大きさの電荷をもつと考えられているが，それらを単独で取り出して観測することはできない．

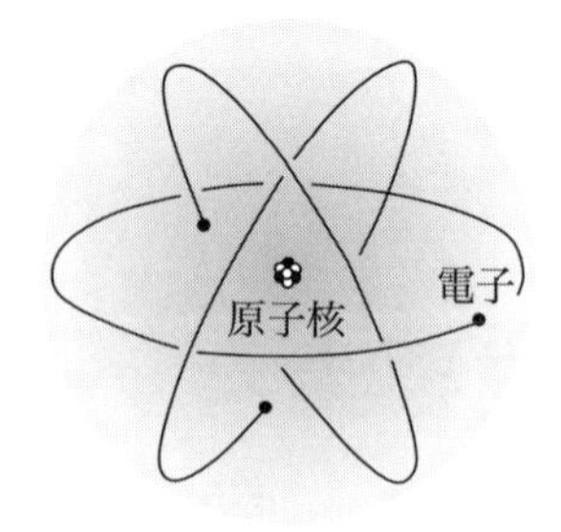

図 1.1 原子構造の古典模型．電子が原子核からのクーロン力を受けて太陽系の惑星のように原子核のまわりを軌道運動している．量子力学によれば電子は粒子性と波動性をあわせもち，原子内では電子の波が原子核のまわりに雲のように分布している．

電荷をもっている．電荷の単位 C (クーロン) を用いると電気素量の値はおよそ 1.6×10^{-19} C である《☞ 1.10 節》.

問 1.1 1 g の水素を陽子と電子とに分離したとすると，それぞれの電荷の総量はいくらか．[水素 1 g (1 mol) 中にはアヴォガドロ数 ($N_{\mathrm{A}} = 6.02 \times 10^{23}$) 個の電子と陽子が存在する．答：$\pm 9.6 \times 10^{4}$ C]

電荷は，荷電粒子の間にはたらくクーロン力の強さを表す量であり《☞ 2.1 節》，重力 (万有引力) における質量 (重力質量) と同じ役割を担っている．粒子の質量は一定不変のようにみえるが，実際には速度の増大とともに大きくなることが知られている[2]．これに対して，荷電粒子の電荷はその運動状態によらず一定であり，静止しているときも高速で運動しているときも電荷は等しい．この性質は**電荷の不変性** (charge invariance) とよばれ，測定により精度よく確かめられている．たとえば，原子の内部での電子の運動状態は原子の種類によって大きく異なるはずであるが，それにもかかわらずすべての原子が厳密な電気的中性を示している事実は電荷が不変であることの 1 つの証拠と考えられよう．

また，電荷は何もないところから生じたり，もともと存在していた電荷が消えてなくなったりすることはない．したがって，あらゆる物理過程において電荷の総量は保存される．これを**電荷の保存則** (charge conservation) という．

2) 特殊相対性理論によると，質量は光速に近づくと無限に大きくなり，このためどんなに大きな力を加え続けても物体の速さが光速を超えることはできない．

素粒子の反応では，荷電粒子が生成・消滅する現象が知られているが，そのようないかなる反応においても，その前後で電荷の総量は変化しない．ガンマ線 (光子，電荷 0) が物質中で電子と陽電子 (電子の反粒子で，質量が電子と等しく，正の電荷 $+e$ をもつ) の対を生じる電子対生成や，その逆に電子と陽電子が衝突してガンマ線に変わる電子対消滅

$$\mathrm{e}\ (\text{電子}) + \bar{\mathrm{e}}\ (\text{陽電子}) \rightleftarrows \gamma\ (\text{光子}),$$

放射性元素の原子核内部で中性子が陽子に変わりベータ線 (高エネルギーの電子) と電荷をもたないニュートリノを放出するベータ崩壊

$$\mathrm{n}\ (\text{中性子}) \to \mathrm{p}\ (\text{陽子}) + \mathrm{e}\ (\text{電子}) + \bar{\nu}_e\ (\text{反電子ニュートリノ})$$

などにおいてもこの法則が成り立っていることがわかる．

一般の電荷分布は点状の荷電粒子の集まりであるが，巨視的な物体を扱う場合，電荷は物体に連続的に分布したものとして扱うことができる．物体中の点 $\boldsymbol{r}$ 近傍に十分多くの荷電粒子を含む微小体積 ΔV の領域を考え，その中にある電荷を ΔQ とするとき，単位体積あたりの電荷

$$\rho(\boldsymbol{r}) = \frac{\Delta Q}{\Delta V} \tag{1.1}$$

は $\boldsymbol{r}$ のなめらかな関数とみなせる．これを点 $\boldsymbol{r}$ における**電荷密度** (charge density) という．また電荷は物体の表面や異なる物質と物質の境界面などに面状に分布する場合や，線に沿って分布する場合もあり，それぞれ面電荷，線電荷とよばれる．このときの単位面積あたりの面電荷を面電荷密度，単位長さあたりの線電荷を線電荷密度といい，これらの量を用いて物体中の電荷分布の様子を記述することができる．

問 1.2 半径 1 cm の球の表面上に 2.0×10^{-8} C の電荷が一様に分布しているとき，面電荷密度はいくらか [答： $1.6 \times 10^{-5}\ \mathrm{C/m^2}$]

1.2 クーロン力と電場

クーロン力は図 1.2 (a) のように，空間的に離れた電荷と電荷の間にはたらく．空間的に離れた 2 つの物体が何の仲立ちにもよらず直接力を及ぼし合うこ

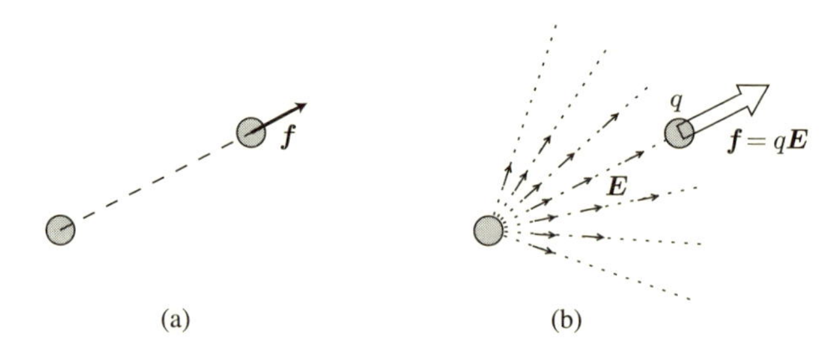

図 1.2 クーロン力の 2 通りの解釈：遠隔作用 (a) と近接作用 (b)

とを**遠隔作用**，あるいは**非局所作用** (nonlocal action) といい，クーロン力はこのような遠隔作用にみえる．しかしながら，この力の作用にはもう 1 つのとらえ方がある．図 1.2 (b) に示すように電荷のまわりで空間の性質に変化が起こり，その変化が空間を伝わって離れた電荷に力を及ぼすという考え方で，これを**近接作用**，あるいは**局所作用** (local action) という．電荷に力を及ぼすような空間の性質，またはその性質を帯びた空間のことを**電場** (electric field) という．静止したままの電荷の間にはたらくクーロン力についてはどちらの解釈でも違いはないが，電荷の位置が変化すると，遠隔作用の考え方ではそれに応じて力が瞬間的に変化するのに対して，近接作用の考え方では電荷の位置の変化の影響が伝わる速さが有限であるため，力が変化するまでの間に時間的な遅れが生じる．このような遅延効果や，第 7 章で述べる電磁波の発見をはじめとする電磁場の理論の成功により，近接作用の考え方が正しいと考えられている．

一般に空間の各点に位置の関数として分布する量，またはそれが分布する空間を「**場**」(field) といい，その量がスカラーであるとき**スカラー場**，ベクトルであるとき**ベクトル場**という．電場は静止している電荷に力を及ぼすような空間の性質であり，電場を表す物理量は電荷にはたらく力をもとにして決められる．電場中に置かれた試験電荷 q (まわりの電場に影響を与えない十分小さな点状の電荷) にはたらくクーロン力 $\boldsymbol{f}$ は電荷 q に比例し，この力を単位電荷あたりに換算した量 $\boldsymbol{E} = \boldsymbol{f}/q$ によって電場を表す物理量を定義する．この定義により電場 $\boldsymbol{E}$ の単位は N/C と表すことができる[3]．試験電荷にはたらく力は一般に位置 $\boldsymbol{r}$ によって異なるので，電場は空間の各点に分布したベクトル場 $\boldsymbol{E}(\boldsymbol{r})$ となる．

3) 一般に電場の単位には次節で述べる電位の単位 V (ボルト) を用いた V/m が用いられる．

このように電荷はそのまわりに電場を生じ，その中に置かれた電荷が電場から力を受ける．電場 $\boldsymbol{E}(\boldsymbol{r})$ の中の点 $\boldsymbol{r}$ に置かれた電荷 q にはたらく力は

$$\boldsymbol{f}(\boldsymbol{r}) = q\boldsymbol{E}(\boldsymbol{r}) \tag{1.2}$$

と表される．

問 1.3 電荷 10^{-8} C に帯電した微粒子に 10^{-5} N の力を及ぼす電場の強さを求めよ．

[答： 10^3 N/C]

1.3 静電場の保存性と電位

■ クーロン力のポテンシャル

一様な電場 $\boldsymbol{E}_0$ が加えられた空間での電荷 q の運動を考える．この電荷が点 $\boldsymbol{r}_1 = (x_1, y_1, z_1)$ から $\boldsymbol{r}_2 = (x_2, y_2, z_2)$ まで移動する間に電場からされる仕事は

$$W = \int_{\boldsymbol{r}_1}^{\boldsymbol{r}_2} q\boldsymbol{E}_0 \cdot d\boldsymbol{r} = q\boldsymbol{E}_0 \cdot \int_{\boldsymbol{r}_1}^{\boldsymbol{r}_2} d\boldsymbol{r} = q\boldsymbol{E}_0 \cdot (\boldsymbol{r}_2 - \boldsymbol{r}_1)$$

と表され，2 点を結ぶ経路によらない．ここで点 $\boldsymbol{r}_0$ を基準とするクーロン力のポテンシャルエネルギーを

$$U(\boldsymbol{r}) = \int_{\boldsymbol{r}}^{\boldsymbol{r}_0} q\boldsymbol{E}_0 \cdot d\boldsymbol{r}' = q\boldsymbol{E}_0 \cdot (\boldsymbol{r}_0 - \boldsymbol{r})$$

で定義すると，上の仕事は $W = U(\boldsymbol{r}_1) - U(\boldsymbol{r}_2)$ と表される．この移動の過程で電荷の速度が $\boldsymbol{v}_1$ から $\boldsymbol{v}_2$ に変化したとすると，仕事と運動エネルギーの関係より

$$\frac{1}{2}m\boldsymbol{v}_2^2 - \frac{1}{2}m\boldsymbol{v}_1^2 = W = U(\boldsymbol{r}_1) - U(\boldsymbol{r}_2),$$

$$\therefore\ \frac{1}{2}m\boldsymbol{v}_2^2 + U(\boldsymbol{r}_2) = \frac{1}{2}m\boldsymbol{v}_1^2 + U(\boldsymbol{r}_1)$$

が成り立つ．この式は，運動エネルギーとポテンシャルエネルギーの和，すなわち力学的エネルギーが運動を通して一定に保たれることを表している．

ここでは一様電場からのクーロン力を考えたが，空間の各点での電場が時間によらない**静電場** (electrostatic field) $\boldsymbol{E}(\boldsymbol{r})$ からのクーロン力は一般に保存力であることを示すことができ《☞ 2.1 節》，そのポテンシャルエネルギーは

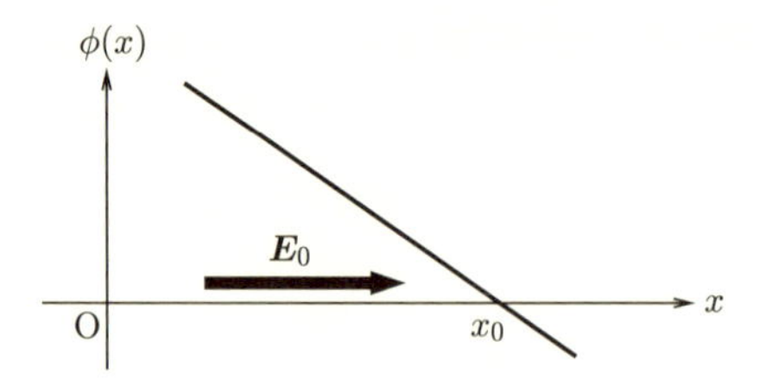

図 1.3　一様電場による電位

電場の線積分を用いて

$$U(\boldsymbol{r}) = q\int_{\boldsymbol{r}}^{\boldsymbol{r}_0} \boldsymbol{E}(\boldsymbol{r}')\cdot d\boldsymbol{r}'$$

と表される．このポテンシャルエネルギーを単位電荷あたりに換算した量

$$\phi(\boldsymbol{r}) = \frac{U(\boldsymbol{r})}{q} = \int_{\boldsymbol{r}}^{\boldsymbol{r}_0} \boldsymbol{E}(\boldsymbol{r}')\cdot d\boldsymbol{r}' \tag{1.3}$$

を**電位**，または**静電ポテンシャル** (electrostatic potential) という．回路の端子間などに生じる電位の差は**電圧** (voltage) とよばれる．

式 (1.3) で電場を x 軸方向の一様電場として $\boldsymbol{E}_0 = (E_0, 0, 0)$ と置くと，位置 $x = x_0$ を基準とする電位は

$$\phi(x) = -E_0(x - x_0)$$

となる (図 1.3)．電場は電位の高いところから低いところに向かって生じ，その大きさは電位の傾きに等しい：

$$E_0 = -\frac{d\phi(x)}{dx} \tag{1.4}$$

このことは一様な電場に限らず，一般の電場について成立する．一般の電荷分布による電場や電位については第 2 章で詳しく取り扱う．

問 1.4　x 軸方向の一様な電場 $\boldsymbol{E}_0 = (E_0, 0, 0)$ が加えられた空間中の 2 点 $\boldsymbol{r}_1 = (x_1, y_1, z_1)$, $\boldsymbol{r}_2 = (x_2, y_2, z_2)$ の間の電位差を求めよ．

[答： $-\boldsymbol{E}_0\cdot(\boldsymbol{r}_2 - \boldsymbol{r}_1) = -E_0(x_2 - x_1)$]

電位や電圧の単位は V (ボルト[4]) で，1 V = 1 J/C の関係が成り立つ．またこれを用いると，式 (1.4) より電場の単位を V/m と表すことができる．一般に電場の単位には，N/C より V/m のほうが用いられる．

4) 電池の発明者ボルタ (A. Volta，イタリア) に因む．

例題 1.1 電場による荷電粒子の加速

静止しているナトリウムイオン Na^+ (質量数[5] 23) が 100 V の電圧で加速されるとどれだけの速度を得るか．必要な物理定数は付録 E を参照せよ．

【解答】 質量数 $A = 23$ よりナトリウム 1 mol の質量は約 23 g であるから，アヴォガドロ数 $N_\mathrm{A} = 6.02 \times 10^{23}\ \mathrm{mol}^{-1}$ より 1 個のナトリウムイオンの質量は

$$m = A/N_\mathrm{A} = 3.8 \times 10^{-23}\ \mathrm{g} = 3.8 \times 10^{-26}\ \mathrm{kg}$$

電荷 q が電位差 $V = 100$ V の位置まで動く間に電場からされる仕事は qV で，これが原子の得る運動エネルギー $\frac{1}{2}mv^2$ に等しいことから，求める速度の大きさ v は

$$v = \sqrt{\frac{2qV}{m}} = \sqrt{\frac{2 \cdot (1.6 \times 10^{-19}) \cdot 100}{3.8 \times 10^{-26}}} = 9.2 \times 10^3\ \mathrm{m/s} \qquad \square$$

1.4 電　流

■ 定常電流と保存則

電気の重要な性質の 1 つは，それが物質中を伝わることである．電気を通しやすい物質のことを**導体** (conductor) といい，その代表的なものが金属であるが，金属中では金属原子内の一部の電子が原子核の束縛を脱して**自由電子** (free electron) となり，これが電気を通すはたらきをもつ．金属のほかに，電解質溶液 (電解質が溶けて陽イオンと陰イオンに電離した溶液) や，プラズマ (高温や強い電場により気体分子から一部の電子が脱離し，電子と陽イオンの混合状態になったもの) なども電気を通す性質をもつ．このような物質中の電荷の流れを**電流** (electric current) といい，電荷を運ぶ役割をもつ自由電子やイオンなどの荷電粒子を電流の**担体** (**キャリア**，carrier) という．

導線などを流れる電流の大きさは，その断面を単位時間あたりに通過する

5) 質量数は原子核に含まれる陽子の数と中性子の数の和で，物質 1 mol の質量 (単位 g) にほぼ等しい．質量数 23 の Na 原子核は 11 個の陽子と 12 個の中性子から成る．

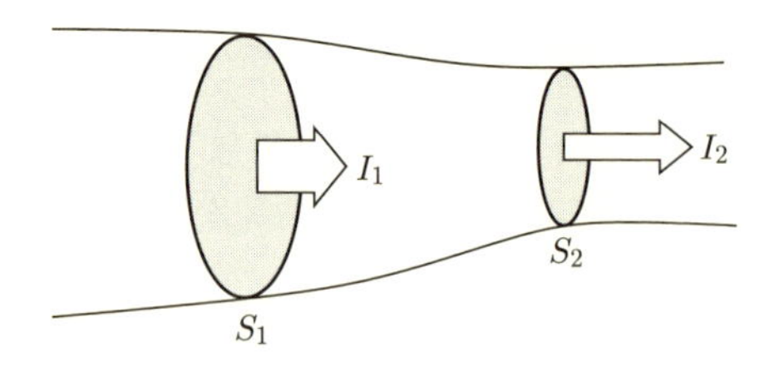

図 1.4 導線の異なる断面を流れる電流．定常電流ではどの断面を流れる電流の大きさも等しい．

キャリアの電荷の総量により表され，これを「**電流量**」ということもあるが，通常は単に「**電流**」という．電流の単位は A (アンペア[6]) であり，$1\,\mathrm{A} = 1\,\mathrm{C/s}$ の関係が成り立つ．すなわち 1 A の電流は 1 秒間あたりに 1 C の電荷を運ぶ．

いま，時間によらず一定の電流 (定常電流) が流れている導線を考え，図 1.4 のように，この導線の異なる 2 つの断面 S_1, S_2 を流れる電流をそれぞれ I_1, I_2 とする．S_1 と S_2 で挟まれた領域を考えると，単位時間あたりに断面 S_1 を通して I_1 の電荷が流入し，断面 S_2 を通して I_2 の電荷が流出するので，この領域に含まれる電荷を Q とすると電荷の保存則により

$$\frac{dQ}{dt} = I_1 - I_2$$

が成り立つ．ここで I_1 と I_2 は時間によらず一定であるから，$I_1 - I_2 \neq 0$ だと電荷 Q の絶対値は時間とともに無限に大きくなってしまう．このようなことが起こらないためには $I_1 = I_2$ が成り立たなくてはならない．すなわち定常電流では導線の任意の断面を流れる電流は等しい．この性質を**定常電流の保存則**という．

■ 電流密度

電流の流れている物質内において，個々のキャリアは一般に熱運動によりランダムな速度をもつ．しかし，十分多くのキャリア粒子を含む領域内で平均した速度 (**ドリフト速度**) は位置のなめらかな関数として扱うことができる．位置 $\boldsymbol{r}$ におけるキャリアのドリフト速度を $\boldsymbol{u}(\boldsymbol{r})$，数密度 (単位体積あたりの個数)

6) 電流の単位「アンペア」は電流間にはたらく力の性質を明らかにした物理学者アンペール (A.M. Ampère，フランス) に因む．

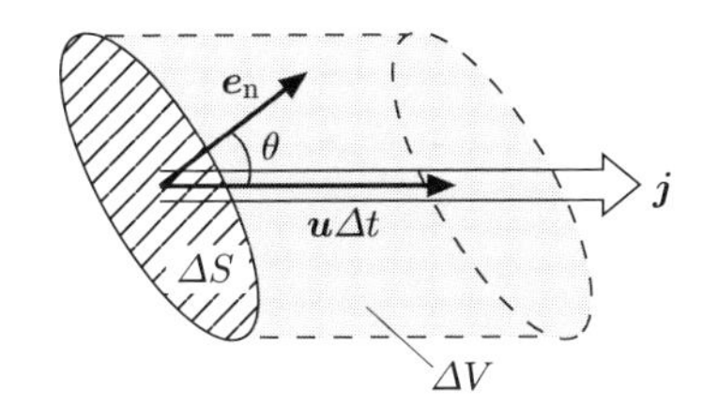

図 1.5 面素片 $\Delta\boldsymbol{S} = \Delta S\,\boldsymbol{e}_\mathrm{n}$ を流れる電流の計算

を $n(\boldsymbol{r})$，電荷を q として

$$\boldsymbol{j}(\boldsymbol{r}) = q\,n(\boldsymbol{r})\boldsymbol{u}(\boldsymbol{r}) \tag{1.5}$$

により定義される**電流密度** (electric current density) が物質内の電流の分布を記述する．いま，図 1.5 のように，電流密度 $\boldsymbol{j}$ が生じている空間内に，微小面積 ΔS の平面を考える．(キャリアが電子の場合は $q < 0$ であるから，電流密度 $\boldsymbol{j}$ はこの図とは逆向きのベクトルとなる．) 十分小さい平面内では電流密度は一様であるとみなすことができる．この面を微小時間 Δt の間に通過する電荷 ΔQ を考えよう．この間のキャリアの変位は $\boldsymbol{u}\Delta t$ であるから，ΔQ は面素片 $\Delta\boldsymbol{S}$ が $\boldsymbol{u}\Delta t$ だけ平行移動する間に描く立体部分に含まれる電荷に等しい．この部分の体積 ΔV は，面の法線ベクトル (面に垂直な単位ベクトル) $\boldsymbol{e}_\mathrm{n}$ とドリフト速度 $\boldsymbol{u}$ のなす角を θ とすると，

$$\Delta V = u\Delta t\Delta S\cos\theta = \boldsymbol{u}\cdot\boldsymbol{e}_\mathrm{n}\Delta t\Delta S$$

であるから，ΔQ は

$$\Delta Q = nq\Delta V = nq\boldsymbol{u}\Delta t\cdot\boldsymbol{e}_\mathrm{n}\Delta S$$

で与えられる．よってこの面を通って流れる電流 ΔI は

$$\Delta I = \frac{\Delta Q}{\Delta t} = nq\boldsymbol{u}\cdot\boldsymbol{e}_\mathrm{n}\Delta S = \boldsymbol{j}\cdot\Delta\boldsymbol{S}$$

と表される．ここで $\Delta\boldsymbol{S} = \Delta S\,\boldsymbol{e}_\mathrm{n}$ は，大きさが面積 ΔS に等しく向きが面の法線方向に一致するベクトルで，**面素片ベクトル**という．電流密度が面素片に垂直 (すなわち面素片の法線方向) であるとき $|\boldsymbol{j}| = \Delta I/\Delta S$ となることからわかるように，電流密度の大きさはこれに垂直な単位断面積あたりを流れる電流を表している．

太さの不均一な導線や折れ曲がった導線内を流れる電流では，位置によって

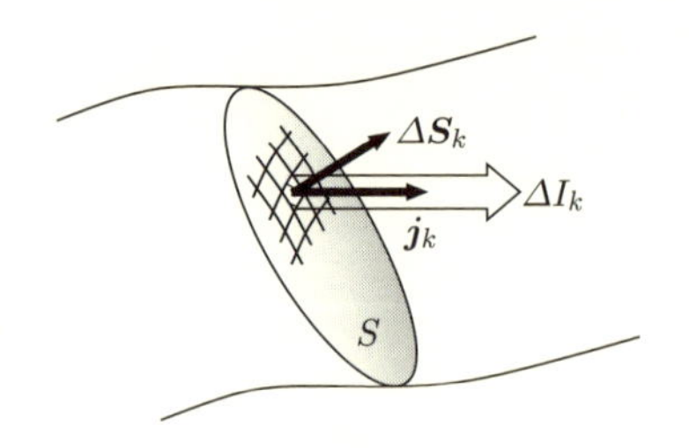

図 1.6 導線の断面 S を流れる電流の計算

電流密度が異なる．このような一般の導線を流れる電流を電流密度で表すには，図1.6のように導線の断面 S を微小面積の部分，すなわち面素片 $\Delta \boldsymbol{S}_k$ に分割し，各面素片を流れる電流 $\Delta I_k = \boldsymbol{j}_k \cdot \Delta \boldsymbol{S}_k$ を足し合わせればよい．これは電流密度の断面 S に関する面積分《☞ 付録A.3》

$$I = \sum_k \boldsymbol{j}_k \cdot \Delta \boldsymbol{S}_k = \int_S \boldsymbol{j} \cdot d\boldsymbol{S} \tag{1.6}$$

で表される．

例題 1.2 ドリフト速度

1 A の電流が流れる断面積 1 mm^2 の銅線中の電子のドリフト速度 u を求めよ．ただし銅の原子量を 63.5，質量密度を 8.96 $\mathrm{g/cm^3}$ とし，銅原子 1 個あたり 1 個の自由電子があると仮定する．

【解答】 銅の質量密度 $\rho = 8.96\ \mathrm{g/cm^3} = 8.96 \times 10^6\ \mathrm{g/m^3}$，原子量 $A = 63.5\ \mathrm{g/mol}$ より，単位体積あたりの銅原子の数 (= 自由電子の数) n はアヴォガドロ数 $N_A = 6.02 \times 10^{23}\ \mathrm{mol^{-1}}$ を用いて

$$n = \frac{N_A \rho}{A} = \frac{6.02 \times 10^{23} \cdot 8.96 \times 10^6}{63.5} = 8.5 \times 10^{28}\ \mathrm{m^{-3}}$$

電流 $I = neuS$ (電気素量 $e = 1.6 \times 10^{-19}$ C，断面積 $S = 1 \times 10^{-6}\ \mathrm{m^2}$) より

$$u = \frac{I}{neS} = \frac{1}{8.5 \times 10^{28} \cdot 1.6 \times 10^{-19} \cdot 1 \times 10^{-6}} = 7.3 \times 10^{-5}\ \mathrm{m/s}$$ □

熱運動による電子の速度の大きさは，室温で 10^5 m/s 程度[7]であるが，それらの向きは個々の電子によってばらばらである．また，自由電子は物質中で毎秒 10^{13} 回にのぼるイオンとの衝突を繰り返しており《☞ 演習問題 1.2》，衝突が起きると衝突前の速度の情報はほとんど失われてしまうので，衝突と衝突の間のわずかな時間に電場の方向に加速される効果がドリフト速度に反映されると考えればよい．このような理由で，電子のドリフト速度は熱運動による速度に比べてきわめて小さな値にとどまっている．

1.5　電荷の保存則とその微分形 *

一般に時間変化する電流が流れている物質中において，電荷の保存則がどのような式で表現されるかを考えてみよう．いま，物質中のある領域 V に含まれる電荷に着目する．時刻 t における位置 $\boldsymbol{r}$ での電荷密度を $\rho(\boldsymbol{r},t)$ とすると，時刻 t における領域 V 内の電荷の総量 $Q_V(t)$ は電荷密度の体積積分《☞ 付録 A.3》により

$$Q_V(t) = \int_V \rho(\boldsymbol{r},t)dV$$

と表される．また，V の表面 S を通して V の内部から単位時間あたりに流出する電荷，すなわち電流 $I_S(t)$ は，S に関する電流密度の面積分

$$I_S(t) = \oint_S \boldsymbol{j}(\boldsymbol{r},t)\cdot d\boldsymbol{S}$$

で与えられる．ここで積分記号 $\oint$ は閉じた曲面に関する面積分であることを表す．電荷の保存則により，流出した電荷の分だけ V の内部の電荷が減少するので

$$\frac{dQ_V(t)}{dt} = -I_S(t), \quad \therefore \quad \frac{dQ_V(t)}{dt} + I_S(t) = 0$$

が成り立つ．したがって電荷の保存則は任意の領域 V とその表面 S に対して

---

7) 絶対温度 T における電子の熱的な運動エネルギーは $\frac{1}{2}m_e v_{\rm th}^2 = \frac{3}{2}k_{\rm B}T$ (m_e は電子の質量，$k_{\rm B}$ はボルツマン定数《☞ 付録 E》) と表される．これより室温 $T = 300\,{\rm K}$ における電子の熱運動の速度が $v_{\rm th} \simeq 1.2 \times 10^5$ m/s と見積もられる．

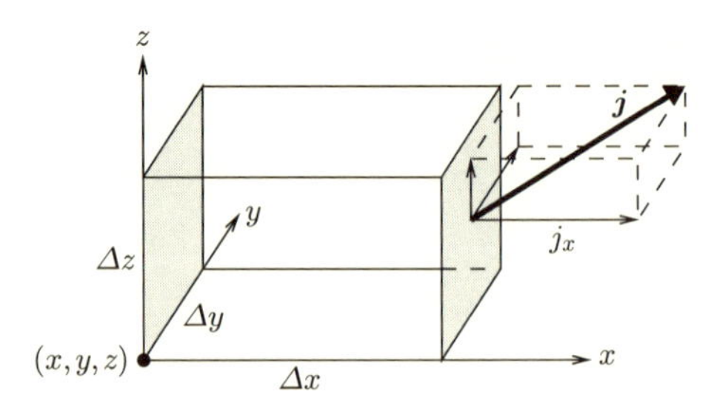

図 1.7 微小直方体表面に関するベクトル場 $\boldsymbol{j}$ の面積分の計算

$$\int_V \frac{\partial \rho(\boldsymbol{r},t)}{\partial t} dV + \oint_S \boldsymbol{j}(\boldsymbol{r},t)\cdot d\boldsymbol{S} = 0 \tag{1.7}$$

と表される．

これを点 $\boldsymbol{r}$ 近傍の微小領域に適用することにより，電荷密度 ρ と電流密度 $\boldsymbol{j}$ の間に成り立つ局所的な関係式を導くことができる．いま V として，電流が分布している空間内の任意の点 (x,y,z) を 1 つの頂点とする図 1.7 のような x, y, z 方向の辺の長さがそれぞれ Δx, Δy, Δz の微小直方体領域を考えよう．式 (1.7) の右辺の体積積分は，この微小領域内で電荷密度を一様とみなすと

$$\int_V \frac{\partial \rho(\boldsymbol{r},t)}{\partial t} dV = \frac{\partial \rho(\boldsymbol{r},t)}{\partial t}\Delta V \tag{1.8}$$

と書ける．ここで $\Delta V = \Delta x \Delta y \Delta z$ は直方体の体積を表す．式 (1.7) の左辺において，x 軸に垂直な 2 つの面 (図 1.7 にグレーで示した面) についての面積分は

$$\begin{aligned}&\int_y^{y+\Delta y} dy' \int_z^{z+\Delta z} dz' \{j_x(x+\Delta x, y', z') - j_x(x, y', z')\}\\&\quad = \int_y^{y+\Delta y} dy' \int_z^{z+\Delta z} dz' \frac{\partial j_x}{\partial x}\Delta x = \frac{\partial j_x}{\partial x}\Delta V\end{aligned}$$

と書ける．上の変形で，最初の等式では $j_x(x+\Delta x, y', z')$ のテイラー展開において Δx の 1 次までを考慮し，2 番目の等式ではこの微小領域内において電流密度の微分 $\dfrac{\partial j_x}{\partial x}$ が一様とみなせることを用いた．y 軸に垂直な 2 つの面と z 軸に垂直な 2 つの面についての面積分も同様に計算され，それらの和をとることにより，直方体表面 S に関する $\boldsymbol{j}$ の面積分が

$$\oint_S \boldsymbol{j} \cdot d\boldsymbol{S} = \left(\frac{\partial j_x}{\partial x} + \frac{\partial j_y}{\partial y} + \frac{\partial j_z}{\partial z} \right) \Delta V \tag{1.9}$$

と表される．ここで

$$\mathrm{div}\, \boldsymbol{j} = \frac{\partial j_x}{\partial x} + \frac{\partial j_y}{\partial y} + \frac{\partial j_z}{\partial z} = \boldsymbol{\nabla} \cdot \boldsymbol{j}$$

によりベクトル場 $\boldsymbol{j}$ の**発散** (divergence) を定義する．$\boldsymbol{\nabla}$ は「ナブラ」というベクトル型微分演算子 (A.29) である《☞ 付録 A.3》．発散 $\mathrm{div}\, \boldsymbol{j}$ は流れの密度を表すベクトル場 $\boldsymbol{j}$ に対して空間の各点における単位体積あたりからの流出量を表すスカラー場である[8]．式 (1.7) および (1.8), (1.9) より，任意の時刻 t, 位置 $\boldsymbol{r}$ において

$$\frac{\partial \rho(\boldsymbol{r}, t)}{\partial t} + \boldsymbol{\nabla} \cdot \boldsymbol{j}(\boldsymbol{r}, t) = 0 \tag{1.10}$$

が成り立つことがわかる．これが電荷の保存則を表す微分形の方程式である．

電荷保存則

時刻 t における位置 $\boldsymbol{r}$ の電荷密度 $\rho(\boldsymbol{r}, t)$, および電流密度 $\boldsymbol{j}(\boldsymbol{r}, t)$ は，任意の領域 V とその表面 S に対して

$$\int_V \frac{\partial \rho(\boldsymbol{r}, t)}{\partial t} dV + \oint_S \boldsymbol{j}(\boldsymbol{r}, t) \cdot d\boldsymbol{S} = 0 \tag{1.7}$$

を満たす．また各点で

$$\frac{\partial \rho(\boldsymbol{r}, t)}{\partial t} + \boldsymbol{\nabla} \cdot \boldsymbol{j}(\boldsymbol{r}, t) = 0 \tag{1.10}$$

が成り立つ．

定常電流では電荷・電流密度が時間によらないので

$$\boldsymbol{\nabla} \cdot \boldsymbol{j}(\boldsymbol{r}) = 0 \tag{1.11}$$

が成り立つ．これは電荷の湧き出しがないことを表す方程式であり，定常電流の保存則を局所的な微分法則の形で表したものである．

8) ここでは $\boldsymbol{j}$ は電流密度という電荷の流れを表すベクトル場であるが，発散は流れ以外のベクトル場に対しても計算され，電磁気学をはじめさまざまな分野での微分法則に現れる．

1.6 電気抵抗と消費電力

■ 電気抵抗とオームの法則

1.4 節で述べたように，電流は導線中の自由電子の導線に沿った方向への平均的な運動 (ドリフト運動) であり，電子の熱運動による速度に比べてはるかに小さな導線方向への平均速度 (ドリフト速度) によって生じる《☞ 例題 1.2》．導線に沿った方向の電場を加えるとドリフト速度が生じるが，電場を取り除くと自由電子の物質中のイオンや不純物との衝突などにより瞬く間に元のランダムな速度分布に戻り，ドリフト速度は急速に減衰して 0 に戻る．このような速度分布をランダムな平衡状態に戻そうとするはたらきを**散逸** (dissipation) という．

散逸は平衡状態からのずれが大きいほど強く，多くの場合ずれの大きさに比例する．したがって，ドリフト速度 $\boldsymbol{u}$ の時間変化率は速度 0 の平衡状態からのずれ，すなわちドリフト速度自体に比例し，

$$\frac{d\boldsymbol{u}}{dt} = -\gamma \boldsymbol{u} \tag{1.12}$$

と表される．この微分方程式の解は

$$\boldsymbol{u}(t) = \boldsymbol{u}_0 e^{-\gamma t} = \boldsymbol{u}_0 e^{-t/\tau} \quad (\tau \equiv \gamma^{-1}) \tag{1.13}$$

と求められ，ドリフト速度は時間とともに指数関数的に減衰する．τ はドリフト速度が元の $1/e$ 倍 ($e \simeq 2.7$ は自然対数の底) に減衰するのに要する時間を表す物質固有の定数で，**緩和時間** (relaxation time)，または減衰の**時定数** (time constant) とよばれる．

散逸があるため，回路に定常的に電流を流すには導線内に電場を加えつづけなくてはならない．このときキャリアは，電場に沿ってポテンシャルの高いほうから低いほうへと移動するので，ポテンシャルの低い状態に落ちたキャリアを再びポテンシャルの高い状態に引き上げるための**電源** (power source) が必要となる．電源の強さは，単位電荷あたりにする仕事で定義され，これを**起電力** (electromotive force) という．名称に「力」を含むが次元は力と異なり，その単位は J/C = V (ボルト) で電位と同じ次元をもつ．

電源によって電場を加えられた回路内でのキャリアのドリフト運動は，電場中での自由電子の平均運動の方程式に散逸の効果を組み入れることにより記述

することができる．この運動方程式は

$$m\frac{d\boldsymbol{u}}{dt} = q\boldsymbol{E} - m\gamma\boldsymbol{u} \tag{1.14}$$

と表される．この式で $\boldsymbol{E}=0$ とすれば式 (1.12) に一致することからわかるように，右辺第 2 項が散逸の効果を表しており，速度に比例する抵抗力のはたらきをする．電場 $\boldsymbol{E}$ が加えられて定常電流が流れているとき，すなわちドリフト速度が一定であるときには，キャリアが電場から受ける力と抵抗力との間につり合いの条件

$$q\boldsymbol{E} - m\gamma\boldsymbol{u} = 0, \quad \boldsymbol{u} = \frac{q}{m\gamma}\boldsymbol{E} = \frac{q\tau}{m}\boldsymbol{E} \tag{1.15}$$

が成り立っている．よって電流密度は

$$\boldsymbol{j} = nq\boldsymbol{u} = \frac{nq^2\tau}{m}\boldsymbol{E} = \sigma\boldsymbol{E} \tag{1.16}$$

となり，電場に比例する．比例係数 σ を**電気伝導率** (conductivity) といい，その逆数 $\rho = 1/\sigma$ を**抵抗率** (registivity) という[9]．

断面積 S，長さ L，抵抗率 ρ の一様な導線に定常電流 I が流れているとき，導線中の電場は式 (1.16) より $E = \rho j = \rho I/S$ であるから，導線の両端の間の電圧は

$$V = EL = \frac{\rho L}{S}I = RI \tag{1.17}$$

となり，電流 I に比例する．オーム (G.S. Ohm，ドイツ) によって発見されたこの比例関係を**オームの法則**といい，比例定数

$$R = \rho\frac{L}{S} \tag{1.18}$$

を**電気抵抗**あるいは単に**抵抗** (registance) という．一様な導線の抵抗は長さ L に比例し，断面積 S に反比例する．抵抗の単位は Ω (オーム) であり，抵抗率の単位は $\Omega\cdot\mathrm{m}$ となる．なお，式 (1.16) はオームの法則の基礎となる局所的な関係式であり，「電流密度に対するオームの法則」，または「微分形のオームの法則」とよばれている．

---

9) 一様等方な物質中での電気伝導率 σ はスカラー定数であるが，結晶など異方性のある物質中では電場ベクトルと電流密度ベクトルを結びつける行列型の場の量 (2 階のテンソルという) となる．

問 1.5 銅の抵抗率 $1.7 \times 10^{-8}\ \Omega \cdot \mathrm{m}$ を用いて，断面積 $0.1\ \mathrm{mm}^2$，長さ $1\ \mathrm{m}$ の銅線の抵抗値を求めよ．　[答：$0.17\ \Omega$]

物質は電気を通す性質によって大きく 3 種類に分類できる．電気をよく通す物質を導体といったが，導体にはその内部を自由に動くことのできる自由電子が多数存在し，これが電流を流す役割を担う《☞ 1.4 節》．電気をほとんど通さない物質は**絶縁体** (insulator) または不導体，**誘電体** (dielectric) とよばれる[10)]．絶縁体物質中には自由電子はなく，ほとんどすべての電子が原子内に強く束縛されている．そして，それらの中間の抵抗率をもつ物質が**半導体** (semiconductor) である．半導体中にも自由電子はほとんどないが，電子の原子による束縛が絶縁体に比べて弱く，熱エネルギーを得て原子からの束縛を脱した少数個の電子が電流を流す役割を担う．このような金属と半導体の違いは抵抗率の大きさだけでなく，その温度依存性にも顕著に現れる．金属では温度が上昇するとイオンの熱振動が活発になり散逸の効果が強まるため抵抗率が増加する．一方，半導体では，散逸の増大よりも熱励起されるキャリア電子数の増加によって電流が流れやすくなる効果のほうが優勢であるため，抵抗率は温度上昇とともに減少する．代表的な物質の抵抗率の値を表 1.1 に示した．

表 1.1 室温 (20 °C) での物質の抵抗率 ρ

	物質名	$\rho\ [\Omega \cdot \mathrm{m}]$
導　体	銀	1.59×10^{-8}
	銅	1.7×10^{-8}
	鉄	10×10^{-8}
半導体	ゲルマニウム	0.46
	シリコン	640
	ガリウムヒ素	4×10^6
絶縁体	ガラス	$10^{10} \sim 10^{14}$

10) 絶縁体と誘電体は物質としては同じものであるが，電気を通さないという意味で絶縁体，大きな誘電率《☞ 5.1 節》をもつという意味で誘電体とよばれる．

■ 消費電力とジュールの法則

導線内を定常電流が流れているとき，導線の各点におけるキャリアのドリフト速度は時間によらず一定である．このときキャリアがクーロン力によって電場方向に加速される効果と，散逸によって速度の向きをランダムにしようとする効果とがちょうどつり合っており，電場から与えられたエネルギーはすべて電子のランダムな方向の運動エネルギー，すなわち熱エネルギーに変わっている．このように電流の流れている導線中で発生する熱を**ジュール熱** (Joule heat) という．電流密度 $\boldsymbol{j}$ の単位体積中で単位時間あたりに発生するジュール熱は，キャリアが単位時間あたりに電場からされる仕事，すなわち 1 個のキャリアにはたらく力 $q\boldsymbol{E}$ と速度 $\boldsymbol{u}$ の内積に数密度 n を乗じた量で表され，

$$w = nq\boldsymbol{E} \cdot \boldsymbol{u} = \boldsymbol{j} \cdot \boldsymbol{E} \tag{1.19}$$

が成り立つ．導線で単位時間あたりに発生するジュール熱のことを**消費電力** (electric power) という．断面積 S，長さ L の導線中で単位時間あたりに発生するジュール熱の総量，すなわち消費電力 P は

$$P = wSL = jS \cdot EL = IV \tag{1.20}$$

となり，電流 I と電圧 V の積に等しい．この関係を発見者ジュール (J.P. Joule，イギリス) に因んで**ジュールの法則**という．式 (1.19) を「微分形のジュールの法則」ともいう．

オームの法則 (1.17) はキャリアが受ける抵抗力とキャリアの速度の間の比例関係を仮定して導かれるもので，普遍的な物理法則ではない．実際，ジュール熱による抵抗の温度変化の影響などによってオームの法則が大きく破れる場合がある．これに対して，ジュールの法則 (1.20) はエネルギー保存則のみから導かれるもので，物質の種類や状態によらず常に成り立つ普遍的な法則である．オームの法則が成り立つとき，抵抗 R での消費電力は電流 I または電圧 V のいずれかのみを用いて

$$P = RI^2 = \frac{V^2}{R} \tag{1.21}$$

と表すことができる．

1.7 直流回路

■ キルヒホッフの法則

ここで，抵抗と直流電源を接続した直流回路について考えよう．直流電源とは時間によらず一定の起電力をもつ電源のことであり，このような回路の各部には時間によらない一定の電流が流れるが，回路のどの部分にどれだけの電流が流れるかを求めるのが直流回路の問題である．これは一般に，キルヒホッフ (G. Kirchhoff，ロシア-ドイツ) によりまとめられた以下の法則によって解くことができる．

キルヒホッフの法則

第 1 法則 (電流則)：回路の各分岐点において，流れ込む電流の和は 0 である．

$$I_1 + I_2 + \cdots + I_n = 0 \qquad [\text{図 } 1.8\,(\text{a})]$$

第 2 法則 (電圧則)：回路内の任意のループに沿った起電力の和と電圧降下の和は等しい．

$$V_1 + V_2 + \cdots = R_1 I_1 + R_2 I_2 + \cdots \qquad [\text{図 } 1.8\,(\text{b})]$$

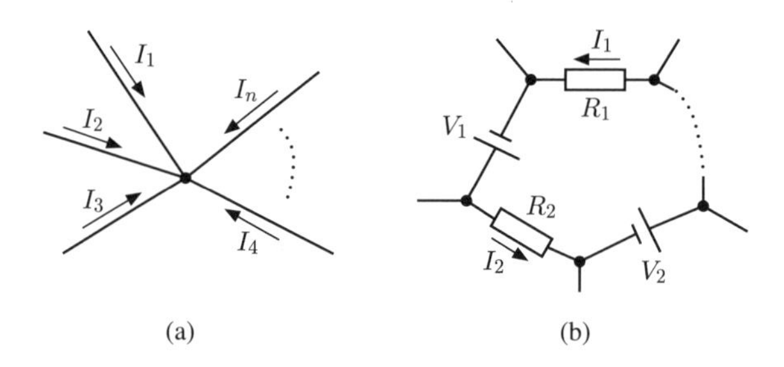

図 1.8 キルヒホッフの法則

第 1 法則は定常電流の保存則を一般化したものである．分岐点を含む閉じた領域を考えると，分岐点に流れ込む電流の和は，その領域内の電荷の時間変化率に等しいが，この電荷が無限に大きくなってしまわないためには電流の和は 0 でなくてはならない．よって第 1 法則が成り立つ．第 2 法則はループに沿った電位の変化を考え，1 周すれば元の電位に戻ることから容易に導かれる．

■ 抵抗の接続と合成抵抗

キルヒホッフの法則の応用例として，抵抗を接続した回路の合成抵抗を求めてみよう．回路の合成抵抗 R は，回路の 2 つの端子間に加えられた電圧 V と，端子から回路に流入する電流 I の比例係数 $R = \dfrac{V}{I}$ により定義される．

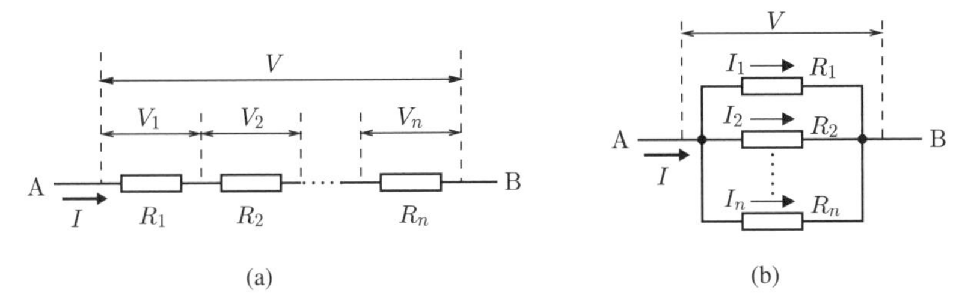

図 1.9 n 個の抵抗 $R_1 \sim R_n$ の直列接続 (a) と並列接続 (b)

まず図 1.9 (a) のように，n 個の抵抗を直列に接続した回路を考える．定常電流の保存則により，各抵抗を流れる電流は端子 A から流れ込む電流 I に等しく，キルヒホッフの第 2 法則により各抵抗における電圧降下 $V_i = R_i I$ の和は端子 AB 間に加えた電圧 V に等しい．

$$V = \sum_i V_i = \sum_i R_i I$$

よって合成抵抗は

$$R = \frac{V}{I} = \sum_{i=1}^{n} R_i \tag{1.22}$$

となり，各抵抗 R_i の和に等しい．

次に図 1.9 (b) のように，n 個の抵抗を並列に接続した場合を考える．回路に流れ込む電流 I は n 個の抵抗へと分岐するが，キルヒホッフの第 1 法則により各抵抗を流れる電流 I_i の和は I に等しい．また，キルヒホッフの第 2 法則より各抵抗での電圧降下 $R_i I_i$ は端子 AB 間に加えられた電圧 V に等しいので

$$I = \sum_{i=1}^{n} I_i = \sum_{i=1}^{n} \frac{V}{R_i} = V \sum_{i=1}^{n} \frac{1}{R_i}$$

となり，合成抵抗 R は関係式

$$\frac{1}{R} = \frac{I}{V} = \sum_{i=1}^{n} \frac{1}{R_i} \tag{1.23}$$

を満たす．すなわち，合成抵抗 R の逆数は各抵抗 R_i の逆数の和に等しい．多くの回路の合成抵抗は，上のような直列接続と並列接続の合成則を用いて計算することができる．

電気抵抗の合成則

直列接続： $R = R_1 + R_2 + \cdots + R_n$

並列接続： $\dfrac{1}{R} = \dfrac{1}{R_1} + \dfrac{1}{R_2} + \cdots + \dfrac{1}{R_n}$

問 1.6 抵抗値 R の等しい抵抗を n 個並列に接続したときの合成抵抗はいくらか．

$\left[\text{答：}\ \dfrac{1}{n}R\right]$

例題 1.3 合成抵抗の計算

下図のような 4 つの抵抗を接続した回路の端子 AB 間の合成抵抗を求めよ．

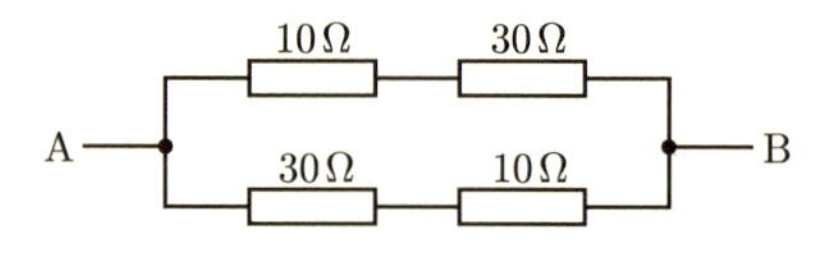

【解答】 10 Ω と 30 Ω の直列接続部の合成抵抗は 40 Ω であるから，この回路は 2 つの 40 Ω 抵抗の並列接続と等価である．したがって AB 間の合成抵抗 R は

$$\frac{1}{R} = \frac{1}{40} + \frac{1}{40} = \frac{1}{20}, \quad \therefore\ R = 20\ \Omega$$

□

■ ブリッジ回路

上の例題の回路で AB 間を結ぶ 2 つの経路の間を橋渡しするように抵抗を接続した，図 1.10 の回路を考える．このような回路をブリッジ回路という．ブ

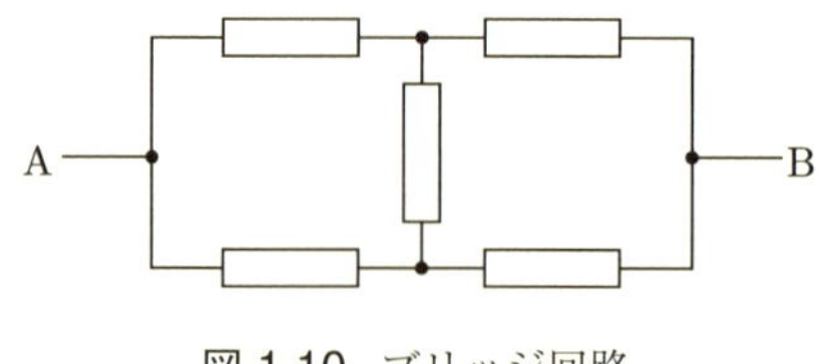

図 1.10 ブリッジ回路

リッジ回路の問題は直列接続と並列接続の場合の抵抗の合成則を組み合わせただけでは解くことができない．この場合には各抵抗を流れる電流を未知数として，それらが従う連立方程式をキルヒホッフの法則により導く必要がある．

例題 1.4 ブリッジ回路

下図のようなブリッジ回路を流れる電流 I を求めよ．

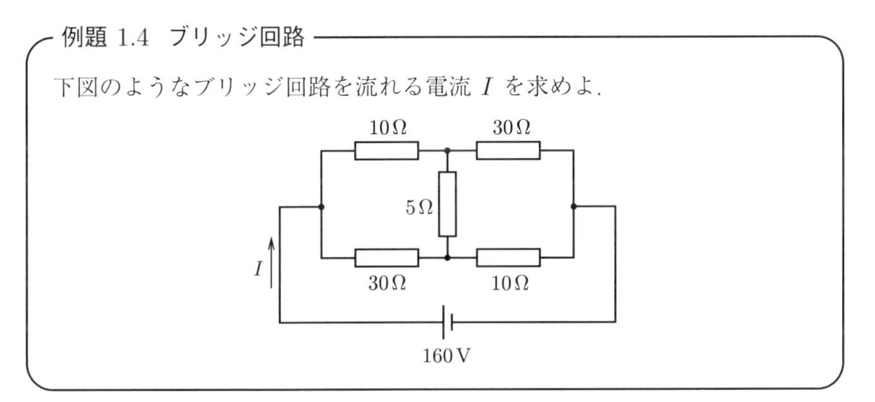

【解答】 図1.11のように，A→CおよびA→Dを流れる電流をそれぞれ I_1, I_2，ブリッジC→Dを流れる電流を I_3 とすると，C→BおよびD→Bを流れる電流はキルヒホッフの第1法則より，それぞれ $I_1 - I_3$, $I_2 + I_3$ となる．

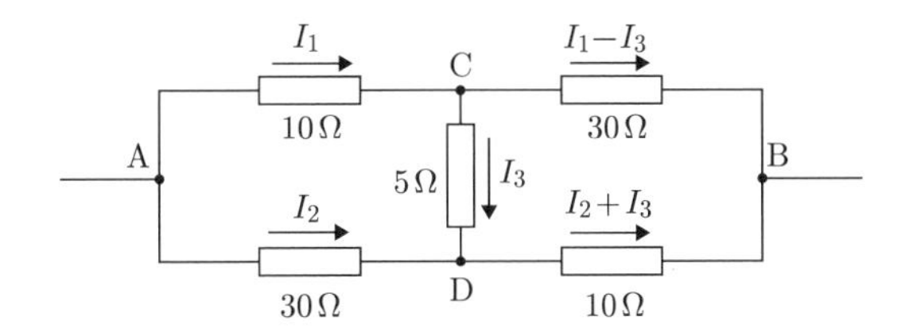

図 1.11 ブリッジ回路の解法

キルヒホッフの第2法則よりAからCを通ってBに至る経路とAからDを通ってBに至る経路における電圧降下は，それぞれ160 Vであるから

$$10I_1 + 30(I_1 - I_3) = 30I_2 + 10(I_2 + I_3) = 160$$

また，ループA→C→D→Aにキルヒホッフの第2法則を適用することにより

$$10I_1 + 5I_3 - 30I_2 = 0$$

が成り立つ．こうして3つの未知数 I_1, I_2, I_3 に対する独立な3つの方程式が

得られた．この連立方程式を解くことにより

$$I_1 = 7\,\mathrm{A}, \quad I_2 = 3\,\mathrm{A}, \quad I_3 = 4\,\mathrm{A}$$

と求められる．よって回路を流れる電流は $I_1 + I_2 = 10\,\mathrm{A}$. □

■ 電源と内部抵抗

一般に電源には内部でのエネルギー損失があり，この影響は図1.12のように起電力と直列に接続された抵抗で表すことができる．この抵抗を電源の**内部抵抗** (internal registance) という．起電力 V，内部抵抗 r の直流電源に電流 I が流れているとき，電源内部で電圧降下 rI が生じるため電源の端子AB間の電圧は $V - rI$ となる．

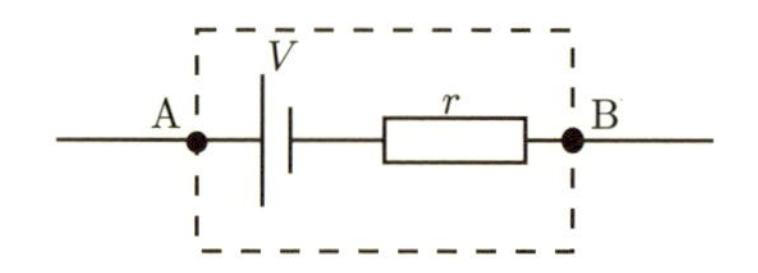

図 1.12　直流電源の起電力と内部抵抗

例題 1.5

起電力 V，内部抵抗 r の直流電源に外部抵抗 R を接続したとき，外部抵抗での消費電力が最も大きくなるような R を求めよ．

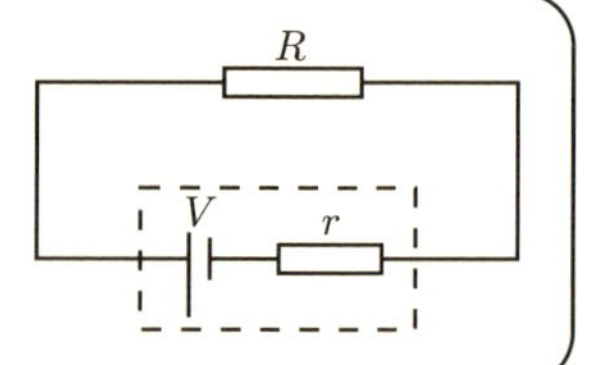

【解答】 回路の合成抵抗は $R + r$ であるから回路を流れる電流は $I = \dfrac{V}{R+r}$ で，外部抵抗での消費電力は

$$P = RI^2 = \frac{RV^2}{(R+r)^2}$$

これが最大となるとき

$$\frac{dP}{dR} = \frac{R + r - 2R}{(R+r)^3}V^2 = \frac{r - R}{(R+r)^3}V^2 = 0, \quad \therefore\ R = r$$ □

1.8　電流と磁場

■ 磁気現象とその起源

磁石が鉄を引きつけたり，磁石どうしが引きつけあったり反発したりする力は**磁気力** (magnetic force) とよばれ，古くから知られていた．磁石の間にはたらく力は，電荷の間にはたらくクーロン力ととてもよく似た性質をもつ．磁石にはN極とS極という2種類の**磁極**があり，同種の磁極間には斥力，異種の磁極間には引力がはたらく．このことから磁極中には電荷と同様の「**磁荷**」(magnetic charge) が存在し，それが磁気力の源であると考えることができる．しかし，磁荷の電荷との大きな違いは，N極とS極のうちの一方の磁極だけを単独で取り出すことができない点である[11)]．このため電流に対応する磁気の流れは生じない[12)]．

実は，上で考えた「磁荷」やその電荷との類似性は見かけ上のものである．磁荷の実体は，回転電流 (閉路を循環する電流) にともなう「磁気モーメント」という量であり，これが正負等量の磁極の対に対応している．実際，後に4.2節で示すように，正負の磁荷の対と回転電流とは同一の磁気的性質を有する．また，磁気モーメントを磁石の実体と考えることにより，一方の磁極のみを単独で取り出すことができないことも自然に説明できる．こうして磁気現象を支配する諸法則は電流をその源として導かれ，電気現象と磁気現象とは，電荷とその運動が引き起こすものとして統一的に記述される．

古くは電気と磁気とは別のものとして独立に研究されていたが，それらが互いに影響を及ぼし合い，それらの間に一定の関係があることが次第に認識されるようになる．その契機となったのがエルステッド (H.C. Ørsted，デンマーク) による電流の磁気作用の発見である．エルステッドは，電流のそばに置いた磁針が振れる現象により，電流が磁石に力を及ぼすことを発見した (図1.13)．磁石の実体は電流であるから，磁石にはたらく力というのは電流にはたらく力にほかならない．アンペールは電流の流れている2本の導線の間に力がはたらくことを見出した．こうして磁気現象の根底には電流と電流の間にはたらく力

11) 量子電磁力学では単極磁荷 (モノポール，magnetic monopole) が存在可能であることが示唆されており，モノポールの探索が実験物理学の1つのテーマにもなっている．

12) 近年，磁気モーメントの源であるスピンの流れ (スピン流) が提唱され，スピントロニクスという研究分野で注目を集めている．

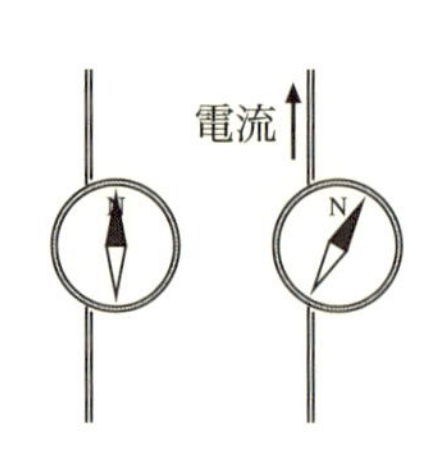

図 1.13　電流の磁気作用 (エルステッドの発見)

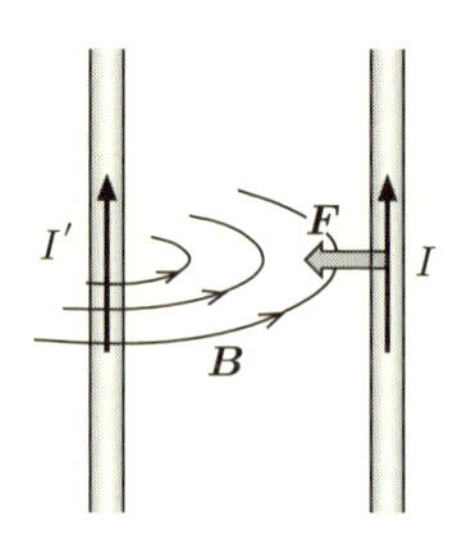

図 1.14　近接作用としての電流間の磁気力．電流 I' のまわりに生じた磁場 $\boldsymbol{B}$ が空間を伝わり，電流 I に力を及ぼす．

があるということが明らかにされていく．電流の間にはたらく磁気力もクーロン力と同様に近接作用であり，図 1.14 のように電流のまわりの空間の性質の変化が伝わることにより離れた位置にある電流に力が作用する．このような，電流に力を及ぼす空間の性質を**磁場** (magnetic field) という．

磁場は電流によって生じ，電流にはたらく磁気力は，運動する電荷が磁場から受ける力として記述される．

■ ローレンツ力と電流にはたらく磁気力

電磁場中を運動している荷電粒子には，1.2 節で述べた電場によるクーロン力のほかに磁場による磁気力がはたらく．磁気的な力を媒介する磁場は，**磁束密度** (magnetic flux density) というベクトル $\boldsymbol{B}$ によって表され，速度 $\boldsymbol{v}$ で運動する電荷 q にはたらく磁気力は

$$\boldsymbol{f} = q\boldsymbol{v} \times \boldsymbol{B} \tag{1.24}$$

で表される．磁束密度の単位には T (テスラ[13]) が用いられる．一般に電荷 q が電場 $\boldsymbol{E}$ および磁束密度 $\boldsymbol{B}$ から受ける力は

$$\boldsymbol{f} = q(\boldsymbol{E} + \boldsymbol{v} \times \boldsymbol{B}) \tag{1.25}$$

13) 電気通信分野で科学技術に重要な貢献をしたテスラ (N. Tesla，クロアチア-アメリカ合衆国) に因む．

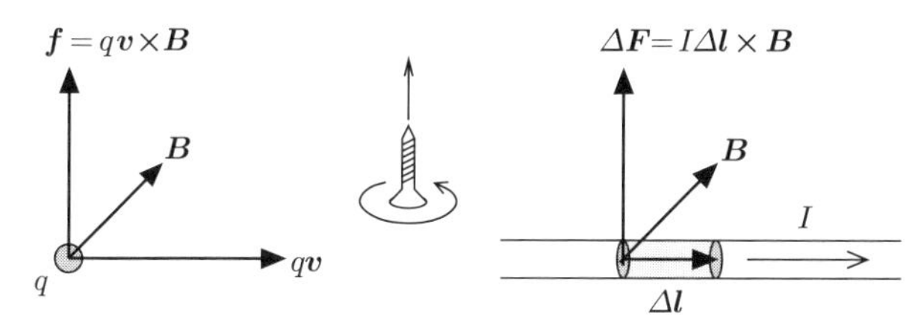

図 1.15 運動する電荷にはたらくローレンツ力と，電流にはたらく磁気力．速度の向き $\boldsymbol{v}$ を磁場の向き $\boldsymbol{B}$ に重なるように回した右ねじの進む向きが単位電荷あたりにはたらく力の向きに一致する．

と表され，この力を**ローレンツ力**[14](Lorentz force) という．このうち磁気的な力 (1.24) のみを狭い意味でローレンツ力とよぶ場合もある[15]．

磁場中の電流は，上のローレンツ力に起因する磁気力を受ける．電流内のキャリアの数密度を n，電荷を q，ドリフト速度を $\boldsymbol{u}=u\boldsymbol{e}_{\mathrm{t}}$ ($\boldsymbol{e}_{\mathrm{t}}$ は導線の接線方向の単位ベクトル)，導線の断面積を S とすると，導線を流れる電流は $I=nquS$ である．この導線上の微小線要素 $\Delta\boldsymbol{l}=\Delta l\boldsymbol{e}_{\mathrm{t}}$ を考えると，この中

14) 電磁気学の研究に功のある理論物理学者ローレンツ (H.A. Lorentz，オランダ) に因む．

15) ローレンツ力に対する電場と磁場の寄与は基準系によって異なる．すべての物理法則は基準系の選び方によらず不変であり，そのことは電磁気現象についても例外ではない．静止系で磁束密度 $\boldsymbol{B}$ の加えられた空間を速度 $\boldsymbol{v}$ で運動する電荷にはローレンツ力 (1.24) がはたらくが，これを速度 $\boldsymbol{V}$ で運動する別の基準系からみるとどうなるであろうか．この系から見た電荷の速度は $\boldsymbol{v}-\boldsymbol{V}$ であるから，磁場による力 (1.24) が変化し，運動の法則が変わってしまうように思われるが，実際にはそうはならない．基準系が変わると電場や磁場も変化するのである．このことは，系が運動すると電場や磁場をつくっている電荷の運動が変化することからも予想できるであろう．特殊相対性理論による詳しい計算によると，静止系での電磁場 $\boldsymbol{E}$，$\boldsymbol{B}$ と速度 $\boldsymbol{V}$ で運動する系での電磁場 $\boldsymbol{E}'$，$\boldsymbol{B}'$ の間には

$$\boldsymbol{E}'\simeq\boldsymbol{E}+\boldsymbol{V}\times\boldsymbol{B},\quad \boldsymbol{B}'\simeq\boldsymbol{B}-\frac{1}{c^2}\boldsymbol{V}\times\boldsymbol{E}\quad (|\boldsymbol{V}|\ll c,\ c\ \text{は光速})$$

の関係が成り立っている．静止系で $\boldsymbol{E}=0$ とすると速度 $\boldsymbol{v}$ で運動する電荷には磁場による力

$$\boldsymbol{f}=q\boldsymbol{v}\times\boldsymbol{B}$$

がはたらくが，これを速度 $\boldsymbol{V}$ で運動する系でみると，電磁場 $\boldsymbol{E}'=\boldsymbol{V}\times\boldsymbol{B}$, $\boldsymbol{B}'=\boldsymbol{B}$ より電荷にはたらくローレンツ力は

$$\boldsymbol{f}'=q[\boldsymbol{E}'+(\boldsymbol{v}-\boldsymbol{V})\times\boldsymbol{B}']\simeq q[\boldsymbol{V}\times\boldsymbol{B}+(\boldsymbol{v}-\boldsymbol{V})\times\boldsymbol{B}]=q\boldsymbol{v}\times\boldsymbol{B}$$

となり静止系ではたらく力に一致することが確かめられる．つまり静止系で磁場から受けていた力の一部が，運動している系では電場からの力に置き換わったのである．このようにローレンツ力 (1.25) におけるクーロン力と磁気力の項は互いに切り離すことのできない 1 つの力を表している．したがって，電場と磁場とは電荷に力を及ぼす 1 つの場であり，互いに切り離すことはできない．

には $\Delta N = nS\Delta l$ 個のキャリアが存在するので，それらにはたらくローレンツ力の和は

$$\boldsymbol{\Delta F} = \Delta N \cdot q\,\boldsymbol{u} \times \boldsymbol{B} = nquS\Delta l\,\boldsymbol{e}_{\rm t} \times \boldsymbol{B} = I\boldsymbol{\Delta l} \times \boldsymbol{B} \tag{1.26}$$

のように電流素片ベクトル $I\boldsymbol{\Delta l}$ と磁束密度の外積で表される (図 1.15).

1.9 電磁場中の荷電粒子の運動

■ 一様電場中の運動

一様な電場 $\boldsymbol{E}$ 内で，点電荷 q にはクーロン力 $q\boldsymbol{E}$ がはたらく．20 世紀のテレビにはブラウン管とよばれる装置が内蔵されていたが，この原理は電子銃から発射された電子線の進路を電場で調節し，狙った蛍光板の位置に衝突させて発光させるというものである．

例題 1.6 ブラウン管の原理

図のように原点 O に設置された電子銃から x 軸方向に速度 v_0 で発射された電子 (質量 m，電荷 q) に y 軸方向の一様な電場 E を幅 L の領域にわたって加えたとき，$x = L$ に設置したスクリーンに電子が衝突するまでの y 方向の変位を求めよ．

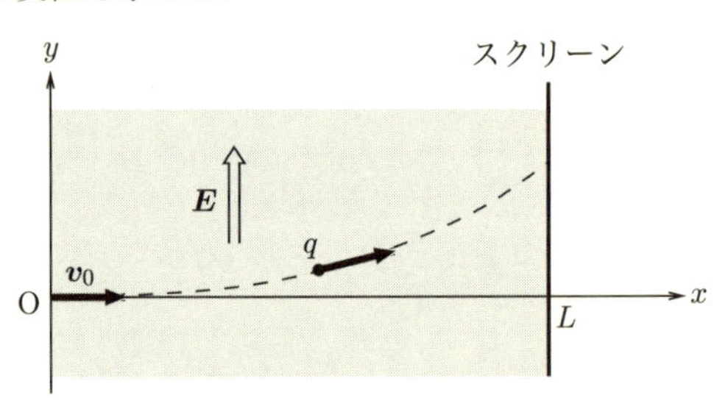

【解答】 電子が発射されてからスクリーンに衝突するまでの時間は $t = L/v_0$. y 方向の加速度は $a = qE/m$ であるから，この間の y 方向への変位は

$$y = \frac{1}{2}at^2 = \frac{1}{2}\frac{qE}{m}\left(\frac{L}{v_0}\right)^2$$

□

■ サイクロトロン運動

磁場中を運動する荷電粒子は，ローレンツ力を向心力として，磁場に垂直な平面内を等速円運動する．このことを利用して粒子を加速するサイクロトロンという装置に因んで，この円運動のことをサイクロトロン運動とよぶ．

一様な磁束密度 $\boldsymbol{B}$ 内を速度 $\boldsymbol{v}$ で運動する電荷 q の粒子には，ローレンツ力 $q\boldsymbol{v}\times\boldsymbol{B}$ がはたらく．磁場の向きを z 軸に選び $\boldsymbol{B}=(0,0,B_0)$ とすると，点電荷の運動方程式は

$$m\dot{v}_x = qv_yB_0 \tag{1.27a}$$
$$m\dot{v}_y = -qv_xB_0 \tag{1.27b}$$
$$m\dot{v}_z = 0 \tag{1.27c}$$

と表される．式 (1.27c) より速度の z 成分は一定であるが，ここでは $v_z=0$ としよう．次に式 (1.27a) の両辺を時間で微分すると

$$m\ddot{v}_x = qB_0\dot{v}_y, \quad \ddot{v}_x = \frac{qB_0}{m}\dot{v}_y \tag{1.28}$$

さらに式 (1.27b) を用いて v_y を消去すると，v_x のみを含む方程式

$$\ddot{v}_x = -\left(\frac{qB_0}{m}\right)^2 v_x = -\omega_c^2 v_x, \quad \omega_c = \frac{qB_0}{m} \tag{1.29}$$

が得られる．これは単振動の方程式であり，解を

$$v_x = -v_0\sin\omega_c t \tag{1.30}$$

とすると式 (1.27a) より

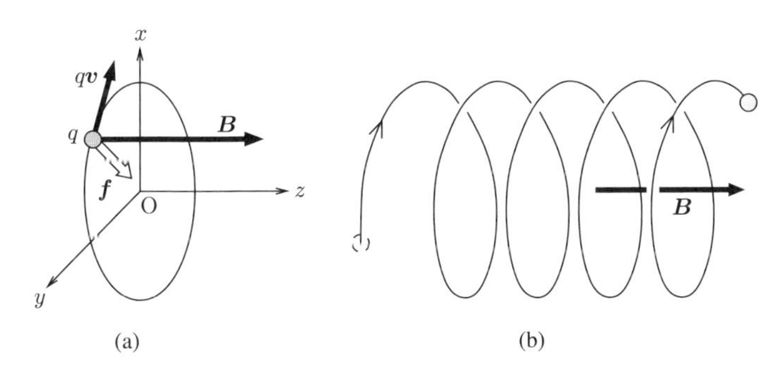

図 1.16　一様磁場中の荷電粒子のサイクロトロン運動

$$v_y = \frac{1}{\omega_c}\dot{v}_x = -v_0 \cos\omega_c t \tag{1.31}$$

となる．これらを積分して粒子の位置を時間の関数で表すと

$$(x, y) = \frac{v_0}{\omega_c}(\cos\omega_c t, -\sin\omega_c t) = \frac{mv_0}{qB_0}(\cos(-\omega_c t), \sin(-\omega_c t)) \tag{1.32}$$

となる．こうして粒子が xy 面上を角速度 $-\omega_c$ で半径 $r_c = \dfrac{mv_0}{qB_0}$ の等速円運動をすることが導かれた (図 1.16 (a))．ある質量と電荷をもつ粒子の与えられた大きさの磁場中でのサイクロトロン運動の角速度 ω_c は速度の大きさや軌道半径によらない一定の値をとる．一般に $v_z \neq 0$ のとき，粒子は図 1.16 (b) のような螺旋(らせん)軌道を描く．

例題 1.7　質量分析器

下図はサイクロトロン運動を利用して粒子の質量を分析する装置である．電子 1 個を取り除いて 1 価の正イオンにした粒子を電圧 V で加速し，紙面に垂直に加えられた一様な磁束密度 B_0 の領域に入射させると，磁場によって曲げられた粒子のうち軌道半径 r_0 をもつ粒子のみがスリット S を通って検出器に到達する．こうして特定の粒子が S を通過するよう磁束密度 B_0 を調節することにより，その粒子の質量を知ることができる．粒子の質量を B_0 を用いて表せ．

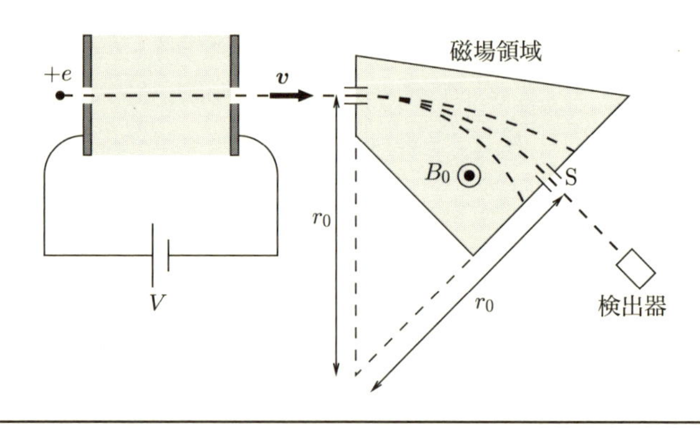

【解答】 電圧 V で加速された荷電粒子の運動エネルギーは eV に等しいので，質量を m とすると速度は $v = \sqrt{eV/2m}$ である．したがってこの粒子は磁束密度 B_0 の磁場中で半径

$$r = \frac{mv}{eB_0} = \frac{m}{eB_0}\sqrt{\frac{eV}{2m}} = \frac{1}{B_0}\sqrt{\frac{mV}{2e}}$$

の円弧を描く．この半径が r_0 に等しい条件より，求める質量は

$$m = \frac{2eB_0^2r_0^2}{V}$$ □

■ ホール効果

一様な板状の導体または半導体の試料に垂直な磁場が加えられているとき，試料に電流を流すと，ローレンツ力によって磁場と電流の両方に直交する方向の起電力が生じる．この現象を**ホール効果** (Hall effect)[16) といい，このとき試料内で電流に対して横方向に生じる電圧をホール電圧という．ホール電圧から磁束密度を知ることができるので，ホール効果は磁場の測定器 (ガウスメーター) にも利用されている．この原理について考えよう．

図 1.17 のように，x, y, z 方向の長さがそれぞれ a, b, c の直方体試料に z 方向の磁束密度 B_z を加え，x 方向に電流 $I_x = j_x bc$ (j_x は電流密度) を流す．すると，キャリアが磁場から受けるローレンツ力により試料内の電荷分布に y 方向の偏りが生じる．

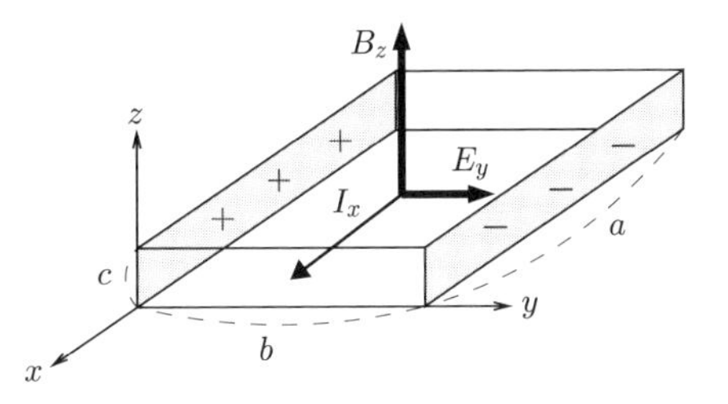

図 1.17 ホール効果

これによって試料の y 方向に生じる電場を E_y とすると，試料内のキャリア (電荷 q，ドリフト速度 v_x，数密度 n) にはたらく y 方向の力のつり合いより

$$qE_y = qv_xB_z, \quad E_y = v_xB_z = R_\mathrm{H}j_xB_z \quad \left(R_\mathrm{H} = \frac{1}{nq}\right)$$

が成り立つ．R_H はホール係数とよばれる物質固有の定数である．この関係を用いると，試料の y 方向に生じるホール電圧 $V_y = E_yb$ の測定により，磁束密度 B_z の値が

$$B_z = \frac{V_y/b}{R_\mathrm{H}(I_x/bc)} = \frac{V_yc}{R_\mathrm{H}I_x} \tag{1.33}$$

のように求められる．

16) この効果を発見した物理学者ホール (E.H. Hall，アメリカ合衆国) に因む．

組成の一様な半導体を真性半導体というが, 電子機器等に用いられる半導体の多くは, シリコンなどの真性半導体に微量の不純物を添加 (ドープ) した不純物半導体である. 不純物半導体は不純物の種類により, 電子をキャリアとする n 型と, 正孔 (ホール, hole) をキャリアとする p 型に分けられる. 正孔とは電子が欠損した状態をいい, 正の電荷 $+e$ をもつ粒子として振る舞う. ホール電場の向きはキャリアの符号によって異なるので, ホール電圧の符号から半導体試料が n 型か p 型かを見分けることができる.

1.10　電磁気の単位

ここで電磁気学に現れる物理量に対して用いられる単位について説明しておこう. 電磁気学では歴史的にさまざまな単位系が用途に応じて考案され, 使用されてきた. 文献においても分野によって異なる単位系で記されたものが混在しており, まずどの単位系で表されているかを把握しておくことが必要となる. 主な単位系として以下のものが挙げられる.

- CGS 静電単位系 (CGS esu)
- CGS 電磁単位系 (CGS emu)
- ガウス単位系
- ヘヴィサイド単位系
- MKSA 有理単位系

静電単位系は電気現象をもとに, 電磁単位系は磁気現象をもとにつくられた単位系で, 電気と磁気の扱いが非対称である. CGS とは力学的な量の基本単位として cm, g, s が用いられることを示すもので, 式のうえでは MKS (m, kg, s) との違いは生じない. 上の 2 つを電気と磁気について対称な形式にしたものがガウス単位系で, 理論の文献等でよく用いられてきた. これら 3 つは電磁気の基本方程式 (マクスウェル方程式) に無理数の係数 π が現れるが, それが現れないよう物理量の定義を改定 (有理化) したのがヘヴィサイド単位系である. 以上の単位系では電磁気的な物理量もすべて力学的な量の組み合わせで表すが, MKSA 単位系では電磁気的な量を表すための新たな次元を加え, その基本物理量として電流 (単位 A) をとる. 個々の単位系の詳しい内容に関する説明はここでは省く．現代では MKSA 有理単位系に基づく**国際単位系** (SI)[17] を採用する形に統一されてきており，本書もこれに従う．

電磁気学で現れる物理量のすべては，SI で定められた基本物理量のうちの 4 つ，すなわち長さ，質量，時間および電流の組み合わせにより表される[18]．このうち電磁気のみに関わるのが電流である．1.8 節で電流と電流の間に力がはたらくことを述べたが，SI ではある一定の力を及ぼし合う電流の強さをもとにして電流の単位を定めた《☞ 4.1 節》．このことから電流を基本物理量としているが，SI も測定技術の進歩とともに刷新されてきており，2019 年に改定された最新の SI では電気素量の値を正確に

$$e = 1.602\,176\,634 \times 10^{-19}\ \mathrm{C} \tag{1.34}$$

と定めることにより電荷の単位 C (クーロン) を定義しているので実質的な基本物理量は電荷である．電流の単位 1 A は 1 秒間あたり 1 C の電荷を運ぶ電流として定義される．

これら 4 つの基本物理量に対する単位 m, kg, s, A が基本単位として定められ，すべての物理量の単位はそれらの積によって表される．しかし物理量の単位を基本単位だけで表していては煩雑すぎて不便である．そこで主要な物理量に対して，基本単位の一定の組み合わせで表される，物理量に固有の単位が別

表 1.2 電磁気学で用いられる主な組立単位

物理量	組立単位 (読み方)	基本単位による表現[19]，他の単位との関係
電荷 (電気量)	C (クーロン)	$\mathrm{A \cdot s}$
電位，起電力	V (ボルト)	$\mathrm{kg \cdot m^2/A \cdot s^3 = J/C}$
電気抵抗	Ω (オーム)	$\mathrm{kg \cdot m^2/A^2 \cdot s^3 = V/A}$
電気容量	F (ファラド)	$\mathrm{A^2 \cdot s^4/kg \cdot m^2 = C/V}$
磁束密度	T (テスラ)	$\mathrm{kg/A \cdot s^2 = N/A \cdot m}$
磁束	Wb (ウェーバー)	$\mathrm{kg \cdot m^2/A \cdot s^2 = J/A = T \cdot m^2}$
インダクタンス	H (ヘンリー)	$\mathrm{kg \cdot m^2/A^2 \cdot s^2 = Wb/A}$

17) 略称 SI はフランス語の Système international d'unités に由来する．
18) SI ではそれらのほかに温度，物質量，光度が基本物理量に加えられる．
19) 単位の積を記す順序には特に決まりはないが，ここでは大文字→小文字，それぞれの中ではアルファベット順に記した．

途定められており，これを組立単位という．電荷の単位 $\mathrm{C} = \mathrm{A} \cdot \mathrm{s}$ も組立単位の1つである．電磁気学で用いられる主な組立単位を表1.2に挙げておく．

物理量がどのような単位で表されるかを知るには，物理量の定義や物理法則を通してそれが他のどのような物理量と関係づけられるかをみればよい．たとえば電位 ϕ は単位電荷あたりのエネルギーであるから，その単位 V (ボルト) はエネルギーの単位 $\mathrm{J} = \mathrm{kg} \cdot \mathrm{m}^2/\mathrm{s}^2$ を電荷の単位 $\mathrm{C} = \mathrm{A} \cdot \mathrm{s}$ で除することにより $\mathrm{V} = \mathrm{J}/\mathrm{C} = \mathrm{kg} \cdot \mathrm{m}^2/\mathrm{A} \cdot \mathrm{s}^3$ と求められる．

問 1.7 電気抵抗の単位 Ω (オーム) を基本単位で表せ．

[答： 抵抗は電圧と電流の間の比例定数であるから，上に記した電位の単位 $\mathrm{V} = \mathrm{kg} \cdot \mathrm{m}^2/\mathrm{A} \cdot \mathrm{s}^3$ を電流の単位 A で除することにより $\Omega = \mathrm{V}/\mathrm{A} = \mathrm{kg} \cdot \mathrm{m}^2/\mathrm{A}^2 \cdot \mathrm{s}^3$]

演習問題 1

1.1 長さ l の電気を通さない糸で質量 m の物体が吊り下げられている．この物体を電荷 Q に帯電させて，水平方向の電場 E を加えたとき，つり合いの位置での糸の鉛直方向からの角度 α を求めよ．また，つり合いの状態で電場の向きを瞬間的に反転すると，その後の物体はどのような運動を行うか．

1.2 物質の抵抗率 ρ を，自由電子の数密度 (単位体積あたりの個数) n，電子質量 m_e，電子の物質内での緩和時間 τ を用いて表せ．また，銅の抵抗率 $1.7 \times 10^{-8}\ \Omega \cdot \mathrm{m}$ より緩和時間 τ を求めよ．(この逆数 τ^{-1} が，銅の内部で自由電子が単位時間あたりに衝突を起こす回数に相当する．)

1.3 右図は電位差計という，電池の起電力 V_X を，内部抵抗の影響を受けることなく正確に測定するための回路である．AB は長さ l の一様な抵抗線であり，直流電源により十分大きな電圧 V_B が加えられている．V_S は起電力のわかっている標準電池である．スイッチ SW を V_S 側に接続して端子 C の位置を調節したところ，AC 間の距離が l_S のとき検流計 G を流れる電流が 0 となった．次に SW を V_X 側に接続して端子 C の位置を調節すると，AC 間の距離が l_X のとき G を流れる電流が 0 となった．この電池の起電力 V_X はいくらであるか．

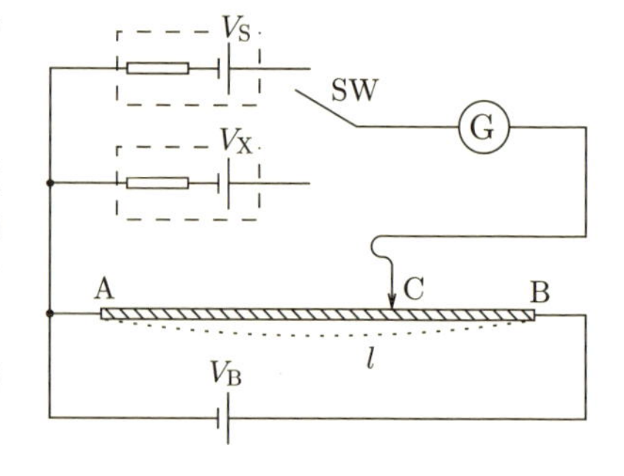

1.4 試料の抵抗値を測定する装置として，ホイートストンブリッジ[20]という右図のような回路が用いられる．R_1, R_2 は抵抗値のわかっている抵抗，r は抵抗値を自由に調整することのできる可変抵抗，X は試料の抵抗，G は検流計である．スイッチ SW を閉じたときに検流計を流れる電流が 0 となるように可変抵抗 r を調整した．試料の抵抗値 X を R_1, R_2, r を用いて表せ．

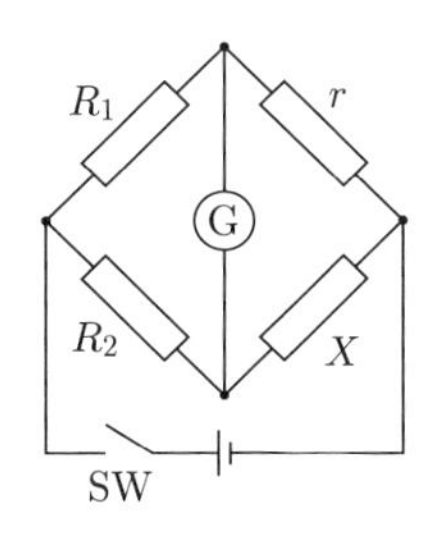

1.5 下図のように，抵抗 r を梯子状に連結した無限に長い回路の AB 間の合成抵抗を求めよ．(ヒント：N 段の梯子の場合の合成抵抗を $N-1$ 段の梯子の合成抵抗で表す漸化式を求め，$N \to \infty$ の極限を考えよ．)

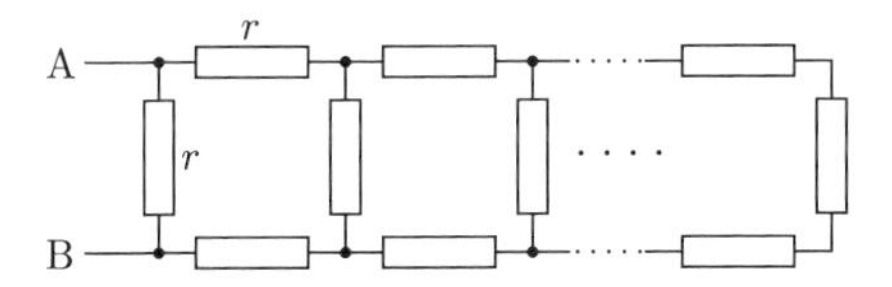

1.6 x 軸方向に一様な電場 E_x，z 軸方向に一様な磁束密度 B_z が加えられた空間中で質量 m，電荷 q の荷電粒子に x 軸方向の初速度 $(v_0, 0, 0)$ を与えた．その後の粒子の運動を記述せよ．

---

20) この測定器の実用化と普及に功のあった物理学者ホイートストン (C. Wheatstone，イギリス) に因む．原型はクリスティ (S.H. Christie，イギリス) により発明された．試料に電流を流し続けるとジュール熱により温度が上昇して抵抗値が変化するので，SW を瞬時だけ閉じて検流計の電流を観測する．

2
電荷と静電場

電荷にクーロン力を及ぼす電場は，電荷の分布によってつくり出される．ここでは電荷とそのまわりに生じる電場の間の関係を表す法則と，電場の計算方法について見ていこう．

2.1 クーロンの法則

電荷を帯びた物体間にはたらくクーロン力を考えるうえで基本となるのは，大きさの無視できる 2 つの点状の電荷 (**点電荷**，point charge) の間にはたらくクーロン力である．点電荷の間のクーロン力はそれらを結ぶ直線上にはたらき，前章で述べたように正電荷どうし，および負電荷どうしの間では斥力 (反発力)，正電荷と負電荷の間では引力である．また，この力の大きさは 2 つの電荷の積に比例し，電荷間の距離の 2 乗に反比例する．このような 2 つの点電荷間にはたらくクーロン力の性質を**クーロンの法則**という．

この法則を，ベクトルを用いた数式によって表そう．図 2.1 のように，2 つの点電荷の位置を示す位置ベクトルを $\boldsymbol{r}, \boldsymbol{r}'$，電荷を q, q' と置く．点電荷間の距離は $|\boldsymbol{r}-\boldsymbol{r}'|$ であるから，点電荷 q が点電荷 q' から受けるクーロン力 $\boldsymbol{f}$ の大きさは，k_e を比例定数として

$$f = k_\mathrm{e}\frac{qq'}{|\boldsymbol{r}-\boldsymbol{r}'|^2}$$

と表される．力の向きは，斥力のとき点電荷 q' から点電荷 q に向かう相対位置ベクトル $\boldsymbol{r}-\boldsymbol{r}'$ の向きに一致し，引力のときはその逆である．よって力のベクトル $\boldsymbol{f}$ は，相対位置ベクトルの向きをもつ単位ベクトル $\boldsymbol{e} = \dfrac{\boldsymbol{r}-\boldsymbol{r}'}{|\boldsymbol{r}-\boldsymbol{r}'|}$ を

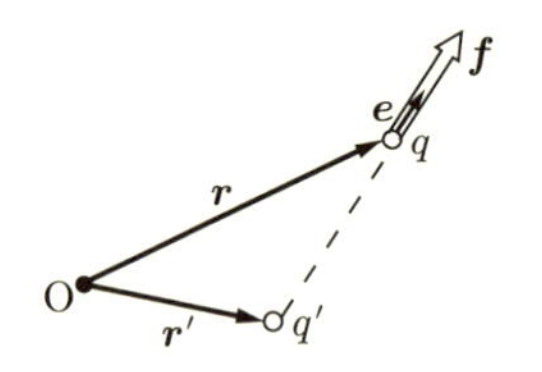

図 2.1 2つの点電荷間にはたらくクーロン力

用いて

$$\boldsymbol{f} = f\boldsymbol{e} = k_\mathrm{e}\frac{qq'}{|\boldsymbol{r}-\boldsymbol{r}'|^2}\,\boldsymbol{e} \tag{2.1}$$

と表すことができる．点電荷の座標を用いて力を計算する際には $\boldsymbol{e}$ を相対位置ベクトルで表した

$$\boldsymbol{f} = k_\mathrm{e}\frac{qq'(\boldsymbol{r}-\boldsymbol{r}')}{|\boldsymbol{r}-\boldsymbol{r}'|^3} \tag{2.2}$$

の形も便利である．真空中での比例定数 k_e の値は

$$k_\mathrm{e} \simeq 9.0\times10^9\ \mathrm{N\cdot m^2/C^2}$$

であり，**真空の誘電率** (vacuum permittivity) とよばれる定数 ε_0 を用いて

$$k_\mathrm{e} = \frac{1}{4\pi\varepsilon_0}, \quad \varepsilon_0 \simeq 8.854\times10^{-12}\ \mathrm{C^2/N\cdot m^2} \tag{2.3}$$

と表される[1]．

クーロンの法則

真空中で，点 $\boldsymbol{r}$ に置かれた点電荷 q が点 $\boldsymbol{r}'$ に置かれた点電荷 q' から受けるクーロン力は，相対位置ベクトルの向きの単位ベクトル $\boldsymbol{e} = \dfrac{\boldsymbol{r}-\boldsymbol{r}'}{|\boldsymbol{r}-\boldsymbol{r}'|}$ を用いて

$$\boldsymbol{f} = \frac{qq'}{4\pi\varepsilon_0|\boldsymbol{r}-\boldsymbol{r}'|^2}\boldsymbol{e} = \frac{qq'}{4\pi\varepsilon_0}\,\frac{\boldsymbol{r}-\boldsymbol{r}'}{|\boldsymbol{r}-\boldsymbol{r}'|^3} \tag{2.4}$$

点電荷間のクーロン力は距離の 2 乗に反比例するが，同じく重力 (万有引力) も距離の 2 乗に反比例する．これらの力の大きさを次の例題で比較してみよう．

1) 一般には誘電率の単位は，電気容量の単位 F (ファラド) を用いて F/m と表す《☞ 3.2 節》.

例題 2.1　クーロン力と重力

電荷をもたない質量 1 mg (ミリグラム) の 2 つの粒子からそれぞれ同数個の電子を取り除き，粒子間の重力をクーロン力によって打ち消すには，何個の電子を取り除けばよいか.

【解答】　質量 $m = 1\ \mathrm{mg} = 1 \times 10^{-6}\ \mathrm{kg}$ の粒子間にはたらく重力の大きさと，電荷 q の電荷間にはたらくクーロン斥力とが打ち消し合っているとき $Gm^2 = k_\mathrm{e} q^2$ (G は重力定数) より

$$q = \sqrt{\frac{G}{k_\mathrm{e}}}\, m = \sqrt{\frac{6.7 \times 10^{-11}}{9.0 \times 10^{9}}} \cdot (1 \times 10^{-6}) = 8.6 \times 10^{-17}\ \mathrm{C}$$

この量を電子の電荷，すなわち電気素量で除することにより，求める個数は

$$\frac{8.6 \times 10^{-17}}{1.6 \times 10^{-19}} = 5.4 \times 10^{2} \sim 500\ 個$$ □

1 mg の粒子内には $10^{18} \sim 10^{20}$ 個の原子が含まれており，これらの間にはたらく重力がわずか電子 500 個分の電荷間のクーロン力で打ち消されてしまうことから，原子レベルでの重力はクーロン力に比べてきわめて小さい力であることがわかる.

■ 電場の独立性

2 つの荷電粒子が及ぼし合うクーロン力は，まわりの電荷からの影響を受けることはない. したがって，ある荷電粒子が他の複数個の荷電粒子から受ける力は，それぞれの荷電粒子のみが単独で存在していたときに受けるクーロン力の合力により与えられる. このことを**クーロン力の独立性**という. 位置 $\boldsymbol{r}$ にある点電荷 q が他の N 個の点電荷 $q_1, \cdots, q_N$ から受ける力は，単独の点電荷 $q_i\ (i = 1, 2, \cdots, N)$ から受ける力 $\boldsymbol{f}_i$ を N 個合成したものに等しく，点電荷 q_i の位置ベクトル $\boldsymbol{r}_i$ を用いて

$$\boldsymbol{f} = \sum_{i=1}^{N} \boldsymbol{f}_i = \sum_{i=1}^{N} \frac{q q_i}{4\pi\varepsilon_0 |\boldsymbol{r} - \boldsymbol{r}_i|^2} \boldsymbol{e}_i, \quad \boldsymbol{e}_i \equiv \frac{\boldsymbol{r} - \boldsymbol{r}_i}{|\boldsymbol{r} - \boldsymbol{r}_i|} \tag{2.5}$$

と表される. ここで $\boldsymbol{e}_i$ は点電荷 q_i からの相対位置ベクトルの向きをもつ単位ベクトルである.

クーロンの法則を近接作用に基づいて考えるとき，電場中の位置 $\boldsymbol{r}$ に置かれた電荷 q にはたらく力が $q\boldsymbol{E}(\boldsymbol{r})$ であることから，式 (2.4) より，点 $\boldsymbol{r}'$ に置かれた点電荷 q' によって点 $\boldsymbol{r}$ に生じる電場は

$$\boldsymbol{E}(\boldsymbol{r}) = \frac{q'}{4\pi\varepsilon_0}\frac{\boldsymbol{r}-\boldsymbol{r}'}{|\boldsymbol{r}-\boldsymbol{r}'|^3} \tag{2.6}$$

と表されることがわかる．クーロン力の独立性は，この点電荷がつくる電場が，他の電荷によって影響を受けないことを表しており，この性質を**電場の独立性**という．したがって，点電荷の集合によって生じる電場は，各点電荷が単独で存在する場合に生じる電場の重ね合わせによって得られ，点電荷 $q_1, \cdots, q_N$ により生じる電場は

$$\boldsymbol{E}(\boldsymbol{r}) = \sum_{i=1}^{N}\frac{q_i}{4\pi\varepsilon_0}\frac{\boldsymbol{r}-\boldsymbol{r}_i}{|\boldsymbol{r}-\boldsymbol{r}_i|^3} \tag{2.7}$$

と表すことができる．

■ 電場の保存性

点電荷が，別の点電荷から受けるクーロン力は中心力である．一般に中心力 $\boldsymbol{f} = f(r)\boldsymbol{e}_r$ が保存力であること，つまり中心力のもとでは力学的エネルギーが保存することを示しておこう．ここで $\boldsymbol{e}_r = \dfrac{\boldsymbol{r}}{r}$ は位置ベクトルの向きの単位ベクトルである．この力を受ける物体が経路 Γ に沿って点 $\boldsymbol{r}_1$ から点 $\boldsymbol{r}_2$ まで移動する間に力からされる仕事，すなわち経路 Γ に沿った力の線積分は，Γ を微小区間に分割することにより

$$\int_\Gamma \boldsymbol{f}\cdot d\boldsymbol{r} = \sum_i \boldsymbol{f}_i\cdot\Delta\boldsymbol{r}_i$$

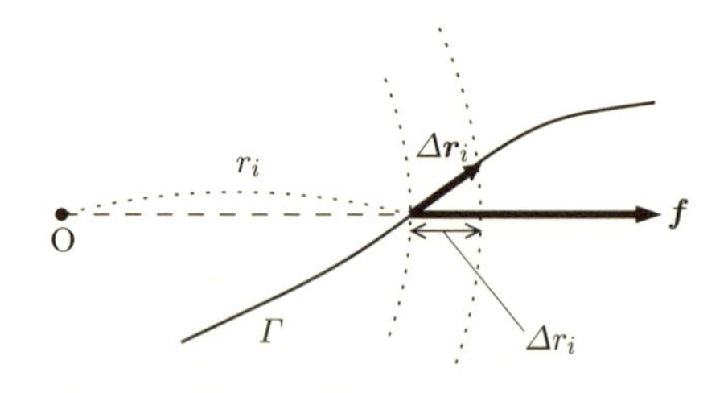

図 2.2　経路 Γ に沿った中心力 $\boldsymbol{f}$ の線積分

と表される．ここで図2.2より，i 番目の線要素 $\boldsymbol{\Delta r}_i$ に沿った線積分は

$$\boldsymbol{f}_i \cdot \boldsymbol{\Delta r}_i = f(r_i)\boldsymbol{e}_r \cdot \boldsymbol{\Delta r}_i = f(r_i)\Delta r_i$$

のように力の強さ $f(r_i)$ と点電荷からの距離の変化 Δr_i の積で表される．これを経路 Γ 全体について足し合わせた量は $f(r)$ の r についての 1 次元積分

$$\sum_i f(r_i)\Delta r_i = \int_{r_1}^{r_2} f(r)dr$$

に帰着し，$f(r)$ の不定積分を (便宜上負符号をつけて) $-U(r)$ とすると

$$\int_\Gamma \boldsymbol{f} \cdot d\boldsymbol{r} = U(r_1) - U(r_2)$$

が得られる．したがって，この線積分の値は始点と終点だけで定まり，その経路によらない．この過程で物体の運動量が $\boldsymbol{p}_1$ から $\boldsymbol{p}_2$ に変化したとすると，仕事と運動エネルギーの関係により

$$\frac{\boldsymbol{p}_2^2}{2m} - \frac{\boldsymbol{p}_1^2}{2m} = U(r_1) - U(r_2),$$
$$\therefore\ \frac{\boldsymbol{p}_2^2}{2m} + U(r_2) = \frac{\boldsymbol{p}_1^2}{2m} + U(r_1)$$

が成り立つ．$U(r)$ は中心力 $\boldsymbol{f}$ のポテンシャルエネルギーであり，上の式は運動エネルギーとポテンシャルエネルギー $U(r)$ の和，すなわち力学的エネルギーが運動の過程で一定に保たれること (力学的エネルギー保存則) を表している．こうして中心力が保存力であることが導かれた．

力 $f(r)$ とポテンシャル $U(r)$ の関係

$$U(r) = -\int f(r)dr, \quad f(r) = -\frac{dU(r)}{dr}$$

より，中心力のベクトル $\boldsymbol{f} = f(r)\boldsymbol{e}_r$ の x 成分は

$$f_x = f(r)\frac{x}{r} = -\frac{dU(r)}{dr}\frac{\partial r}{\partial x} = -\frac{\partial U}{\partial x},$$

同様に y, z 成分は

$$f_y = -\frac{\partial U}{\partial y}, \quad f_z = -\frac{\partial U}{\partial z}$$

となる．したがって力のベクトルは

$$\boldsymbol{f} = -\left(\frac{\partial U}{\partial x}, \frac{\partial U}{\partial y}, \frac{\partial U}{\partial z}\right) = -\boldsymbol{\nabla} U \tag{2.8}$$

と表される．$\boldsymbol{\nabla}$ はベクトル型微分演算子ナブラ [式 (A.29)] である．$\boldsymbol{\nabla} U$ をスカラー関数 U の**勾配** (gradient) という．力のベクトルがポテンシャルの勾配を用いて式 (2.8) のように表されることは力が保存力であることの必要十分条件である《☞ 付録 A.4 の定理 (A.40)》.

点電荷 q が点 $\boldsymbol{r}'$ に置かれた点電荷 q' から受けるクーロン力のポテンシャルは

$$U(\boldsymbol{r}) = \frac{qq'}{4\pi\varepsilon_0|\boldsymbol{r} - \boldsymbol{r}'|} \tag{2.9}$$

であるが,

$$|\boldsymbol{r} - \boldsymbol{r}'| = \sqrt{(x - x')^2 + (y - y')^2 + (z - z')^2}$$

に注意してこのポテンシャルの勾配を計算してみよう．U を x で偏微分すると

$$\frac{\partial U}{\partial x} = \frac{dU}{d|\boldsymbol{r} - \boldsymbol{r}'|} \cdot \frac{\partial |\boldsymbol{r} - \boldsymbol{r}'|}{\partial x} = -\frac{qq'}{4\pi\varepsilon_0|\boldsymbol{r} - \boldsymbol{r}'|^2} \cdot \frac{x - x'}{|\boldsymbol{r} - \boldsymbol{r}'|},$$

y, z に関する偏微分も同様に求められて

$$\boldsymbol{\nabla} U = -\frac{qq'}{4\pi\varepsilon_0|\boldsymbol{r} - \boldsymbol{r}'|^2} \cdot \frac{\boldsymbol{r} - \boldsymbol{r}'}{|\boldsymbol{r} - \boldsymbol{r}'|}$$

が得られる．よって，クーロン力 (2.4) がポテンシャル (2.9) の勾配を用いて式 (2.8) で表されることがわかる．このように 1 個の点電荷から受けるクーロン力は保存力であるから，その重ね合わせで表される任意の電荷分布による一般のクーロン力もまた保存力である.

式 (2.9) のポテンシャルは無限遠を基準としたものである．このポテンシャルを単位電荷あたりに換算することにより，電位

$$\phi(\boldsymbol{r}) = \frac{U(\boldsymbol{r})}{q} = \frac{q'}{4\pi\varepsilon_0|\boldsymbol{r} - \boldsymbol{r}'|} \tag{2.10}$$

が得られる．N 個の点電荷の集合がつくる電場内での電位は,

$$\phi(\boldsymbol{r}) = \sum_{i=1}^{N} \frac{q_i}{4\pi\varepsilon_0|\boldsymbol{r} - \boldsymbol{r}_i|} \tag{2.11}$$

と表される．また連続的な電荷分布 $\rho(\boldsymbol{r})$ に対しては，空間を微小体積要素

ΔV_i に分割して，各微小要素を点電荷 $\Delta q_i = \rho(\boldsymbol{r}_i)\Delta V_i$ とみなすことにより

$$\phi(\boldsymbol{r}) = \sum_i \frac{\Delta q_i}{4\pi\varepsilon_0|\boldsymbol{r}-\boldsymbol{r}_i|} = \sum_i \frac{\rho(\boldsymbol{r}_i)}{4\pi\varepsilon_0|\boldsymbol{r}-\boldsymbol{r}_i|}\Delta V_i$$
$$= \frac{1}{4\pi\varepsilon_0}\int \frac{\rho(\boldsymbol{r}')}{|\boldsymbol{r}-\boldsymbol{r}'|}dV' \tag{2.12}$$

のように体積積分で表すことができる．電場は一般に，電位の勾配を用いて

$$\boldsymbol{E}(\boldsymbol{r}) = -\boldsymbol{\nabla}\phi(\boldsymbol{r}) \tag{2.13}$$

と表される．

問 2.1 電位 (2.11) を式 (2.13) に適用して，電場 (2.7) を導け．

例題 2.2 2 個の点電荷による電場

x 軸上の 2 点 $(\pm a, 0, 0)$ に等しい大きさの点電荷 q が置かれているとき，y 軸上の点 $(0, y, 0)$ に生じる電場を求めよ．また点 $(-a, 0, 0)$ の電荷を $-q$ に変えた場合はどうなるか．

【解答】 図 2.3 (a) のように，右側と左側の点電荷 q がつくる電場をそれぞれ $\boldsymbol{E}_1$, $\boldsymbol{E}_2$ と置くと，式 (2.6) より

$$\boldsymbol{E}_1 = \frac{q}{4\pi\varepsilon_0(y^2+a^2)^{3/2}}(-a, y, 0),$$
$$\boldsymbol{E}_2 = \frac{q}{4\pi\varepsilon_0(y^2+a^2)^{3/2}}(a, y, 0)$$

これらを合成して，求める電場は

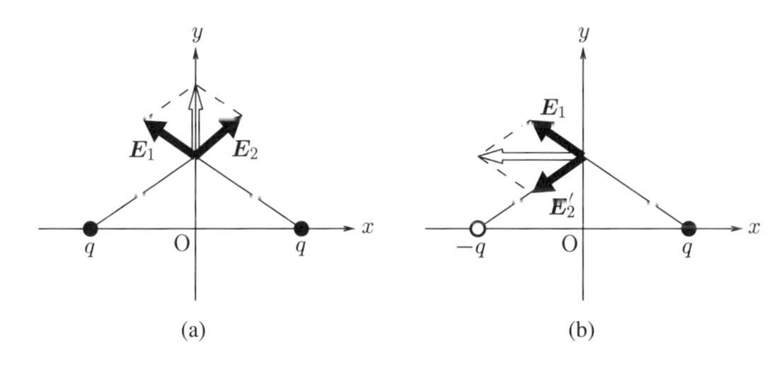

図 2.3 2 つの点電荷による電場の計算

$$\boldsymbol{E} = \boldsymbol{E}_1 + \boldsymbol{E}_2 = \frac{qy}{2\pi\varepsilon_0(y^2+a^2)^{3/2}}(0,1,0)$$

左の電荷を $-q$ に変えると，図2.3 (b) のように，この電荷がつくる電場の向きが反転して $\boldsymbol{E}_2' = -\boldsymbol{E}_2$ となるので，

$$\boldsymbol{E} = \boldsymbol{E}_1 + \boldsymbol{E}_2' = \boldsymbol{E}_1 - \boldsymbol{E}_2 = \frac{qa}{2\pi\varepsilon_0(y^2+a^2)^{3/2}}(-1,0,0) \qquad \square$$

■ 電気力線と等電位面

電荷分布のまわりの空間に生じている電場の分布は，曲線の集合を用いて視覚的に表すことができる．この曲線を**電気力線**という．電気力線は以下の性質を満たすような曲線の集合として描かれる．

- 電場の向きが電気力線の接線方向に一致する．
- 電場の強さは電気力線の密度 (電場に垂直な単位断面積あたりを通過する本数) に比例する．点電荷から出る電気力線の数は電荷に比例する．
- 電気力線は真空中で交差したり途切れたりしない．

点電荷からはあらゆる方向に等方的に力線が出ており，電場の強さは点電荷からの距離の 2 乗に反比例するので，そのことから途中で途切れることなく描いた力線の密度が電場の強さに比例することが保証される．

空間中で電位が等しい点を結んでできる曲面を**等電位面**というが，これも電場の分布を知る上で有用である．点電荷のつくる電場による電位は点電荷からの距離の関数であるから，点電荷のまわりの等電位面は点電荷を中心とする球

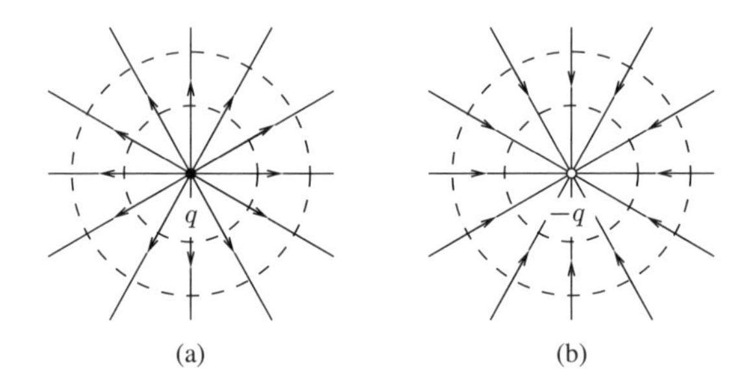

図 2.4　1 個の正の点電荷 (a) および負の点電荷 (b) のまわりの電場．実線は電気力線，破線は等電位面 (の紙面との交わり) を表す．

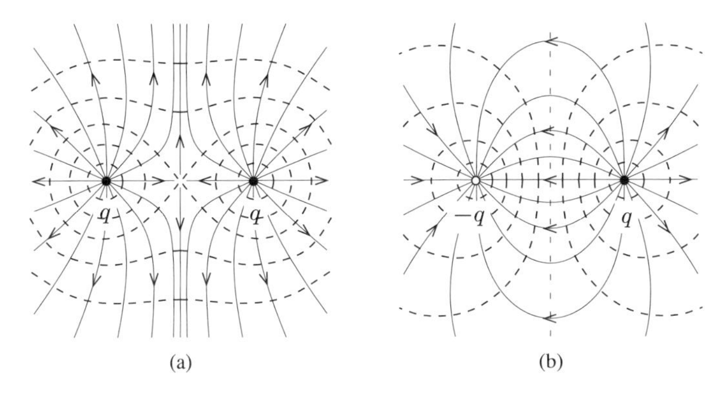

図 2.5 電気力線と等電位面による，2 個の点電荷のまわりの電場の様子

面となる．また，任意の電場について，等電位面に沿った変位 $\boldsymbol{\Delta s}$ に対する電位の変化が 0 であることから

$$0 = \phi(\boldsymbol{r} + \boldsymbol{\Delta s}) - \phi(\boldsymbol{r}) = -\boldsymbol{E} \cdot \boldsymbol{\Delta s}$$

よって，あらゆる点において電場の向きは等電位面に垂直である．

図 2.4 は 1 個の点電荷のまわりに生じる電場を電気力線と等電位面を用いて表したものである．2 次元の紙面上に描くと電気力線の密度は距離に反比例するように見えるが，3 次元空間中での密度は距離の 2 乗に反比例している．また等電位面は 3 次元空間中では曲面であり，図はその曲面と紙面との交線を描いたものである．

図 2.5 には絶対値の等しい 2 個の点電荷のまわりの電場の様子を，上と同様に電気力線と等電位面を用いて示す．図 2.5 (a) で原点を白抜きにしてあるのは，この点では電場が 0 であり，電気力線が到達しないことを示すためである．

2.2 電気双極子

点電荷系の例として，近接した絶対値の等しい正負 2 つの点電荷から成る**電気双極子** (electric dipole) のまわりの電場について考えよう．これは，全体としては電気的に中性な原子や分子の中で電荷分布に偏りが生じたとき，原子や分子の間にはたらく力の原因になるものとしても重要な意味をもつ．

いま，2 つの点電荷 $\pm q$ が相対位置ベクトル ($-q$ を始点として $+q$ を終点とするベクトル) $\boldsymbol{l}$ で結合した電気双極子を考える．以下に示すように，電気双極子の電気的性質は，**電気双極子モーメント** (electric dipole moment) というベクトル $\boldsymbol{p} = q\boldsymbol{l}$ を用いて表すことができる．この電気双極子を原点を中心として置いたとき，そのまわりに生じる電場の性質を調べよう．位置 $\pm\frac{1}{2}\boldsymbol{l} = (0, 0, \pm\frac{1}{2}l)$ に置かれた 2 つの点電荷 $\pm q$ (複号同順) の対による電位は

$$\phi(\boldsymbol{r}) = \frac{q}{4\pi\varepsilon_0}\left(\frac{1}{|\boldsymbol{r} - \frac{1}{2}\boldsymbol{l}|} - \frac{1}{|\boldsymbol{r} + \frac{1}{2}\boldsymbol{l}|}\right) \tag{2.14}$$

で与えられるが，電気双極子のサイズより十分遠方 ($|\boldsymbol{r}| = r \gg l$) での電場を考えることにして，この式を変形する．このとき各点電荷からの距離は

$$|\boldsymbol{r} \mp \tfrac{1}{2}\boldsymbol{l}| = \sqrt{(\boldsymbol{r}^2 \mp \tfrac{1}{2}\boldsymbol{l})^2} = \sqrt{r^2 \mp \boldsymbol{l}\cdot\boldsymbol{r} + \tfrac{1}{4}l^2} \simeq r\left(1 \mp \frac{\boldsymbol{l}\cdot\boldsymbol{r}}{r^2}\right)^{1/2}$$

となる．最後の式変形で l^2 を r^2 に対して無視する近似を用いた．さらに $\boldsymbol{l}\cdot\boldsymbol{r}$ が r^2 に比べて十分小さいことから

$$\frac{1}{|\boldsymbol{r} \mp \frac{1}{2}\boldsymbol{l}|} \simeq \frac{1}{r}\left(1 \mp \frac{\boldsymbol{l}\cdot\boldsymbol{r}}{r^2}\right)^{-1/2} \simeq \frac{1}{r}\left(1 \pm \frac{\boldsymbol{l}\cdot\boldsymbol{r}}{2r^2}\right)$$

が成り立ち，これを式 (2.14) に適用することにより電気双極子による電位が

$$\phi(\boldsymbol{r}) = \frac{q\boldsymbol{l}\cdot\boldsymbol{r}}{4\pi\varepsilon_0 r^3} = \frac{\boldsymbol{p}\cdot\boldsymbol{r}}{4\pi\varepsilon_0 r^3} \tag{2.15}$$

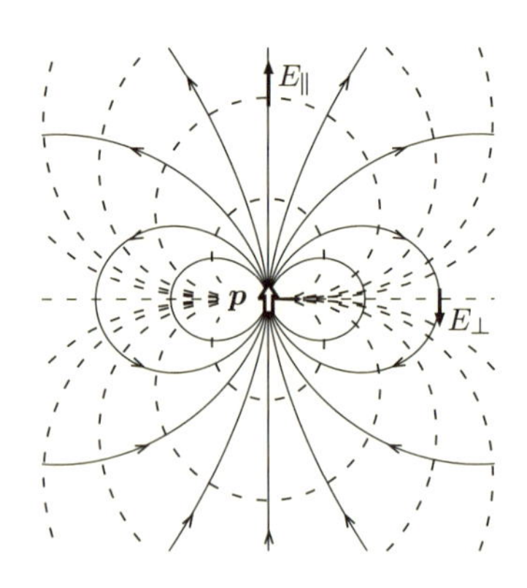

図 2.6 電気双極子のまわりの電場の分布．実線が電気力線，破線が等電位面を表す．

のように電気双極子モーメント $\boldsymbol{p}$ を用いて表される．

この電位の式より，電気双極子のつくる電場

$$\boldsymbol{E} = -\nabla\phi = -\frac{1}{4\pi\varepsilon_0}\left(\frac{\boldsymbol{p}}{r^3} - (\boldsymbol{p}\cdot\boldsymbol{r})\frac{3\boldsymbol{r}}{r^5}\right)$$
$$= \frac{3(\boldsymbol{p}\cdot\boldsymbol{r})\boldsymbol{r} - r^2\boldsymbol{p}}{4\pi\varepsilon_0 r^5} = \frac{3(\boldsymbol{p}\cdot\boldsymbol{e})\boldsymbol{e} - \boldsymbol{p}}{4\pi\varepsilon_0 r^3} \quad \left(\boldsymbol{e} = \frac{\boldsymbol{r}}{r}\right) \tag{2.16}$$

が得られる．この電場の強さは電気双極子からの距離の 3 乗に反比例しており，その分布は図 2.6 のようになる．特に，電気双極子モーメントと同じ方向の位置 $(\boldsymbol{r} \parallel \boldsymbol{p})$ に生じる電場は $\boldsymbol{p}$ と同じ向きに大きさ

$$E_{\parallel} = \frac{p}{2\pi\varepsilon_0 r^3},$$

垂直な方向の位置 $(\boldsymbol{r} \perp \boldsymbol{p})$ に生じる電場は $\boldsymbol{p}$ と逆向きに大きさ

$$E_{\perp} = \frac{p}{4\pi\varepsilon_0 r^3} = \frac{1}{2}E_{\parallel}$$

をもつ．

2.3　電荷分布がつくる電場

次に，空間に連続的に分布した電荷によって生じる電場の計算方法について考える．この場合には空間を微小体積要素に分割し，そこに分布する電荷 Δq_i を点電荷とみなすことにより，電荷分布を点電荷の集合と考える．すると，この電荷分布によって生じる電場は式 (2.7) により

$$\boldsymbol{E}(\boldsymbol{r}) = \sum_i \frac{\Delta q_i}{4\pi\varepsilon_0}\frac{\boldsymbol{r} - \boldsymbol{r}_i}{|\boldsymbol{r} - \boldsymbol{r}_i|^3} \tag{2.17}$$

と表される．電荷密度 $\rho(\boldsymbol{r})$ の空間的な電荷分布の場合，$\Delta q_i = \rho(\boldsymbol{r}_i)\Delta V_i$ より，式 (2.17) の和は

$$\sum_i \frac{\rho(\boldsymbol{r}_i)}{4\pi\varepsilon_0}\frac{\boldsymbol{r} - \boldsymbol{r}_i}{|\boldsymbol{r} - \boldsymbol{r}_i|^3}\Delta V_i = \int \frac{\rho(\boldsymbol{r}')}{4\pi\varepsilon_0}\frac{\boldsymbol{r} - \boldsymbol{r}'}{|\boldsymbol{r} - \boldsymbol{r}'|^3}dV'$$

のような体積積分で表される．この式は電位 (2.12) の勾配を計算することによっても得られる．また線状や面状の電荷分布に対しては，線積分や面積分によって和を計算することができる．

以下で，簡単な形状の電荷分布による電場を具体的に計算してみよう．

■ 無限に長い直線と無限に広い平面

無限に長い直線上に一様な線電荷密度 λ の電荷が分布しているとき，この直線電荷から距離 R の点に生じる電場を求めてみよう．図 2.7 のように直線電荷に沿って x 軸をとると，電荷分布の対称性により xy 面上に生じる電場の x 成分は 0 で y 成分のみをもつことがわかる．位置 x' 近傍の微小線要素 $\Delta x'$ に分布している電荷 $\Delta q = \lambda \Delta x'$ が点 P $(0, R, 0)$ につくる電場の強さは，電荷から点 P までの距離 $r = \sqrt{x'^2 + R^2}$ より

$$\Delta E = \frac{\Delta q}{4\pi\varepsilon_0 r^2} = \frac{\lambda}{4\pi\varepsilon_0(x'^2 + R^2)}\Delta x'$$

よって y 成分は

$$\Delta E_y = \frac{R}{\sqrt{x'^2 + R^2}}\Delta E = \frac{\lambda R}{4\pi\varepsilon_0(x'^2 + R^2)^{3/2}}\Delta x'$$

となる．この量を直線全体について足し合わせることにより，直線電荷全体がつくる電場は

$$\begin{aligned} E_y &= \sum \Delta E_y = \sum \frac{\lambda R}{4\pi\varepsilon_0(x'^2 + R^2)^{3/2}}\Delta x' \\ &= \int_{-\infty}^{\infty} \frac{\lambda R}{4\pi\varepsilon_0(x'^2 + R^2)^{3/2}}dx' \end{aligned}$$

のように x' についての積分で表される．変数変換 $x' = R\tan\theta$ により，この積分は

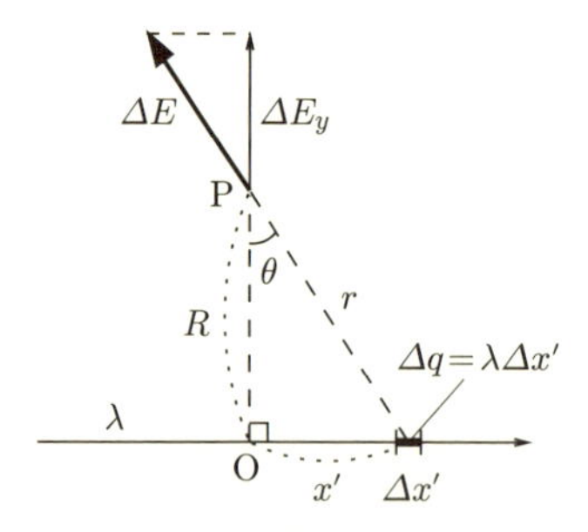

図 2.7　直線電荷による電場の計算

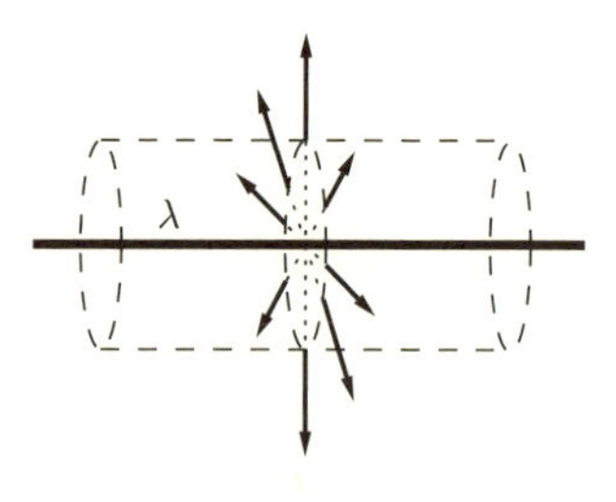

図 2.8　直線電荷のまわりに生じる電場と等電位面

$$E_y = \frac{\lambda}{4\pi\varepsilon_0 R}\int_{-\pi/2}^{\pi/2}\cos\theta\,d\theta = \frac{\lambda}{2\pi\varepsilon_0 R} \tag{2.18}$$

と求められる．このように，無限に長い直線電荷がつくる電場の強さは直線からの距離 R に反比例する．直線電荷のまわりの電場は図2.8のように直線電荷から放射状に生じ，等電位面は直線電荷を中心軸とする円筒面となる．

この電場 (2.18) の電位を，直線からの距離 R_0 の点を基準として求めると

$$\phi(R) = \int_R^{R_0} E(R')dR' = \frac{\lambda}{2\pi\varepsilon_0}\log\frac{R_0}{R} \tag{2.19}$$

が得られる．この場合，電位を有限の値で表すにはその基準点を直線電荷から有限距離の点 $(0 < R_0 < \infty)$ に選ぶ必要がある．

次に，無限に広い平面上に面電荷密度 σ の一様な表面電荷が分布している場合を考える．図2.9のように，平面に沿って x, y 軸，平面に垂直方向に z 軸をとる．このとき電場は，電荷分布の対称性より xy 平面に平行な成分は0で，平面に垂直な z 成分のみをもつことがわかる．ここで平面を y 軸に平行な幅 Δx の細い帯に分割しよう．すると，それぞれの帯状部分は線電荷密度 $\lambda = \sigma\Delta x$ の無限に長い直線電荷とみなすことができる．

位置 x における幅 Δx の帯状部分が平面から距離 R の点P $(0, 0, R)$ につくる電場の強さは，式 (2.18) に直線電荷から点Pまでの距離 $r = \sqrt{R^2 + x^2}$ を用いて

$$\Delta E = \frac{\lambda}{2\pi\varepsilon_0 r} = \frac{\sigma}{2\pi\varepsilon_0\sqrt{R^2 + x^2}}\,\Delta x$$

よって平面に垂直な z 成分は

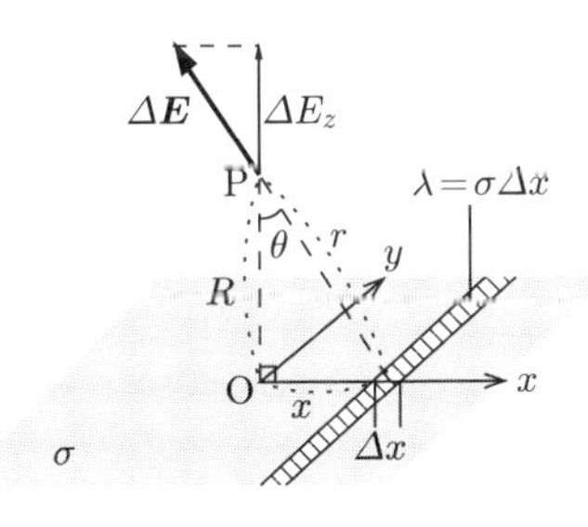

図 2.9　平面電荷による電場の計算

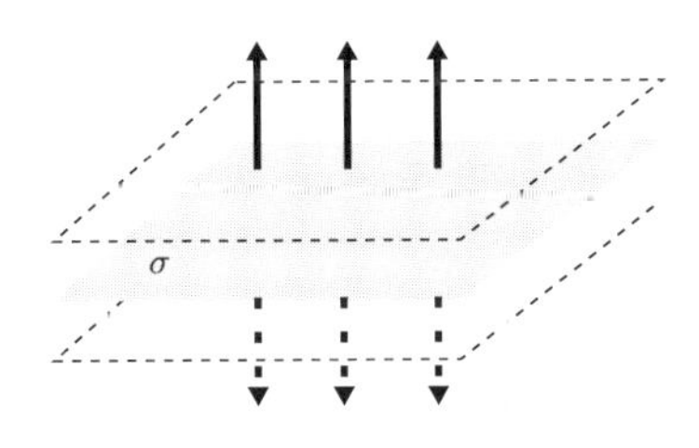

図 2.10　平面電荷のまわりの電場と等電位面

$$\Delta E_z = \frac{R}{\sqrt{R^2+x^2}}\Delta E = \frac{\sigma R}{2\pi\varepsilon_0(R^2+x^2)}\,\Delta x$$

これを区間 $-\infty < x < \infty$ にわたって足し合わせる (積分する) ことにより，平面電荷全体がつくる電場が

$$E_z = \sum \Delta E_z = \int_{-\infty}^{\infty} \frac{\sigma R}{2\pi\varepsilon_0(R^2+x^2)}dx \qquad (x = R\tan\theta)$$

$$= \frac{\sigma}{2\pi\varepsilon_0}\int_{-\pi/2}^{\pi/2} d\theta = \frac{\sigma}{2\varepsilon_0} \tag{2.20}$$

と求められる．この電場の強さは平面電荷からの距離 R によらず一定である．すなわち平面電荷のまわりには平面に垂直で一様な電場が生じることがわかる．電場の向きは面の両側で互いに逆向きとなる (図 2.10).

この電場による電位は，平面電荷上の点 $(z=0)$ を基準に選ぶと，

$$\phi(\boldsymbol{r}) = -\frac{\sigma|z|}{2\varepsilon_0} \tag{2.21}$$

で与えられ，等電位面は平面電荷に平行な平面となる．

■ 円環と円板

今度は，半径 a の円環に沿って一様な線電荷密度 λ で分布した線電荷が中心軸上につくる電場を求めてみよう．図 2.11 のように，円の中心を原点として z 軸を中心軸とする xy 面上の円環を考え，中心軸上の点 P $(0,0,z)$ に生じる

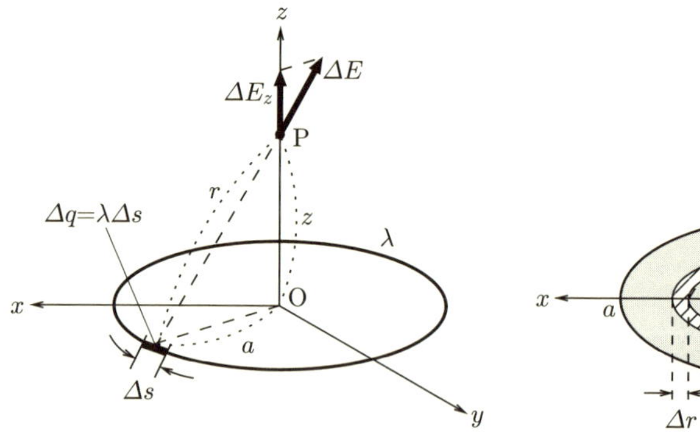

図 2.11 円環上の電荷による電場の計算

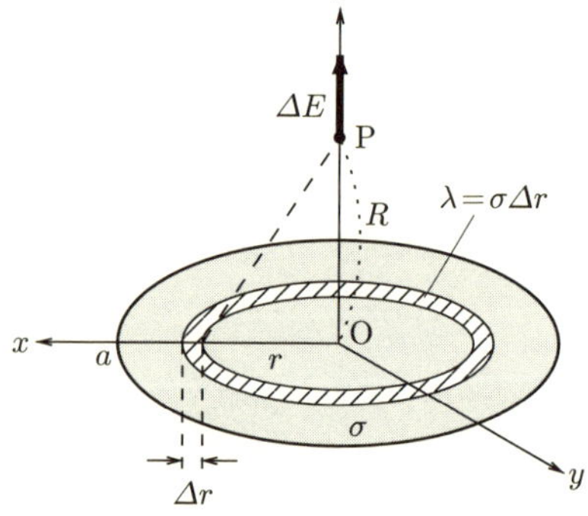

図 2.12 円板電荷による電場の計算

電場を計算する．対称性より，この電場は z 成分のみをもつので，円環を微小線要素に分割して各部分がつくる電場の z 成分について和をとればよい．長さ Δs の線要素に含まれる電荷 $\Delta q = \lambda \Delta s$ が点 P につくる電場の z 成分は

$$\Delta E_z = \frac{\Delta q}{4\pi\varepsilon_0 r^2} \cdot \frac{z}{r} = \frac{\lambda \Delta s\, z}{4\pi\varepsilon_0 (z^2 + a^2)^{3/2}}$$

であるから，これをすべての線要素について足し合わせることにより，求める電場は

$$E_z = \frac{\lambda z}{4\pi\varepsilon_0 (z^2 + a^2)^{3/2}} \underbrace{\sum \Delta s}_{=2\pi a} = \frac{\lambda a z}{2\varepsilon_0 (z^2 + a^2)^{3/2}} \tag{2.22}$$

となる．

この結果を用いて，円板上に分布した一様な面電荷がつくる電場を計算することができる．

例題 2.3　円板電荷

半径 a の円板上に面電荷密度 σ の一様な電荷が分布しているとき，中心軸上に生じる電場の強さを円板からの距離 R の関数で表せ．

【解答】 図 2.12 のように，円板の中心を原点として円板に垂直に z 軸をとる．ここで円板を，細い円環状領域に分割し，半径が r から $r + \Delta r$ の部分に着目する．この部分は線電荷密度 $\lambda = \sigma \Delta r$ の円環状線電荷とみなせるので，この部分が z 軸上の点 P $(0, 0, R)$ につくる電場 (z 方向) は式 (2.22) より

$$\Delta E = \frac{\lambda r R}{2\varepsilon_0 (r^2 + R^2)^{3/2}} = \frac{\sigma r R}{2\varepsilon_0 (r^2 + R^2)^{3/2}} \Delta r$$

である．この量を円板上のすべての円環状領域について足し合わせることにより，円板上の全電荷がつくる電場は

$$\begin{aligned} E &= \sum \frac{\sigma r R}{2\varepsilon_0 (r^2 + R^2)^{3/2}} \Delta r = \frac{\sigma R}{2\varepsilon_0} \int_0^a \frac{r}{(r^2 + R^2)^{3/2}} dr \\ &= \frac{\sigma}{2\varepsilon_0} \left(1 - \frac{R}{\sqrt{a^2 + R^2}} \right) \end{aligned} \tag{2.23}$$

となる．□

円板は，その半径に比べて十分遠方からは点電荷のように見えるであろう．実際，式 (2.23) で $R \gg a$ のとき，近似式

$$\frac{R}{\sqrt{a^2+R^2}} = \left(1+\frac{a^2}{R^2}\right)^{-1/2} \simeq 1-\frac{a^2}{2R^2}$$

を用いると

$$E \simeq \frac{\sigma}{2\varepsilon_0}\cdot\frac{a^2}{2R^2} = \frac{\pi a^2\sigma}{4\pi\varepsilon_0 R^2}$$

となり，点電荷 $\pi a^2\sigma$ による電場の式に近づくことが示される．

問 2.2 式 (2.23) は $a \to \infty$ の極限ではどのような値に近づくか．

[答：無限に広い平面電荷がつくる電場 (2.20) に近づく．]

2.4 ガウスの法則

電荷分布が与えられると，クーロンの法則をもとにしてそのまわりの電場を求めることができる．しかし，電荷分布が流動的で，それが電場によって影響を受けるような状況も考えられる．そのようなときに，電荷と電場の間の関係を別の形式で表現しておくと便利な場合がある．この節では，クーロンの法則をもとにして，ガウスの法則という，電荷分布とそれがつくる電場の間に一般的に成り立つ有用な関係式を導く．

物理法則はしばしば，時間や位置などを変化させても一定の大きさに保たれる量があること，すなわち物理量の保存則や不変性の形で現れる．簡単のため点電荷のつくる電場を考えると，点電荷を中心とする球面上での電場は半径の 2 乗に反比例する一定の強さをもち，この球面の面積は半径の 2 乗に比例するので，それらの積 (すなわち球面に関する電場の面積分) が球の半径によらず一定であることに着目しよう．

電場 $\boldsymbol{E}$ に真空の誘電率 ε_0 を乗じたベクトル場 $\boldsymbol{D} = \varepsilon_0\boldsymbol{E}$ を，真空中の**電束密度** (electric flux density) といい，曲面 S に関する電束密度の面積分

$$\varPhi = \int_S \boldsymbol{D}\cdot d\boldsymbol{S} = \int_S \varepsilon_0\boldsymbol{E}\cdot d\boldsymbol{S}$$

を，曲面 S を貫く**電束** (electric flux) という．クーロンの法則を用いると，点電荷 q を中心とする半径 r の球面 S_r を内側から外側に向けて貫く電束は

$$\oint_{S_r} \varepsilon_0 \boldsymbol{E} \cdot d\boldsymbol{S} = \oint_{S_r} \frac{q}{4\pi r^2} dS = \frac{q}{4\pi r^2} \cdot 4\pi r^2 = q$$

のように，球面の半径 r によらず電荷 q に等しい．この顕著な関係式が，球面のみならず任意の閉曲面に対して一般的に成り立つことを示そう．

■ 閉曲面が点電荷を内部に含む場合

まず最初に，図2.13のような，点電荷 q を内部に含む閉曲面 S を考える．この閉曲面を貫く電束を計算するための準備として，閉曲面上の微小な面素片 ΔS を貫く電束 $\Delta\Phi$ を求めよう．

面素片 ΔS を底面とし，点電荷 q を頂点とする錐体が，点電荷を中心とする単位球面を切り取る面積を $\Delta\Omega$ とする．一般に点から面をみたとき，その面の空間的なひろがりを表す量を**立体角** (stereographic angle) といい，SI では点を中心とする単位球面上にその面を投影してできる面積により立体角を表す単位 sr (ステラジアン) が定められている．これは単位円周上の弧の長さにより平面角を表す単位 rad (ラジアン) を3次元に拡張したものである[2]．上で述べた $\Delta\Omega$ は，面素片 ΔS が点電荷 q を見込む立体角を単位 sr で測った量に対応しており，以下では $\Delta\Omega$ のことを立体角とよぶことにする．

この面素片上での電場 $\boldsymbol{E}$ の向きと面素片の法線 $\boldsymbol{e}_\mathrm{n}$ のなす角を θ とする．面素片を電場に垂直な面に射影してできる面積 $\Delta S'$ は，点電荷からの面素片

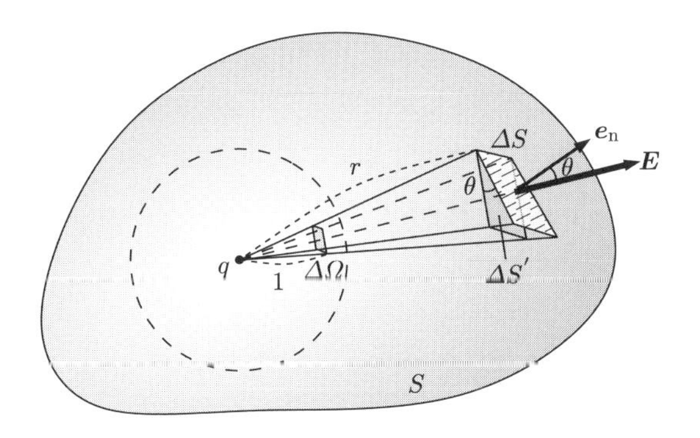

図 2.13 ガウスの法則の証明 (1)：点電荷を内部に含む閉曲面

---

2) このような単位円や単位球面に基づく平面角や立体角の表し方を**弧度法** (circular measure) という．

までの距離を r とすると $\Delta S' = \Delta S\cos\theta = r^2\Delta\Omega$ であるから，この面素片を貫く電束は

$$\Delta\Phi = \varepsilon_0 \boldsymbol{E}\cdot\boldsymbol{e}_{\mathrm{n}}\Delta S = \varepsilon_0 E\cdot\Delta S\cos\theta = \varepsilon_0\cdot\frac{q}{4\pi\varepsilon_0 r^2}r^2\Delta\Omega$$
$$= \frac{q}{4\pi}\Delta\Omega \tag{2.24}$$

となり，面素片が点電荷を見込む立体角 $\Delta\Omega$ に比例する．

閉曲面 S 全体を貫く電束は，閉曲面を微小面素片 $\Delta\boldsymbol{S}_i$ に分割し，各面素片を貫く電束 $\Delta\Phi_i$ を足し合せることによって得られるが，面素片 $\Delta\boldsymbol{S}_i$ が点電荷を見込む立体角を $\Delta\Omega_i$ とすると，式 (2.24) により

$$\Delta\Phi_i = \frac{q}{4\pi}\Delta\Omega_i$$

であるから

$$\Phi = \oint_S \varepsilon_0\boldsymbol{E}\cdot d\boldsymbol{S} = \sum_i \Delta\Phi_i = \frac{q}{4\pi}\underbrace{\sum_i \Delta\Omega_i}_{=4\pi} = q \tag{2.25}$$

が成り立つ．ここで，閉曲面 S が内部の点電荷を見込む全立体角が単位球の表面積 4π に等しいことを用いた．よって，点電荷 q を内部に含む任意の閉曲面を貫く電束は q に等しい．

■ 点電荷が閉曲面の外側にあるとき

次に図 2.14 のように，閉曲面 S の外側に点電荷 q がある場合について S を貫く電束を求めてみよう．この閉曲面は，点電荷に面した部分 S_1 と面していない部分 S_2 とに分けることができる．式 (2.24) から容易に導かれるように，点電荷がつくる電場中において曲面 S を貫く電束 Φ_S は，曲面 S が点電荷を見込む立体角 Ω_S を用いて

$$\Phi_S = \frac{q}{4\pi}\Omega_S$$

と表される．曲面 S_1 と曲面 S_2 とがそれぞれ点電荷 q を見込む立体角 Ω_{S_1} と Ω_{S_2} とは等しいので，閉曲面を貫く全電束は

$$\Phi_S = \Phi_{S_2} - \Phi_{S_1} = \frac{q}{4\pi}\Omega_{S_2} - \frac{q}{4\pi}\Omega_{S_1} = 0$$

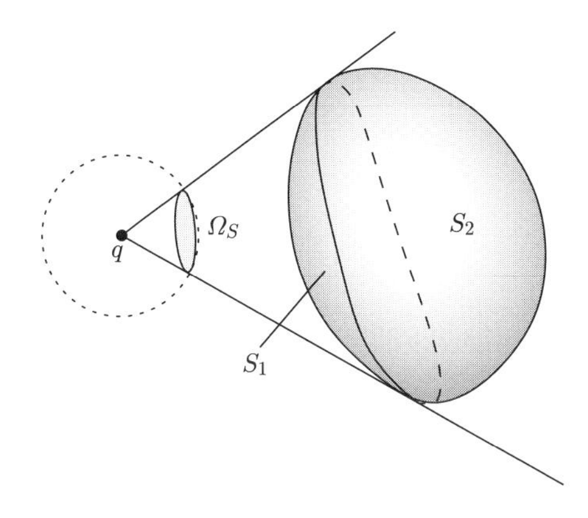

図 2.14 ガウスの法則の証明 (2)：点電荷を内部に含まない閉曲面

となる．したがって，点電荷を内部に含まない任意の閉曲面を貫く電束は 0 であることがわかる．

以上のことから，一般に複数個の点電荷 $q_1, \cdots, q_N$ が閉曲面 S の内外に分布するとき，閉曲面 S を貫く全電束 Φ は，点電荷 q_i がつくる電場による電束を Φ_i とすると

$$\Phi = \sum_i \Phi_i = \sum_k q_k$$

となる．ただし右辺の和は S の内部にある点電荷 q_k のみについてとる．これは連続的な電荷分布へも容易に拡張される．このような電荷と電場の間の関係を，発見者のガウス (C.F. Gauss，ドイツ) に因んで**ガウスの法則**という．

ガウスの法則 (積分形)

任意の閉曲面 S を貫く全電束は，その閉曲面の内部 V に存在する電荷の総量に等しい．

$$\varepsilon_0 \oint_S \boldsymbol{E} \cdot d\boldsymbol{S} = \sum_{k(S\,の内部)} q_k = \int_V \rho(\boldsymbol{r}) dV \tag{2.26}$$

クーロンの法則で比例定数を $k_\mathrm{e} = \dfrac{1}{4\pi\varepsilon_0}$ としたことにより，ε_0 を用いてガウスの法則が簡単な係数で表される．

2.5 ガウスの法則の応用

対称性のよい電荷分布がつくる電場は，ガウスの法則を用いて簡単に求めることができる場合がある．そのようなガウスの法則の代表的な応用例をいくつか挙げてみよう．

例題 2.4 無限に長い円柱電荷

断面の半径が a の無限に長い円柱内部に単位長さあたり λ の一様な電荷が分布しているとき，この円柱の内部および外部に生じる電場をガウスの法則を用いて求めよ．

【解答】 電荷分布の対称性より，電場は中心軸に垂直な向きに生じ，その強さは中心軸からの距離 R の関数 $E(R)$ で与えられる．ガウスの法則を適用する際には，このような対称性を利用して電束を簡単な式で表すことのできる閉曲面を設定することが肝要である．ここでは図 2.15 のような，断面の半径 R，長さ l の円柱表面を考えるとよい．電場はこの円柱の側面に垂直で側面の面積は $2\pi Rl$ であるから，側面を貫く電束は

$$\varepsilon_0 E(R) \cdot 2\pi Rl$$

である．底面に垂直な電場の成分はないので底面を貫く電束は 0 であり，円柱表面を貫く全電束は上で求めた側面を貫く電束によって与えられる．ガウスの法則より，この電束は円柱内部に含まれる電荷 $Q(R)$ に等しい．側面が電荷の内部にある場合 ($R \leq a$：図 2.15 (a)) と外部にある場合 ($R > a$：図 2.15 (b))

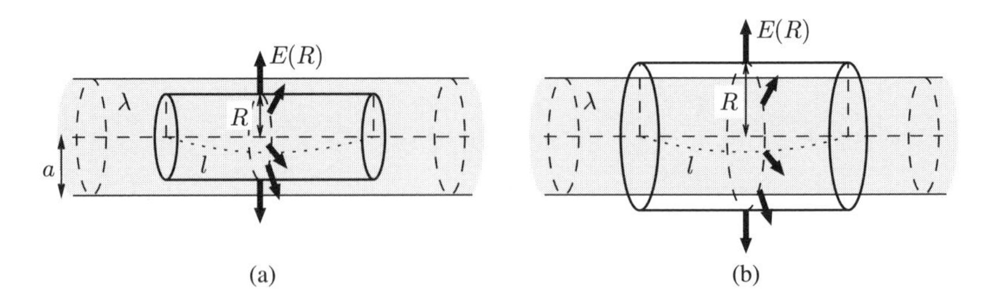

図 2.15 円柱電荷へのガウスの法則の適用

とに分けて考えると，電荷 $Q(R)$ は

$$Q(R) = \begin{cases} \lambda l \dfrac{R^2}{a^2} & (R \leq a) \\ \lambda l & (R > a) \end{cases}$$

となる．よって

$$E(R) = \frac{Q(R)}{2\pi\varepsilon_0 Rl} = \begin{cases} \dfrac{\lambda R}{2\pi\varepsilon_0 a^2} & (R \leq a) \\ \dfrac{\lambda}{2\pi\varepsilon_0 R} & (R > a) \end{cases}$$

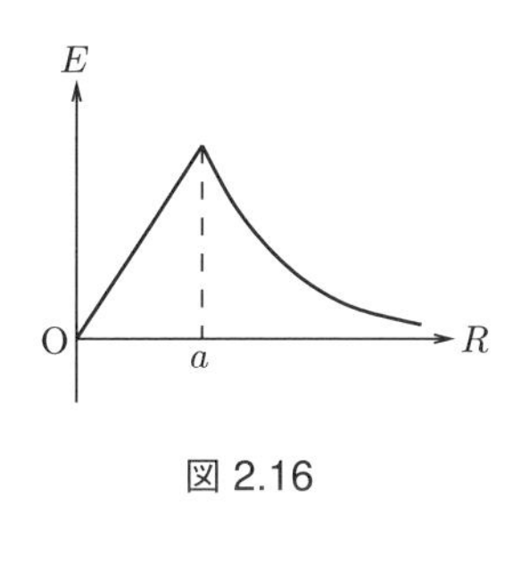

図 2.16

が得られる．$E(R)$ のグラフを図2.16 に示す．$R > a$ における電場はクーロンの法則により求めた式 (2.18) に一致することが確かめられる． □

例題 2.5 無限に広い平板電荷

単位面積あたり σ の一様な電荷が分布する無限に広い厚さ w の平板電荷のまわりの電場をガウスの法則を用いて求めよ．

【解答】 電荷分布の対称性より，電場は平板に垂直で，その強さは板の中央面からの距離 R の関数 $E(R)$ で与えられる．この場合には図2.17 のように，平板の中央面に関して対称な，断面積 S の直円柱表面にガウスの法則を適用すればよい．電場はこの円柱の底面に垂直なので，円柱表面を貫く全電束は 2 つの底面を貫く電束の和 $2\varepsilon_0 E(R)S$ で与えられる．ガウスの法則より，この電束は円柱内部に含まれる電荷 $Q(R)$ に等しい．底面が平板の内部にある場合 (図 2.17 (a)：$R < w/2$) と外部にある場合 (図 2.17 (b)：$R > w/2$) とに分けて考えると，円柱内部の電荷は

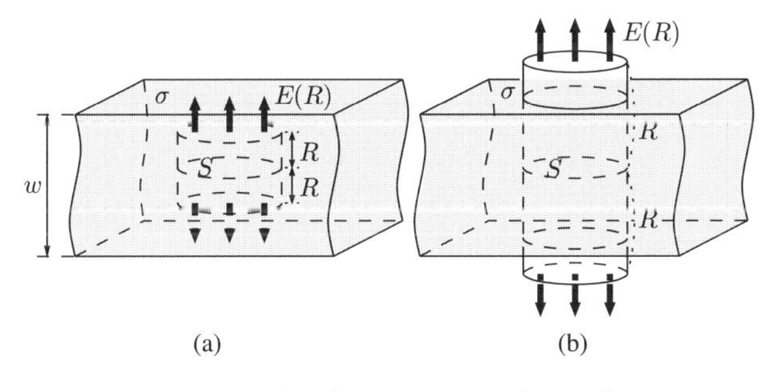

図 2.17 平板電荷へのガウスの法則の適用

$$Q(R) = \begin{cases} \sigma S \dfrac{2R}{w} & (R \leq w/2) \\ \sigma S & (R > w/2) \end{cases}$$

となる．よって

$$E(R) = \frac{Q(R)}{2\varepsilon_0 S} = \begin{cases} \dfrac{\sigma R}{\varepsilon_0 w} & (R \leq w/2) \\ \dfrac{\sigma}{2\varepsilon_0} & (R > w/2) \end{cases}$$

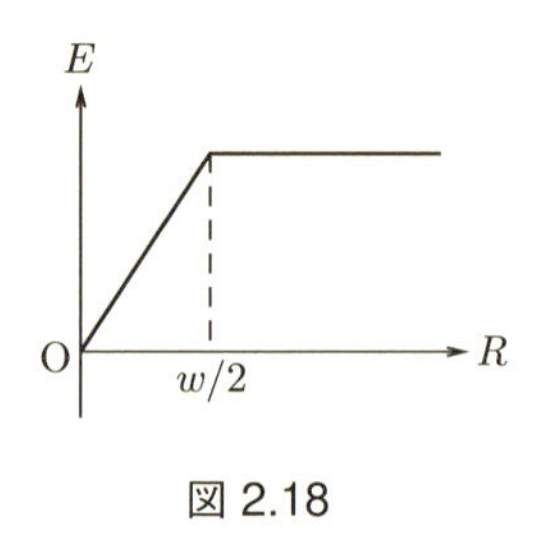

図 2.18

が得られる．$E(R)$ のグラフを図 2.18 に示す．板の外部 $(R > w/2)$ には一様な電場が生じ，その強さはクーロンの法則により求めた式 (2.20) に一致することが確かめられる． □

例題 2.6 球電荷

半径 a の球の内部に電荷 Q が一様な電荷密度で分布しているとき，球の内部および外部に生じる電場を求めよ．また，この電場による電位を，無限遠を基準として求めよ．

【解答】 電荷分布の対称性より電場は球の中心から等方的に生じ，その強さは中心からの距離 r の関数 $E(r)$ となる．半径 r の球面にガウスの法則を適用すると，球面を貫く電束が球の内部の電荷に等しいことから

$$\varepsilon_0 E(r) 4\pi r^2 = \begin{cases} Q \dfrac{r^3}{a^3} & (r \leq a) \\ Q & (r > a) \end{cases},$$

$$\therefore\ E(r) = \begin{cases} \dfrac{Qr}{4\pi\varepsilon_0 a^3} & (r \leq a) \\ \dfrac{Q}{4\pi\varepsilon_0 r^2} & (r > a) \end{cases}$$

また，電位は球の外部 $(r \geq a)$ では

$$\phi(r) = \int_r^\infty \frac{Q}{4\pi\varepsilon_0 r'^2} dr' = \frac{Q}{4\pi\varepsilon_0 r},$$

球の内部 $(0 \leq r < a)$ では，電場の式が球の内部と外部とで異なることに注意して

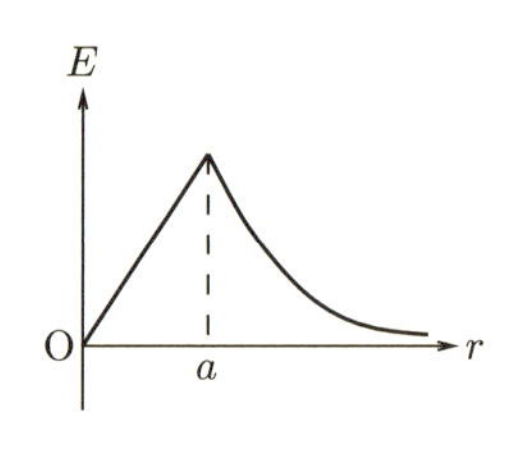

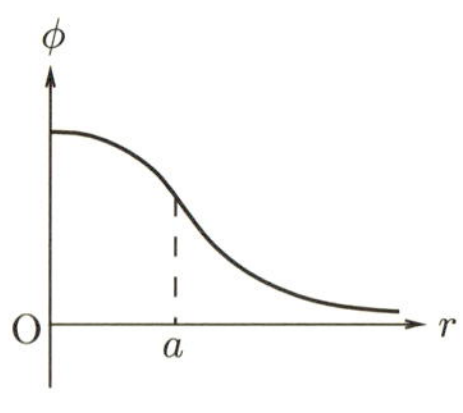

図 2.19

$$\phi(r) = \int_r^a \frac{Qr'}{4\pi\varepsilon_0 a^3} dr' + \int_a^\infty \frac{Q}{4\pi\varepsilon_0 r'^2} dr'$$
$$= \frac{Q(a^2 - r^2)}{8\pi\varepsilon_0 a^3} + \frac{Q}{4\pi\varepsilon_0 a} = \frac{Q(3a^2 - r^2)}{8\pi\varepsilon_0 a^3}$$

のように求められる．電場 $E(r)$ および電位 $\phi(r)$ のグラフを図2.19に示す．球の表面 $(r = a)$ における電位は $\phi(a) = \dfrac{Q}{4\pi\varepsilon_0 a}$，球の中心 $(r = 0)$ における電位は $\phi(0) = \dfrac{3Q}{8\pi\varepsilon_0 a}$ である． □

2.6 静電場の微分法則 *

■ 静電場の渦なし条件

静電場 $\boldsymbol{E}$ は保存場であり，任意の 2 点 A, B と，これら 2 点を結ぶ任意の経路 Γ_1, Γ_2 に対して

$$\int_{\Gamma_1} \boldsymbol{E} \cdot d\boldsymbol{r} = \int_{\Gamma_2} \boldsymbol{E} \cdot d\boldsymbol{r}$$

が成り立つ．ここで図 2.20 のように点 A から経路 Γ_1 を通って点 B に至り，そこから経路 Γ_2 を逆にたどって (この経路を $\bar{\Gamma}_2$ と記す) 点 A に戻ってくる閉じた経路 C を考えると

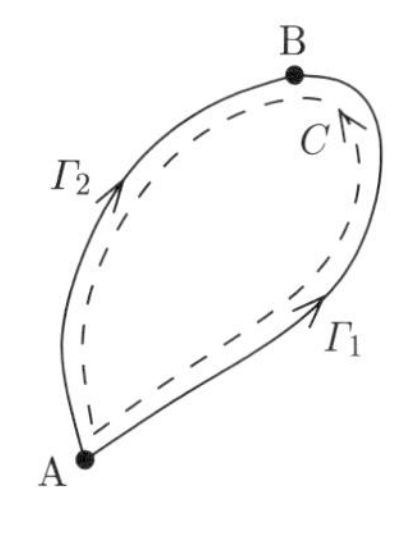

図 2.20

$$\oint_C \boldsymbol{E} \cdot d\boldsymbol{r} = \int_{\Gamma_1} \boldsymbol{E} \cdot d\boldsymbol{r} + \int_{\bar{\Gamma}_2} \boldsymbol{E} \cdot d\boldsymbol{r} = \int_{\Gamma_1} \boldsymbol{E} \cdot d\boldsymbol{r} - \int_{\Gamma_2} \boldsymbol{E} \cdot d\boldsymbol{r} = 0$$

が成り立つ．積分記号 $\oint$ は閉じた経路に沿った線積分を表すもので，これをベクトル場の**周積分**または周回積分という．2 点 A, B および経路 Γ_1, Γ_2 は任意であるから，任意の閉曲線に沿った静電場 $\boldsymbol{E}$ の周積分は 0 である．

$$\oint_C \boldsymbol{E} \cdot d\boldsymbol{r} = 0 \qquad (C \text{ は任意の閉曲線}) \tag{2.27}$$

このような条件を満たすベクトル場を**渦なし** (irrotational) の場という．したがって，保存場とは渦なしの場のことである．式 (2.27) で閉曲線 C を小さくして 1 点に縮めていくことにより，電場が空間の各点で満たす局所的な法則を

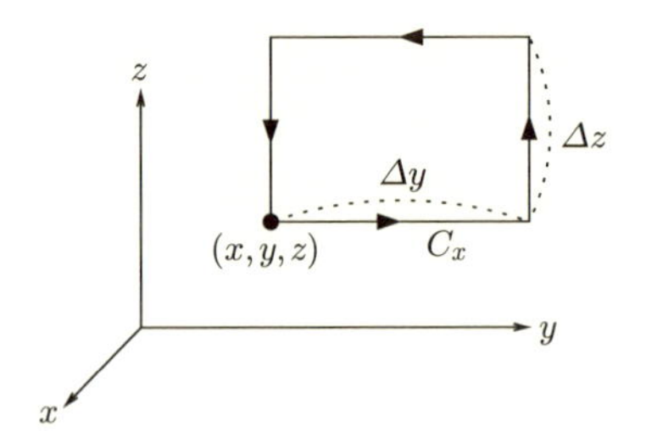

図 2.21 x 軸に垂直な微小長方形回路 C_x に沿った周積分の計算

導くことができる.

図 2.21 のように，点 $\boldsymbol{r} = (x, y, z)$ を起点として，x 軸に垂直で y, z 方向の長さがそれぞれ Δy, Δz の微小な長方形回路 C_x を考える．この回路に沿った電場の周積分は

$$\oint_{C_x} \boldsymbol{E} \cdot d\boldsymbol{r} = \int_y^{y+\Delta y} E_y(x, y', z) dy' + \int_z^{z+\Delta z} E_z(x, y + \Delta y, z') dz' + \int_{y+\Delta y}^{y} E_y(x, y', z + \Delta z) dy' + \int_{z+\Delta z}^{z} E_z(x, y, z') dz'$$

と表されるが，右辺第 3 項と第 4 項で積分の上限と下限を交換して符号を反転し，それぞれ第 1 項と第 2 項に加えることにより

$$\begin{aligned} &= \int_z^{z+\Delta z} \{E_z(x, y + \Delta y, z') - E_z(x, y, z')\} dz' \\ &\qquad - \int_y^{y+\Delta y} \{E_y(x, y', z + \Delta z) - E_y(x, y', z)\} dy' \\ &\simeq \int_z^{z+\Delta z} \frac{\partial E_z}{\partial y}(y, z') \Delta y \, dz' - \int_y^{y+\Delta y} \frac{\partial E_y}{\partial z}(y, z') \Delta z \, dy' \\ &\simeq \left[\frac{\partial E_z}{\partial y}(y, z) - \frac{\partial E_y}{\partial z}(y, z) \right] \Delta y \Delta z \end{aligned} \tag{2.28}$$

となる．2 番目の変形で，電場の成分のテイラー展開を 1 次までで切断する近似を用い，最後の変形ではその微分係数を積分区間内で一定とみなす近似を用いて最低次の微小項のみを評価した．任意の (x, y, z) に対してこの線積分の値が 0 であることから，電場が空間のあらゆる点で

$$\frac{\partial E_z}{\partial y} - \frac{\partial E_y}{\partial z} = 0 \tag{2.29a}$$

を満たすことが導かれる．同様に y, z 軸に垂直な微小長方形回路に沿った線積分を考えることにより

$$\frac{\partial E_x}{\partial z} - \frac{\partial E_z}{\partial x} = 0, \tag{2.29b}$$

$$\frac{\partial E_y}{\partial x} - \frac{\partial E_x}{\partial y} = 0 \tag{2.29c}$$

が得られる．式 (2.29a) ～ (2.29c) の左辺をそれぞれ x, y および z 成分とするベクトルにより，電場 $\boldsymbol{E}$ の**回転** (rotation)

$$\mathrm{rot}\,\boldsymbol{E} \equiv \left(\frac{\partial E_z}{\partial y} - \frac{\partial E_y}{\partial z},\ \frac{\partial E_x}{\partial z} - \frac{\partial E_z}{\partial x},\ \frac{\partial E_y}{\partial x} - \frac{\partial E_x}{\partial y}\right) = \boldsymbol{\nabla} \times \boldsymbol{E} \tag{2.30}$$

を定義する．$\boldsymbol{\nabla}$ はナブラ演算子 (A.29) を表す．これを用いて式 (2.29) は，電場 $\boldsymbol{E}$ が空間の各点で満たす微分法則として

$$\boldsymbol{\nabla} \times \boldsymbol{E} = 0 \tag{2.31}$$

と表すことができる．このように，ベクトル場が渦なしであれば，任意の点でのベクトル場の回転が 0 となる．逆に，各点での回転が 0 であるベクトル場は渦なしであることも示される《☞ 付録 A.4 の定理 (A.40)》．

静電場の保存性 (渦なしの条件)

静電場の任意の閉曲線 C に沿った線積分は 0 である：

$$\oint_C \boldsymbol{E} \cdot d\boldsymbol{r} = 0 \tag{2.27}$$

よって静電場の回転は至るところで 0 である：

$$\boldsymbol{\nabla} \times \boldsymbol{E} = 0 \tag{2.31}$$

■ ガウスの法則の微分形

ガウスの法則は任意の閉曲面に対して成り立つので，これを空間のある点のまわりの微小な閉曲面に適用することによって電荷と電場の間の局所的な関係を導くことができる．

1.5 節で電荷保存則の微分形を導いたときと同様に，電荷が分布した空間中の任意の点 $\boldsymbol{r} = (x, y, z)$ のまわりに図 1.7 のような微小直方体表面 S を考え

る．この表面に関する電場の面積分は，1.5 節での電流密度の面積分と同じ手順で計算することができ，この面を貫く電束は電場 $\boldsymbol{E}$ の発散を用いて

$$\varepsilon_0 \oint_S \boldsymbol{E} \cdot d\boldsymbol{S} = \varepsilon_0(\boldsymbol{\nabla} \cdot \boldsymbol{E})\Delta V \tag{2.32}$$

と表される．ここで ΔV は直方体の体積である．

一方，この直方体内部に存在する電荷は，電荷密度を $\rho(\boldsymbol{r})$ とすると $\rho(\boldsymbol{r})\Delta V$ で与えられるので，ガウスの法則により

$$\varepsilon_0(\boldsymbol{\nabla} \cdot \boldsymbol{E})\Delta V = \rho(\boldsymbol{r})\Delta V,$$
$$\therefore\ \varepsilon_0 \boldsymbol{\nabla} \cdot \boldsymbol{E}(\boldsymbol{r}) = \rho(\boldsymbol{r}) \tag{2.33}$$

の関係が導かれる．これはガウスの法則 (2.26) を電場と電荷の間に成り立つ局所的な関係を表す微分法則の形に書き直したものである．積分形のガウスの法則が任意の閉曲面に対して成り立つことと，微分形のガウスの法則が任意の点で成り立つこととは同値 (必要十分) である．

ガウスの法則 (微分形)

空間中に分布する電荷の電荷密度を $\rho(\boldsymbol{r})$ とし，この電荷分布がつくる電場を $\boldsymbol{E}(\boldsymbol{r})$ とすると，空間の各点で

$$\varepsilon_0 \boldsymbol{\nabla} \cdot \boldsymbol{E}(\boldsymbol{r}) = \rho(\boldsymbol{r}) \tag{2.33}$$

が成り立つ．

原点に置かれた点電荷 q がつくる電場

$$\boldsymbol{E}(\boldsymbol{r}) = \frac{q\boldsymbol{r}}{4\pi\varepsilon_0 r^3}$$

の発散を計算してみよう．$r = \sqrt{x^2 + y^2 + z^2}$ に注意すると，$r \neq 0$ において，

$$\frac{\partial E_x}{\partial x} = \frac{\partial}{\partial x}\left(\frac{qx}{4\pi\varepsilon_0 r^3}\right) = \frac{q}{4\pi\varepsilon_0}\left(\frac{1}{r^3} - \frac{3x^2}{r^5}\right)$$

同様に

$$\frac{\partial E_y}{\partial y} = \frac{q}{4\pi\varepsilon_0}\left(\frac{1}{r^3} - \frac{3y^2}{r^5}\right), \quad \frac{\partial E_z}{\partial z} = \frac{q}{4\pi\varepsilon_0}\left(\frac{1}{r^3} - \frac{3z^2}{r^5}\right)$$

であるから，

$$\boldsymbol{\nabla}\cdot\boldsymbol{E}=\frac{q}{4\pi\varepsilon_0}\left(\frac{3}{r^3}-\frac{3(x^2+y^2+z^2)}{r^5}\right)=0$$

が成り立つ．$r\neq 0$ には電荷はないので，上式はガウスの法則 (2.33) を正しく表している．

例題2.6の一様に帯電した電荷球内部の電場

$$\boldsymbol{E}(\boldsymbol{r})=\frac{Q\boldsymbol{r}}{4\pi\varepsilon_0 a^3}$$

については，

$$\varepsilon_0\boldsymbol{\nabla}\cdot\boldsymbol{E}=\frac{3Q}{4\pi a^3}$$

で，右辺は球の内部の電荷密度に等しく，やはりガウスの法則 (2.33) が成り立っていることが確かめられる．

2.7　静電エネルギー

電荷が集まった系は，電荷間にはたらく力を利用して外部に対して仕事をすることができる．この仕事は，すべての電荷が互いに無限に離れたところまで移動する過程で電荷間のクーロン力によって荷電粒子が得る運動エネルギーに等しい．いい換えると，荷電粒子を互いに無限に離れたところから集めてくるのに必要な仕事が，その電荷系にポテンシャルエネルギーとして蓄えられる．このエネルギーを**静電エネルギー** (electrostatic energy) という．

まず2つの点電荷から成る系を考える．1番目の点電荷 q_1 のつくる電場中に，電荷間のクーロン力にさからって2番目の点電荷 q_2 を無限遠方から距離 r_{12} の点まで近づけてくるのに要する仕事は

$$W=-\int_{\infty}^{r_{12}}\frac{q_1q_2}{4\pi\varepsilon_0 r^2}dr=\frac{q_1q_2}{4\pi\varepsilon_0 r_{12}}$$

と表される．この仕事に相当するエネルギー

$$U_2=W=\frac{q_1q_2}{4\pi\varepsilon_0 r_{12}}\tag{2.34}$$

が，2つの点電荷の系に蓄えられている静電エネルギーである．さらに無限遠方より第3の点電荷 q_3 を，q_1 からの距離 r_{13}，q_2 からの距離 r_{23} の点まで近

づけてくるのに要する仕事は，点電荷 q_1, q_2 それぞれからのクーロン力にさからってする仕事の和で

$$\begin{aligned} W' &= -\int_{\infty}^{r_{13}} \frac{q_1 q_3}{4\pi\varepsilon_0 r^2} dr - \int_{\infty}^{r_{23}} \frac{q_2 q_3}{4\pi\varepsilon_0 r^2} dr \\ &= \frac{1}{4\pi\varepsilon_0}\left(\frac{q_1 q_3}{r_{13}} + \frac{q_2 q_3}{r_{23}}\right) \end{aligned}$$

と表される．2 点電荷系の静電エネルギー U_2 にこの仕事を加えることにより，3 点電荷系の静電エネルギーは

$$U_3 = U_2 + W' = \frac{1}{4\pi\varepsilon_0}\left(\frac{q_1 q_2}{r_{12}} + \frac{q_1 q_3}{r_{13}} + \frac{q_2 q_3}{r_{23}}\right) \tag{2.35}$$

となる．一般に N 個の点電荷の系に蓄えられる静電エネルギーは

$$U_N = \frac{1}{4\pi\varepsilon_0} \sum_{i<j}^{N} \frac{q_i q_j}{r_{ij}} \tag{2.36}$$

と表される．ここで r_{ij} は点電荷 q_i と q_j の間の距離で，記号 $\sum_{i<j}^{N}$ は $1 \sim N$ から異なる i, j を選び出すすべての組み合わせについての和を表す．この和は，以下のようにも書き表すことができる．

$$U_N = \frac{1}{2} \sum_{i=1}^{N} q_i \left[\sum_{j(\neq i)}^{N} \frac{q_j}{4\pi\varepsilon_0 r_{ij}} \right]$$

ここで記号 $\sum_{j(\neq i)}^{N}$ は j に関する $1 \sim N$ のうち i と異なるものすべてについての和であり，さらにこれをすべての i について和をとると，すべての i, j の組み合わせを 2 回ずつ (たとえば 1, 2 の組み合わせに対して $i = 1, j = 2$ と $i = 2, j = 1$) 考慮することになるので全体に 1/2 を乗じている．すると，[ ] 内はちょうど点電荷 q_i の位置 $\boldsymbol{r}_i$ に q_i 以外の $N-1$ 個の点電荷がつくる電位 $\phi(\boldsymbol{r}_i)$ に一致しており，

$$U_N = \frac{1}{2} \sum_{i=1}^{N} q_i \phi(\boldsymbol{r}_i) \tag{2.37}$$

と表されることがわかる．

電荷密度 $\rho(\boldsymbol{r})$ の連続的な電荷分布の場合は空間を微小体積要素 ΔV_i に分割し，電荷分布を点電荷 $\Delta q_i = \rho(\boldsymbol{r}_i)\Delta V_i$ の集まりとみなして式 (2.37) を用いることにより

$$
\begin{aligned}
U &= \frac{1}{2}\sum_i \Delta q_i \phi(\boldsymbol{r}_i) = \frac{1}{2}\sum_i \rho(\boldsymbol{r}_i)\phi(\boldsymbol{r}_i)\Delta V_i \\
&= \frac{1}{2}\int \rho(\boldsymbol{r})\phi(\boldsymbol{r})dV
\end{aligned}
\tag{2.38}
$$

と体積積分で表される．

例題 2.7　球電荷の静電エネルギー

半径 a の球の内部に電荷 Q が一様に分布しているとき，この球に蓄えられている静電エネルギーを求めよ．

【解答】 例題2.6 で求めたように，球の内部における電位は

$$
\phi(r) = \frac{Q(3a^2 - r^2)}{8\pi\varepsilon_0 a^3}
$$

で与えられる．この電位と電荷密度 $\rho = \dfrac{3Q}{4\pi a^3}$ を式 (2.38) に代入し，付録B の公式 (B.2) を用いて体積積分を実行することにより，この球電荷の静電エネルギーは

$$
\begin{aligned}
U &= \frac{1}{2}\int_0^a \rho\phi(r)\cdot 4\pi r^2 dr \\
&= \frac{3Q^2}{16\pi\varepsilon_0 a^6}\int_0^a (3a^2r^2 - r^4)dr = \frac{3Q^2}{20\pi\varepsilon_0 a}
\end{aligned}
\tag{2.39}
$$

と求められる．□

演習問題 2

2.1 1 辺の長さが a の正三角形 ABC の頂点 A, B に点電荷 q が置かれている．

(a) 頂点 A, B の点電荷が頂点 C の位置につくる電場の大きさを求めよ．

(b) 頂点 C に点電荷 q' を置いたとき，点電荷系の静電エネルギーが 0 となるような q' を求めよ．

2.2 x 軸に沿って，$x \leq 0$ の部分に一様な線電荷密度 λ で分布した半無限長直線電荷が，x 軸上の $x = R > 0$ の位置につくる電場の強さ $E(R)$ を求めよ．

2.3 原点を中心とする xy 面上の半径 a の円環に，電荷 Q が一様に分布している．

(a) z 軸上の電位 $\phi(z)$ を求めよ．ただし電位の基準は無限遠に選ぶ．

(b) z 軸上で電場の強さが最大となる位置を求めよ．

2.4 点 $(\pm a, 0, 0)$ を通り z 軸に平行な 2 本の直線上にそれぞれ一様な線電荷密度 $\pm\lambda$ の電荷が分布している．

(a) これらの電荷が点 $(0, y, 0)$ につくる電場を求めよ．

(b) これらの電荷による等電位面の式を記せ．ただし電位の基準は原点に選ぶ．

2.5 地球の表面には，鉛直下向きに平均して約 100 V/m の電場が存在することが知られている．地球を半径 6400 km の球体として，地球全体の電荷を求めよ．

2.6 原点 O を中心とする半径 a の球の内部に一様な電荷密度 ρ_0 の電荷が分布している．この球から，点 $\boldsymbol{r}_0$ を中心とする半径 b $(|\boldsymbol{r}_0| + b < a)$ の球内の電荷を取り除くと，空洞内の電場が一様となることを示せ．

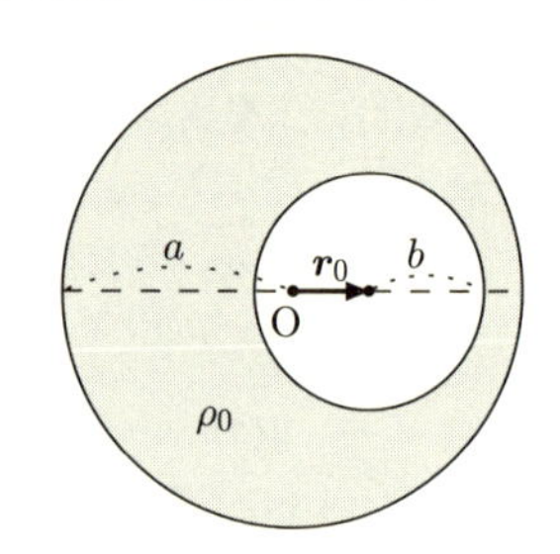

3
導　体

我々が電気を利用する際，金属など，電気を伝えやすい性質をもつ物質である導体は欠かすことのできない物質である．この章では，導体中で電気を伝えるキャリアの役割に注意して，導体のまわりの空間に生じる電場の性質を導こう．

3.1　導体のまわりの静電場

■ 静電誘導

電場の生じている空間中に導体を置くと，どのような現象が起きるであろうか．ここでは導体の代表例として金属を考える．金属中には，金属原子から離れて物質内を自由に移動することのできる自由電子《☞ 1.4 節》が多数存在する．図 3.1 のように，金属の物体を右向きの電場の中に置くと，負の電荷をもつ自由電子は，電場によるクーロン力を受けて左の方へと移動するだろう．その結果，物体の左側が負に帯電し，逆に電子が少なくなった右側は正に帯電する．このように，電場によって導体に電荷分布が誘起される現象を**静電誘導** (electrostatic induction) といい，誘起された電荷分布を**誘導電荷**という．

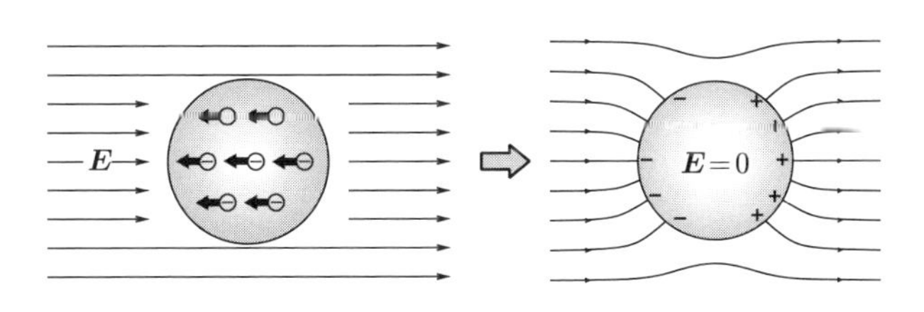

図 3.1　静電誘導と導体のまわりの電場

導体上に誘起された誘導電荷は空間中に新たな電場をつくる．この電場は正電荷から負電荷の向きに生じるので，物体内部ではもともとあった電場と逆の向きをもつ．導体内での自由電子の移動が進むにつれてもとの電場は次第に打ち消され，導体内部の至るところで電場が0となった時点で自由電子の移動が止まり平衡状態に落ち着く．こうして，平衡状態での導体内部の電場は0となっていることがわかる．

電場が0，すなわち電位の勾配が0であることから，導体内部の電位は位置によらず一定である．したがって導体表面は等電位面となり，導体のすぐ外側に生じる電場は，図3.1のように導体表面に対して垂直な向きをもつ．

導体のまわりの電場の性質 (1)

平衡状態では導体内部は等電位で電場は生じておらず，導体のすぐ外側における電場は導体表面に対して垂直な向きをもつ．

次に，導体内部での誘導電荷の分布について考える．導体内では電場が0であるから，導体内部の任意の閉曲面を貫く電束は0であり，ガウスの法則によってその閉曲面の内部の電荷は0である．したがって導体内の電荷は内部に分布することはなく，表面のみに分布することがわかる．誘導電荷に限らず導体に与えられた電荷は，平衡状態ではすべて導体表面に分布する．

ガウスの法則を用いることにより，導体表面に生じる電荷の面電荷密度と，そのすぐ外側に生じている電場との間に成り立つ関係式を導くことができる．いま，導体表面上のある点の近傍に面電荷密度 σ の表面電荷が分布しているとする．この近傍の微小表面積 ΔS を直断面とする図3.2のような薄い柱体表面にガウスの法則を適用する．導体内部の電場は 0 であり，導体の外側には表

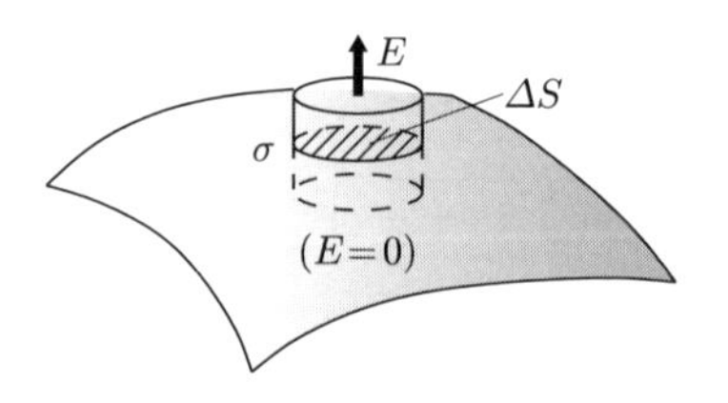

図 3.2 クーロンの定理の導出

面に垂直な向きの電場が生じているから，その大きさを E とすると，この柱体表面を貫く電束は導体の外側の底面を貫く電束 $\varepsilon_0 E\Delta S$ のみで与えられる．これが柱体内部の電荷 $\sigma\Delta S$ に等しいので，

$$\varepsilon_0 E\Delta S = \sigma\Delta S, \quad \therefore\ \varepsilon_0 E = \sigma \tag{3.1}$$

が成り立つ．この関係式は**クーロンの定理**とよばれている．

導体のまわりの電場の性質 (2)
平衡状態では導体の電荷分布は表面のみに生じ，表面電荷密度 σ とそのすぐ外側に生じる電場の強さ E の間に $\varepsilon_0 E = \sigma$ の関係 (クーロンの定理) が成り立つ．

もし物体中の自由電子がすべて表面に移動してしまい内部には残っていないとしたら上の議論は成り立たない．しかし導体中の自由電子のもつ電荷の総量はきわめて大きく，すべての自由電子が表面に集まるということはまず起こらない．このことを具体的な例で確かめておこう．

例題 3.1 電場を加えた金属薄膜に生じる表面電荷

厚さ 1 μm の銅の薄膜に垂直に 10^6 V/m の電場を加えたとき，薄膜内の自由電子のうちどれだけの割合が表面に分布するか．ただし銅の単位体積あたりの自由電子数を 8.5×10^{28} m^{-3} とする《☞ 例題 1.2》.

【解答】 単位体積あたり $n = 8.5 \times 10^{28}$ m^{-3} 個の自由電子がある厚さ $w = 10^{-6}$ m の銅の薄膜の，単位面積あたりに存在する自由電子がもつ総電荷の大きさは

$$enw = (1.6 \times 10^{-19}) \times (8.5 \times 10^{28}) \times 10^{-6} = 1.36 \times 10^4 \text{ C/m}^2$$

と計算される．電場 $E = 10^6$ V/m により誘導される表面電荷密度はクーロンの定理 (3.1) により

$$\varepsilon_0 E = (8.85 \times 10^{-12}) \times 10^6 = 8.85 \times 10^{-6} \text{ C/m}^2$$

であるから，その全自由電子に対する割合はわずか 6.5×10^{-10} である． □

■ 導体系とそのまわりの電場

孤立した導体 A に電荷 Q_A が与えられると，この電荷はすべて導体表面に分布し，それらがつくる電場は導体内部で打ち消し合って 0 となる．したがって，この場合にも導体内部は等電位である．この導体 A の静電エネルギーを考えよう．導体 A の表面を微小面積要素に分割して番号づけすると，i 番目の要素は点電荷 ΔQ_i とみなすことができるので，これに点電荷系の静電エネルギーの式 (2.37) を適用すると

$$U_A = \frac{1}{2}\sum_i \Delta Q_i \phi_i$$

であるが，導体表面は等電位であり各要素の電位 ϕ_i は一定値 ϕ_A をもつので

$$U_A = \frac{1}{2}\sum_i \Delta Q_i \phi_A = \frac{1}{2}Q_A\phi_A \tag{3.2}$$

と表すことができる．

一般に，いくつかの孤立した N 個の導体から成る系を考え，k 番目の導体に電荷 Q_k が与えられており，その電位が ϕ_k であるとすると，この導体系の静電エネルギーは，式 (3.2) の形で表される各導体の静電エネルギーの和により

$$U = \frac{1}{2}\sum_{k=1}^{N} Q_k\phi_k \tag{3.3}$$

となる．

例題 3.2　導体球のまわりの電場と静電エネルギー

半径 a の導体球に電荷 Q が与えられたとき，無限遠を基準とする導体球の電位を求めよ．またこの導体球の静電エネルギーを求めよ．

【解答】 導体球の中心から距離 r $(r > a)$ の位置に生じる電場の強さを $E(r)$ として，半径 r の球面 S_r にガウスの法則を適用すると，

$$\Phi_r = \varepsilon_0 \oint_{S_r} \boldsymbol{E}\cdot d\boldsymbol{S} = 4\pi r^2 \varepsilon_0 E(r) = Q, \quad E(r) = \frac{Q}{4\pi\varepsilon_0 r^2},$$

よって導体球の電位は

$$\phi = \int_a^{\infty} E(r)dr = \frac{Q}{4\pi\varepsilon_0 a} \tag{3.4}$$

と表される．静電エネルギーは式 (3.3) より

$$U = \frac{1}{2}Q\phi = \frac{Q^2}{8\pi\varepsilon_0 a} \tag{3.5}$$

となる． □

この大きさは，電荷 Q が球の内部に一様に分布している場合のエネルギー (2.39) の 5/6 倍である．電荷はエネルギーができるだけ低くなるような分布をとろうとする傾向をもつ．表面のみに電荷が集中すると，電荷間の距離が縮まってかえってエネルギーが高くなりそうに思われるかもしれないが，導体内の電荷がすべて表面に分布したときにエネルギーが最も低くなるのである．

■ 導体表面にはたらく力

表面電荷が分布した導体表面は，そのすぐ外側の電場による力を受ける．いま図3.3 のように，表面電荷密度 σ が生じている導体表面の微小部分 A を考える．このすぐ外側には電場 $E = \sigma/\varepsilon_0$ が生じているが，導体の内部の電場は 0 である．この電場を，A の電荷がつくる電場と，それ以外の電荷がつくる電場との和に分解して考えてみよう．図3.3 に示すように，A の表面電荷は導体の内側と外側に逆向きの電場 $\pm E_{\mathrm{A}}$ をつくる．また，電荷のないところで電場は連続であるから，電荷 A 以外の電荷がつくる電場 E_{B} は電荷 A の位置で連続である．これらの和が導体の外側では電場 E をつくり，導体内部では打ち消し合って 0 になっていることから

$$E_{\mathrm{A}} + E_{\mathrm{B}} = E, \quad E_{\mathrm{B}} - E_{\mathrm{A}} = 0, \quad \therefore\ E_{\mathrm{A}} = E_{\mathrm{B}} = \frac{1}{2}E$$

となる．導体表面 A は電場 E_{B} のみから力を受けることに注意すると，導体表面の単位面積あたりにはたらく力 (応力) は

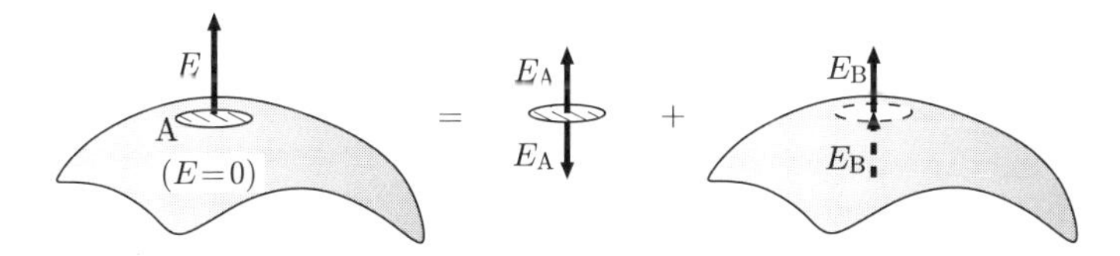

図 3.3 導体表面に力を及ぼす電場の導出

$$p = \sigma E_{\mathrm{B}} = \frac{1}{2}\sigma E \ \left(= \frac{1}{2}\varepsilon_0 E^2 = \frac{\sigma^2}{2\varepsilon_0} \right) \tag{3.6}$$

と表されることがわかる．この力は表面電荷の正負によらず導体から外向きにはたらく．

3.2 コンデンサーと電気容量

2つの導体を相対して配置し，その内部に電荷を蓄えられるようにした装置を**コンデンサー**，または**キャパシター** (capacitor) という．コンデンサーが2つの導体A, Bから成るとき，それぞれの導体を電極といい，板状の電極が用いられるときはそれらを極板とよぶ．電極 A, B にそれぞれ電荷 $+Q, -Q$ が与えられると，それらはクーロン力で互いに引きつけ合い，図3.4のように，電荷の大部分は A, B が向かい合っている面に分布する．このとき，これらの導体のまわりに生じる電場の強さは電荷 Q に比例するので，導体AB間の電位差

$$V = \int_{\mathrm{A}}^{\mathrm{B}} \boldsymbol{E} \cdot d\boldsymbol{r}$$

は Q に比例し

$$Q = CV \tag{3.7}$$

と表される．比例定数 C をコンデンサーの**電気容量**，または**静電容量**，**キャパシタンス** (capacitance) という．電気容量は電極の形状と幾何学的配置から定まるコンデンサー固有の定数である．コンデンサーの各電極が電荷 $\pm Q$ に帯電している状態を，コンデンサーに「電荷 Q が蓄えられている」という．コンデンサーに電源をつないで電圧 V をかけると，コンデンサーには電荷 $Q = CV$

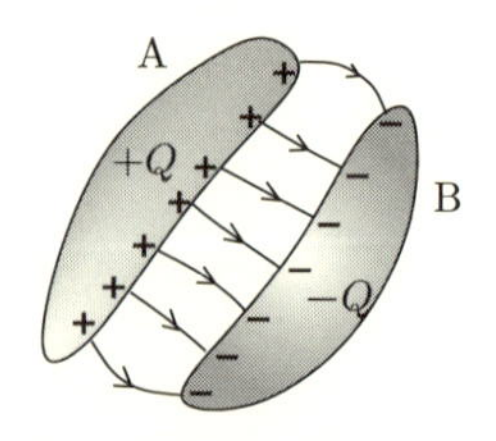

図3.4 電極 A, B から成るコンデンサー

が蓄えられる．電気容量の単位は F (ファラド) で，$1\,\mathrm{F} = 1\,\mathrm{C/V}$ の関係がある．1 C が非常に大きな電気量であることからわかるように 1 F は非常に大きな電気容量であり，実用的な単位としては $\mu\mathrm{F}$ (マイクロファラド) $= 10^{-6}\,\mathrm{F}$ や pF (ピコファラド) $= 10^{-12}\,\mathrm{F}$ が用いられる．なお，式 (2.3) に記した誘電率の単位は，この電気容量の単位 F を用いて

$$\mathrm{C^2/N \cdot m^2 = C^2/J \cdot m = C/V \cdot m = F/m}$$

と表すことができる．一般に誘電率の単位には F/m が用いられる．

電荷 Q が蓄えられているコンデンサーは，電荷 $\pm Q$ が帯電した 2 つの導体の系に他ならない．電極 A, B の電位をそれぞれ ϕ_{A}, ϕ_{B} とすると電極間電圧は $V = \phi_{\mathrm{A}} - \phi_{\mathrm{B}}$ であり，この系の静電エネルギーは式 (3.3) より

$$U = \frac{1}{2}\left[Q\phi_{\mathrm{A}} + (-Q)\phi_{\mathrm{B}}\right] = \frac{1}{2}QV \tag{3.8}$$

と表される．また電気容量 C を用いて Q または V を消去することにより

$$U = \frac{1}{2}CV^2 = \frac{Q^2}{2C} \tag{3.9}$$

と表すこともできる．

■ 平行板コンデンサー

面積 S の平板状の導体極板 2 枚を間隔 d で平行に配置した図 3.5 のような平行板コンデンサーを考える．極板のサイズに比べて間隔 d が十分小さければ，極板間には至るところ表面に垂直方向の電場が生じるとみなせる．ここで極板表面は等電位なので，電気力線に沿った極板間の電位差 $V = Ed$ は極板のどの位置でも一定であり，極板間に生じる電場 E は極板端部を除いて一様とみなすことができる．したがってクーロンの定理 (3.1) より極板表面に生じる表面電荷密度 $\sigma = \varepsilon_0 E$ も一様であり，コンデンサーに蓄えられている電荷

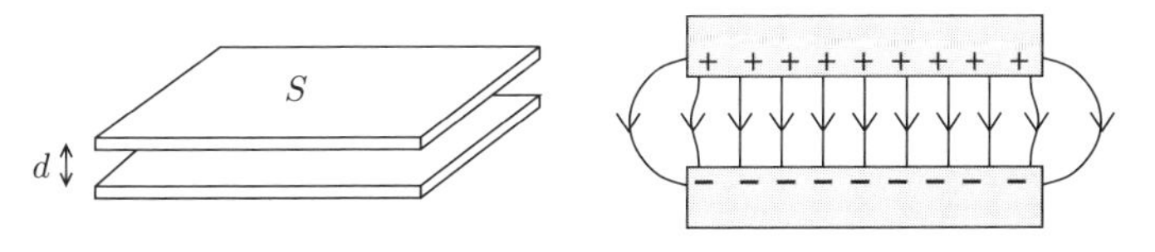

図 3.5　平行板コンデンサーと，そのまわりの電場

が Q のとき

$$\sigma = \frac{Q}{S}, \qquad E = \frac{\sigma}{\varepsilon_0} = \frac{Q}{\varepsilon_0 S}, \qquad V = Ed = \frac{Qd}{\varepsilon_0 S}$$

が成り立つ．よって電気容量は

$$C = \frac{Q}{V} = \frac{\varepsilon_0 S}{d} \tag{3.10}$$

と表され，極板の面積 S に比例し，極板の間隔 d に反比例する．電気容量の値を変化させることのできる可変コンデンサー (バリコン，variable capacitor) という装置が電気製品などで用いられるが，一般的な可変コンデンサーは 2 つの極板が重なる面積を変化させることで電気容量を調節するしくみになっている．

電荷が蓄えられたコンデンサーの極板間には引力がはたらくが，平行板コンデンサーの極板間にはたらく力の大きさは，式 (3.6) を用いると

$$F = \frac{1}{2}\varepsilon_0 E^2 \cdot S = \frac{\varepsilon_0 S V^2}{2d^2} = \frac{CV^2}{2d} \tag{3.11}$$

となる．

式 (3.11) の結果は，以下のように仕事とエネルギーの関係を用いて導くこともできる．

例題 3.3 平行板コンデンサーの静電エネルギーと極板間力

電荷 Q が蓄えられた極板面積 S の平行板コンデンサーの極板間隔 d を $\varDelta d$ 変化させるのに要する仕事と，そのときの静電エネルギーの変化を比較することにより，極板間にはたらく力の大きさを求めよ．

【解答】 電荷 Q が蓄えられている平行板コンデンサーの静電エネルギーは

$$U = \frac{Q^2}{2C} = \frac{Q^2 d}{2\varepsilon_0 S}$$

極板間にはたらく力を F とすると，極板間隔を $\varDelta d$ だけ広げるのに要する仕事 $F\varDelta d$ が静電エネルギーの変化

$$\varDelta U = \frac{Q^2}{2\varepsilon_0 S}\varDelta d$$

に等しいので

$$F = \frac{Q^2}{2\varepsilon_0 S} = \frac{Q^2}{2Cd}$$ □

この結果に $Q = CV$ を代入すれば，式 (3.11) と同じ式が得られる．

問 3.1 1 辺の長さが 3 cm の正方形導体極板 2 枚を間隔 1 mm で平行に配置した平行板コンデンサーの電気容量を求めよ．またこのコンデンサーに 10 V の電圧を加えたとき極板間にはたらく力の大きさを求めよ．

[答： 電気容量 8.0 pF，極板間の力 4.0×10^{-7} N]

■ 円筒形コンデンサー (同軸ケーブル)

断面の半径 a の導線 A と，それを取り囲む断面の内半径 b の導体管 B とを電極とする，図3.6 のような円筒形コンデンサーを考える．テレビのアンテナ線などに用いられている同軸ケーブルは，これと同じ構造をしている．いま，電極 A, B の単位長さあたりにそれぞれ $\pm\lambda$ の電荷があるとしよう．A, B 間の中心軸から距離 r の位置に生じる電場を $E(r)$ とすると，断面の半径 r，長さ l の円柱表面 S_r にガウスの法則を適用することにより

$$2\pi r l \varepsilon_0 E(r) = \lambda l, \quad E(r) = \frac{\lambda}{2\pi\varepsilon_0 r} \quad (a \leq r \leq b)$$

が得られる．これを電極 A から B まで積分することにより A, B 間の電位差は

$$V = \int_a^b E(r)dr = \frac{\lambda}{2\pi\varepsilon_0} \log\frac{b}{a}$$

となる．よって，このコンデンサーの単位長さあたりの電気容量は

$$\mathcal{C} = \frac{\lambda}{V} = \frac{2\pi\varepsilon_0}{\log(b/a)} \tag{3.12}$$

と表される．

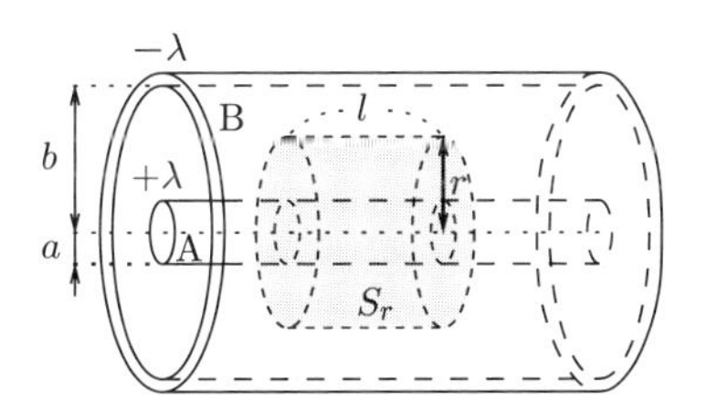

図 3.6 円筒形コンデンサー

問 3.2 断面の半径 1 mm の導線の外側に内半径 2 mm の導体円管を配置した円筒形コンデンサー (同軸ケーブル[1]) の，長さ 1 km あたりの電気容量を求めよ．

[答：式 (3.12) で $b/a = 2$ として $\mathcal{C} = 8.0 \times 10^{-11}$ F/m $= 0.08$ μF/km]

■ 孤立導体の電気容量

電荷 Q が蓄えられた導体のまわりに生じる電場の強さは電荷 Q に比例するので，無限遠を基準とする導体の電位 V は Q に比例する．この比例係数 $C = Q/V$ を，孤立導体の (無限遠との間の) 電気容量という．例題 3.2 で求めたように，電荷 Q が蓄えられた半径 a の導体球の電位は

$$V = \frac{Q}{4\pi\varepsilon_0 a}$$

であるから，この導体球の電気容量は

$$C = \frac{Q}{V} = 4\pi\varepsilon_0 a \tag{3.13}$$

である．これを用いて導体球の静電エネルギー (3.5) は

$$U = \frac{Q^2}{8\pi\varepsilon_0 a} = \frac{Q^2}{2C}$$

のように，式 (3.9) と同じ形に表される．

問 3.3 地球と同じ大きさ (半径 6400 km) の導体球の電気容量を求めよ．

[答：約 700 μF]

■ コンデンサーの接続と合成容量

コンデンサーを含む回路の端子 A, B 間に電圧 V を加えたとき，両端子を通して回路全体に蓄えられた電荷，すなわち端子 A に直結するコンデンサーの電極に蓄えられた電荷の総和 Q は一般に電圧 V に比例し，$Q = CV$ と書ける．この比例定数 C を，端子 A, B 間での**合成容量** (combined capacitance) という．以下で，コンデンサーを接続した簡単な回路における電気容量の合成則を導こう．

---

1) 実際の同軸ケーブルでは電極間がプラスチックなどの誘電体で満たされており，その影響によって電気容量は，電極間が真空である場合に比べて数倍大きくなる《☞ 5.1 節》．

まず図 3.7 (a) のように，電気容量が $C_1, C_2, \cdots, C_n$ の n 個のコンデンサーを並列に接続した場合を考える．このとき，各コンデンサーの極板間電圧は端子間に加えられた電圧 V に等しく，コンデンサー i $(i = 1, 2, \cdots, n)$ に蓄えられている電荷は $Q_i = C_iV$ である．したがって，端子 A から取り出すことのできる電荷は

$$Q = Q_1 + Q_2 + \cdots + Q_n = (C_1 + C_2 + \cdots + C_n)V$$

となるので，このときの合成容量 C は

$$C = \frac{Q}{V} = C_1 + C_2 + \cdots + C_n \tag{3.14}$$

のように各コンデンサーの電気容量の和で表される．

次に図 3.7 (b) のように，電気容量 $C_1, C_2, \cdots, C_n$ の n 個のコンデンサーを直列に接続した場合を考える．このとき端子 A から取り出せる電荷 Q はコンデンサー 1 に蓄えられている電荷に等しい．すると，コンデンサー 1 の右側の電極には電荷 $-Q$ があるので，電荷の保存則により，そのとなりのコンデンサー 2 の左側の電極には電荷 Q がなければならない．このように，直列接続の場合は各コンデンサーに蓄えられている電荷はすべて Q に等しい．したがって，コンデンサー i の電極間の電圧は $V_i = Q/C_i$ であり，端子 AB 間の電圧は

$$V = V_1 + V_2 + \cdots + V_n = \left(\frac{1}{C_1} + \frac{1}{C_2} + \cdots + \frac{1}{C_n}\right)Q$$

となるので，このときの合成容量 C は

$$\frac{1}{C} = \frac{V}{Q} = \frac{1}{C_1} + \frac{1}{C_2} + \cdots + \frac{1}{C_n} \tag{3.15}$$

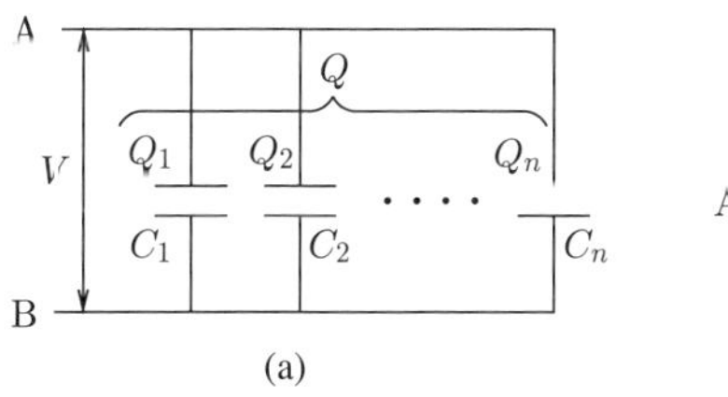

(a)

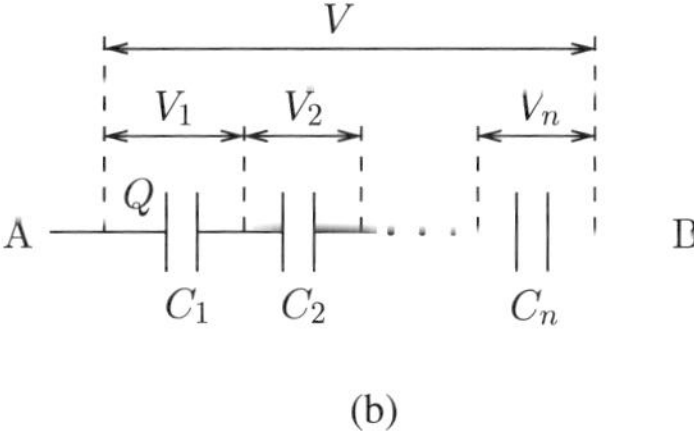

(b)

図 3.7 コンデンサーの並列接続 (a) と直列接続 (b)

で与えられる．すなわち合成容量の逆数は，各コンデンサーの電気容量の逆数の和に等しい．

電気容量の合成則

並列接続：　$C = C_1 + C_2 + \cdots + C_n$

直列接続：　$\dfrac{1}{C} = \dfrac{1}{C_1} + \dfrac{1}{C_2} + \cdots + \dfrac{1}{C_n}$

回路内のコンデンサーに蓄えられている静電エネルギーの和は，並列接続のとき

$$U = \frac{1}{2}(C_1V^2 + C_2V^2 + \cdots + C_nV^2) = \frac{1}{2}CV^2, \tag{3.16}$$

直列接続のとき

$$U = \frac{1}{2}\left(\frac{Q^2}{C_1} + \frac{Q^2}{C_2} + \cdots + \frac{Q^2}{C_n}\right) = \frac{Q^2}{2C} \tag{3.17}$$

のように，それぞれ合成容量を用いて表すことができる．

例題 3.4　合成容量の計算

下図のように 5 つのコンデンサーを接続した回路の AB 間の合成容量および CD 間の合成容量を求めよ．

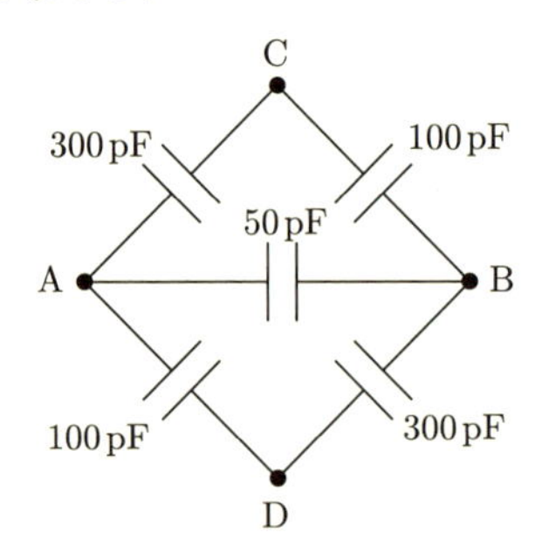

【解答】 AB 間の合成容量は，直列接続と並列接続の合成則を用いて求めることができる．A-C-B 間および A-D-B 間の合成容量は直列接続の合成則によりそれぞれ 75 pF，これらと 50 pF のコンデンサーが並列に接続されているので，求める合成容量は 200 pF である．

CD 間の合成容量については，直列接続と並列接続の組み合わせで求めることはできない．ここでは CD 間に電圧 V を加えたとき各コンデンサーに蓄えられる電荷を未知数として連立方程式を立てる．図 3.8 のように端子 C 側の 300 pF および 100 pF のコンデンサーの電荷をそれぞれ Q_1, Q_2, 50 pF のコンデンサーの電荷を Q_3 とすると，電荷の保存則により端子 D 側の 100 pF および 300 pF のコンデンサーの電荷はそれぞれ $Q_1 - Q_3$, $Q_2 + Q_3$ である．CD 間の電位差を 3 つの経路 C-A-D, C-B-D, C-A-B-D について考えると

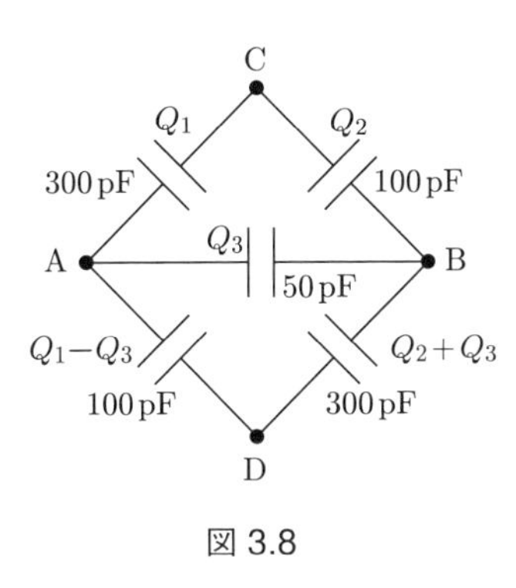

図 3.8

$$V = \frac{Q_1}{300} + \frac{Q_1 - Q_3}{100} = \frac{Q_2}{100} + \frac{Q_2 + Q_3}{300} = \frac{Q_1}{300} + \frac{Q_3}{50} + \frac{Q_2 + Q_3}{300}$$

が成り立ち，この連立方程式を解いて

$$Q_1 = 90V, \quad Q_2 = 70V, \quad Q_3 = 20V$$

が得られる．端子 C から取り出せる電荷は $Q_1 + Q_2$ であるから，CD 間の合成容量は

$$C = \frac{Q_1 + Q_2}{V} = 160\,\mathrm{pF}$$ □

3.3 ラプラス方程式とその境界値問題の解の一意性 *

微分形のガウスの法則 (2.33) より，電荷のない空間中では

$$\nabla \cdot \boldsymbol{E} = 0 \tag{3.18}$$

が成り立つが，この式に，$\boldsymbol{E} = -\nabla\phi$ を代入すると

$$\nabla^2\phi = 0 \tag{3.19}$$

が導かれる．電位 ϕ が満たすこの方程式を**ラプラス方程式**といい，演算子

$$\nabla^2 = \nabla \cdot \nabla = \frac{\partial^2}{\partial x^2} + \frac{\partial^2}{\partial y^2} + \frac{\partial^2}{\partial z^2} \tag{3.20}$$

をラプラス演算子 (Laplacian) という．

導体表面を境界とする空間における電場を考える際，導体表面は等電位であるから導体表面で電位が一定値をもつようなラプラス方程式の解を求めればよい．これをラプラス方程式の境界値問題という．一般に帯電した導体が分布する空間における電位 $\phi(\boldsymbol{r})$ は以下の境界条件を満たす．

(i) 無限遠で $\phi = 0$ (電位の基準)
(ii) i 番目の導体表面で $\phi = \phi_i$ (一定値)

このような境界条件を満足するラプラス方程式の解はただ 1 つしか存在しないことが示される．これをラプラス方程式の境界値問題における解の一意性という．

【証明】ラプラス方程式に上の境界条件 (i), (ii) を満たす異なる 2 つの解 ϕ, ϕ' が存在すると仮定してみよう．このとき $W = \phi - \phi'$ とすると，

$$\boldsymbol{\nabla}^2 W = \boldsymbol{\nabla}^2 \phi - \boldsymbol{\nabla}^2 \phi' = 0$$

のように，W もラプラス方程式に従うので，W を電位とする電場を考えることができる．定義により W はすべての導体表面上で 0，無限遠でも 0 であるから空間中のどこかで最大値または最小値をとる．その最大値 (最小値) をとる点からは，あらゆる方向に外向き (内向き) の電場 $\boldsymbol{E} = -\boldsymbol{\nabla} W$ が生じるので，この点を取り囲む微小な閉曲面を貫く電束は正 (負) の値をとる．するとガウスの法則より，その閉曲面内に正 (負) の電荷が存在することになり，空間に電荷がないという条件に矛盾する．よって，ラプラス方程式に同一の境界条件を満足する異なる 2 つの解が存在するという仮定は棄却され，解の一意性が示された． □

■ 静電遮蔽

導体で囲まれた領域は境界が等電位であり，導体の外部の電場が変化してもそのことは変わらないので，ラプラス方程式の解の一意性により内部の電場は外部の電場の変化による影響を受けない．逆に導体で囲まれた領域の内部での電場の変化は外部の電場に影響を与えない．このように，導体で囲むことによって電場の変化の影響が内部と外部とで遮断されることを，**静電遮蔽** (screening) という．鉄筋の建物の内部に電波が届きにくいのは，この導体による電場の遮蔽効果に関係している．

例題 3.5 導体球殻の内部の点電荷

導体球殻の中心に点電荷が置かれている．この点電荷の位置を中心からずらすと，導体球の内部および外部の電場はどのように変化するか．

【解答】 静電遮蔽により，導体外部の電場は変化しない．したがって導体の外側の表面における電荷の分布も変化せず，一様なままである．導体の内側の表面に分布する電荷は，点電荷に近い，電場の強いところに集まってくる．また点電荷から出た電気力線は誘導電荷によって曲げられ，導体内面に垂直に入る．よって電荷分布と電気力線は図 3.9 (b) のようになる． □

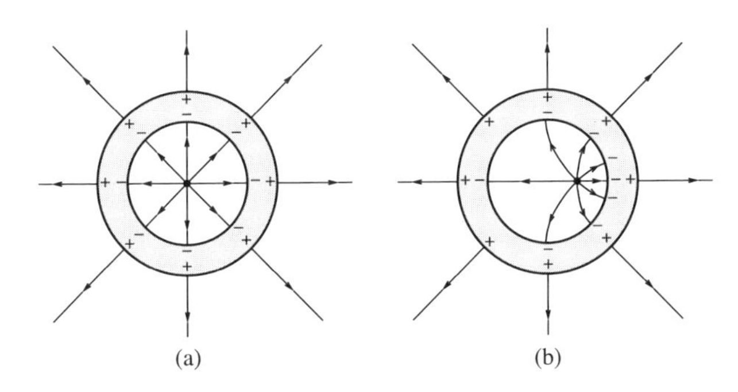

図 3.9 導体球殻内の点電荷による電場と電荷分布

3.4 鏡 像 法

前節では，ある境界で囲まれた空間において境界での電位が与えられると，その境界条件を満足するような電場は一意的に定まるということを一般的に示した．したがって，与えられた境界条件を満たす電場をなんらかの方法で見つけることができれば，それが唯一正しい解であることが保証される．このことを利用した電場の特殊解法の例を以下に示す．

導体平面から距離 a の位置に点電荷 q が置かれているとする．この点電荷がつくる電場により導体表面に電荷が誘起され，電場は図 3.10 のようになる．ここで，導体の代わりに，導体表面に関して点電荷 q と対称な位置に置かれた仮想的な点電荷 $-q$ を考える．これら 2 つの点電荷 q，$-q$ がつくる電位は導

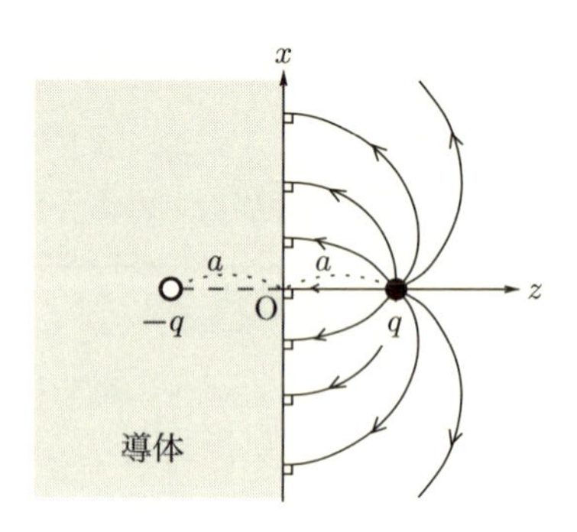

図 3.10　導体平面の近くの点電荷による電場と鏡像電荷

体表面上で一定の値をもち，導体表面における境界条件を満足する．したがって解の一意性より，上のようにして求めた電場が，考えている問題に対するただ 1 つの正しい電場を与える．この仮想的な電荷 $-q$ は，導体表面を鏡面に見立てるとちょうど鏡に映した像に対応することから，**鏡像電荷** (mirror image charge) とよばれる．もちろん導体内部の電場は 0 であり，この方法で求められる解は導体の外側のみに適用される．このように鏡像を用いて電場を求める手法を**鏡像法**という．

図 3.10 のように導体表面を xy 面とし，導体の外向きに z 軸をとり，点電荷 q の位置を $(0,0,a)$ とする．まず，点電荷 q にはたらく力について考えよう．実際には点電荷 q は，導体表面に生じた誘導電荷からのクーロン力を受けている．これは誘導電荷がつくる電場から受ける力といい換えることができるが，この電場は鏡像電荷がつくる電場に等しいので，点電荷 q にはたらく力は鏡像電荷 $-q$ によるクーロン力に等しい．したがって点電荷は，その符号によらず，大きさ

$$f = \frac{q^2}{4\pi\varepsilon_0(2a)^2} = \frac{q^2}{16\pi\varepsilon_0 a^2}$$

の力で導体表面に引きつけられる．

次に導体表面上に生じる誘導電荷を求める．導体表面上の点 $(r,0,0)$ に生じる電場は，点電荷 q および鏡像電荷 $-q$ がこの位置につくる電場を合成することにより z 方向に

$$E(r) = -\frac{qa}{2\pi\varepsilon_0(r^2+a^2)^{3/2}} \tag{3.21}$$

であり，クーロンの定理 (3.1) よりこの点に生じる表面電荷密度は

$$\sigma(r) = \varepsilon_0 E(r) = -\frac{qa}{2\pi(r^2+a^2)^{3/2}} \tag{3.22}$$

となる．

この表面電荷の総量はいくらになるだろうか．表面電荷密度 $\sigma(r)$ の面積分を，付録 B の公式 (B.1) によって計算すると，導体表面に生じる電荷の総量 Q は

$$\begin{aligned} Q &= \int \sigma dS = 2\pi \int_0^\infty \sigma(r) r dr \\ &= -\int_0^\infty \frac{qar}{(r^2+a^2)^{3/2}} dr = \left[\frac{qa}{\sqrt{r^2+a^2}}\right]_0^\infty = -q \end{aligned}$$

と求められ，鏡像電荷に一致することがわかる．

演習問題 3

3.1 電荷 Q が与えられた半径 a の導体球 A のまわりに，内径 $2a$，外径 $3a$ の中空導体球 B を配置する．導体球 A の電位を 0 とするには，導体球 B にどれだけの電荷を与えればよいか．

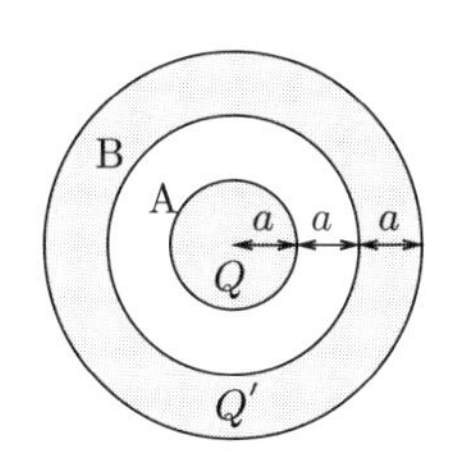

3.2 面積 $S = l^2$ の 2 枚の正方形極板を間隔 d で平行に配置した平行板コンデンサーの極板間に，右図のように厚さ w $(w < d)$ の導体板を極板に平行に挿入する．

(a) このときの電気容量を求めよ．

(b) 極板間に電圧 V が加えられているとき，導体板を極板間に引き込む力の大きさを求めよ．

3.3 コンデンサーに電圧を加えるとき，電極間での電場の最大値がある上限値 E_c を超えると電極間に放電が起き，絶縁が破壊される．この E_c を絶縁耐力という．断面の半径 $a = 0.5$ mm の円柱形導線のまわりに共通の軸をもつ内半径 $b = 50$ mm の導体円筒を配置した十分長い円筒形コンデンサーを考える．電極間は空気で満たされており，空気の絶縁体力を $E_c = 3.0 \times 10^6$ V/m とする．このコンデンサーに放電を起こすことなく加えることのできる最大の電圧 V_c を求めよ．(これをコンデンサーの耐電圧という．)

3.4 通信ケーブルは同軸型が主流になっているが，以前は右図のような 2 本の導線を平行に保持したフィーダー線が多く用いられていた．断面の半径 a の 2 本の円柱形導線を間隔 w で配置したフィーダー線の単位長さあたりの電気容量を求めよ．ただし $a \ll w$ で，導線のまわりの電場は導線の中心軸を通る線電荷による電場と同じ式で近似できるとする．

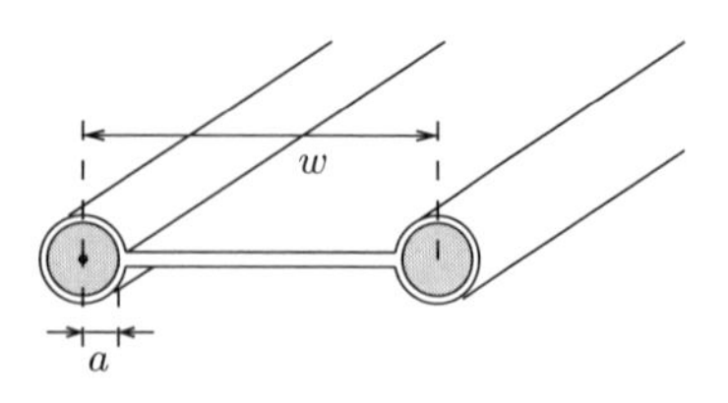

3.5 水平な導体平面上の原点 O から上方に高さ a の位置に点電荷 q が置かれている．この点電荷から水平方向に出た電気力線が導体表面に入る点の，原点 O からの距離 R を求めよ．（ヒント：下図のような点電荷を中心とする微小半径 δ の半球面 S_δ を貫く電束と，導体平面上の点 O を中心とする半径 R の円 S_R を貫く電束とを比較する．）

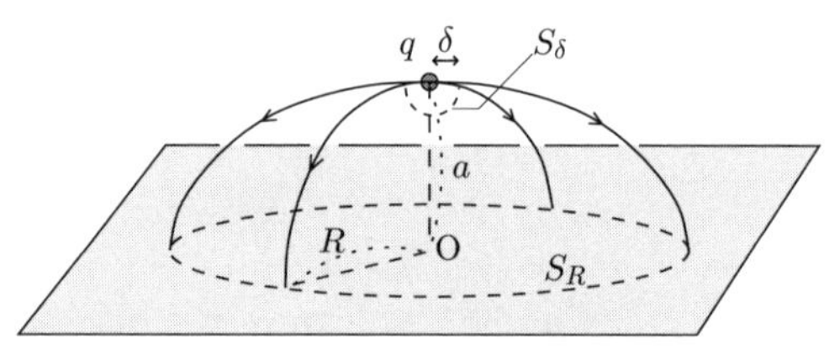

3.6 右図のように直角に折り曲げた導体平板の近くの点電荷 q によって生じる電場を鏡像法によって求めるには，どのような鏡像電荷を用いればよいか．また，電場の概略を電気力線を用いて図示せよ．

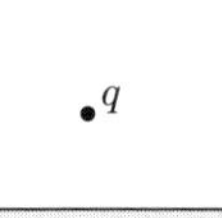

3.7 半径 R の導体球の中心 O から距離 s $(s > R)$ の位置 P に点電荷 q を置いたときの導体球の外側の電場は，導体球の代わりに図のように線分 OP 上の O から距離 $s' = \dfrac{R^2}{s}$ の位置 Q に点電荷 $-q'$ $\left(q' = \dfrac{R}{s}q\right)$，点 O に点電荷 $+q'$ を置いた場合の電場に等しい．

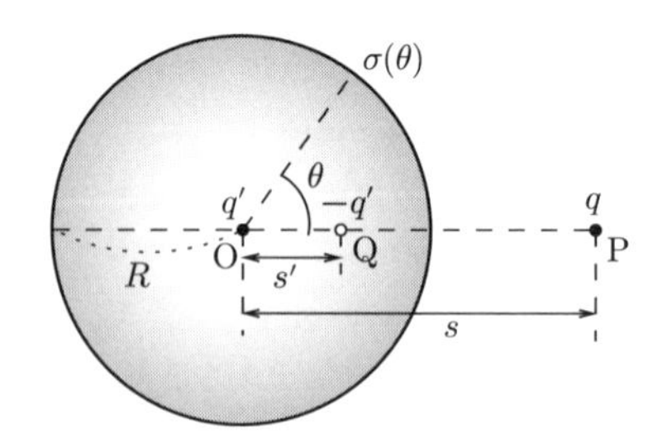

(a) 点電荷 q と $-q'$ により半径 R の球面が等電位になることを示せ.

(b) 球面から点電荷までの距離 $a = s - R$ を固定して球の半径 R を無限に大きくする極限を考えると, 電荷 $-q'$ は導体平面に関する電荷 q の鏡像《☞ 図 3.10》に一致することを示せ.

(c) 導体球に生じる誘導電荷の表面電荷密度 $\sigma(\theta)$ を, 直線 OP から測った角度 θ の関数で表せ.

4
定常電流と静磁場

1.8 節で述べたように，運動する電荷は，電場からのクーロン力に加えて磁場からの磁気力も受ける．磁場は電流が原因となって空間に生じ，これが電流 (すなわち運動する電荷) に力を及ぼす．クーロン力が電場によって媒介される電荷間の力であったのに対して，磁気力とは磁場によって媒介される電流間の力である．この章では電流と磁場の間に成り立つ法則について見ていこう．

4.1　ビオ-サバールの法則

電流は媒質中の荷電粒子 (キャリア) の集団的な流れによって生じる．したがって，電流のまわりの磁場は，これらの個々の荷電粒子の運動が原因となって生じる空間の性質の変化と考えることができる．電荷分布のつくる電場は，電荷分布を構成する点電荷の 1 つひとつがつくる電場の重ね合わせにより得られたが，これと同様に，電流分布のつくる磁場は，運動する荷電粒子の 1 つひとつがつくる磁場を重ね合わせることにより得られる．実際には第 1 章で述べたように個々のキャリアはランダムな運動をしており，電流に寄与するのはそれらを平均したドリフト運動である．そのため電流の構成要素として，十分多数のキャリアを含む微小要素内での粒子の平均的な運動を考慮した電流密度が用いられる．導線を流れる電流によって生じる磁場を考える場合，これを導線に沿った微小線要素に分割し，各微小要素内の電流がつくる磁場を電流全体について足し合わせることで，電流分布全体がつくる磁場が求められるだろう．この微小領域を流れる電流と磁場との関係はビオ (J.-B. Biot，フランス) とサバール (F. Savart，フランス) によりそれぞれ独自に見出され，**ビオ-サバール**

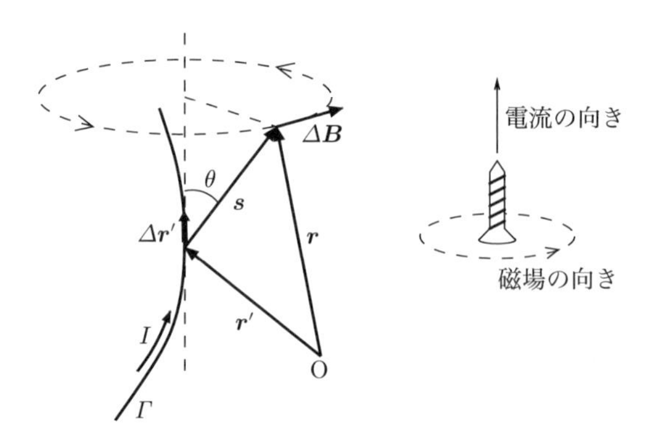

図 4.1 電流素片による磁場と右ねじ則

の法則とよばれている．

いま，曲線 Γ に沿った導線に一定の電流 I が流れているとする．この曲線 Γ を微小線要素に分割したとき，各微小要素 $\Delta\boldsymbol{r}'$ を流れる電流を**電流素片**とよび，その量をベクトル $I\Delta\boldsymbol{r}'$ によって表す．図 4.1 に示すように，電流素片のつくる磁束密度 $\Delta\boldsymbol{B}$ は電流素片を延長した直線を軸として旋回する方向に生じ，その向きは電流の向きに進む右ねじの回転の向きに一致する．電流素片からの距離を s とし，電流素片からの相対位置ベクトル $\boldsymbol{s}$ と $\Delta\boldsymbol{r}'$ のなす角を θ とすると，$\Delta\boldsymbol{B}$ の強さは $\dfrac{I\Delta r'\sin\theta}{s^2}$ に比例する．つまり，電流素片の向きに対して同じ方向 (同じ角度 θ) の位置に生じる磁場の強さは電流素片からの距離 s の 2 乗に反比例し，同じ距離 s の位置では電流素片の向きに対して垂直な方向 ($\theta = \pi/2$) で最も強く，その方向から傾けていくにつれて弱くなり，電流素片と同じ方向 ($\theta = 0, \pi$) の位置では 0 になる．$\Delta\boldsymbol{B}$ の向きが外積 $\Delta\boldsymbol{r}' \times \boldsymbol{s}$ の向きに一致し，$|\Delta\boldsymbol{r}' \times \boldsymbol{s}| = \Delta r' s\sin\theta$ であるから，この磁束密度は k_m を正の比例定数として

$$\Delta\boldsymbol{B} = k_m \frac{I\Delta\boldsymbol{r}' \times \boldsymbol{s}}{|\boldsymbol{s}|^3} \tag{4.1}$$

と表される．この比例定数 k_m の真空中での値を

$$k_m = \frac{\mu_0}{4\pi} \tag{4.2}$$

と表し，μ_0 を**真空の透磁率** (vacuum permeability) という．これを用いることにより，クーロンの法則の比例係数 (2.3) と同様，後に導く電磁場の基本方

程式を簡単な係数で表すことができる．μ_0 は

$$\mu_0 \simeq 4\pi \times 10^{-7} = 1.25\ldots \times 10^{-6}\ \mathrm{N/A^2} \tag{4.3}$$

という値をもつ[1)]．この値はSI (国際単位系) における，電流間にはたらく力にもとづく電流の単位の定め方に由来するが，それについてはこの節の最後に述べる．

一般に，曲線 $\varGamma$ に沿った導線上の点 $\boldsymbol{r}'$ 近傍の電流素片 $I\varDelta\boldsymbol{r}'$ が点 $\boldsymbol{r}$ (電流素片からの相対位置ベクトル $\boldsymbol{s} = \boldsymbol{r} - \boldsymbol{r}'$) につくる磁束密度は

$$\varDelta\boldsymbol{B}(\boldsymbol{r}) = \frac{\mu_0}{4\pi}\frac{I\varDelta\boldsymbol{r}' \times (\boldsymbol{r} - \boldsymbol{r}')}{|\boldsymbol{r} - \boldsymbol{r}'|^3} \tag{4.4}$$

で与えられ，電流全体のつくる磁束密度は，これを曲線 $\varGamma$ に沿って足し合わせる (積分する) ことにより

$$\boldsymbol{B}(\boldsymbol{r}) = \sum \varDelta\boldsymbol{B}(\boldsymbol{r}) = \frac{\mu_0 I}{4\pi}\int_{\varGamma}\frac{d\boldsymbol{r}' \times (\boldsymbol{r} - \boldsymbol{r}')}{|\boldsymbol{r} - \boldsymbol{r}'|^3} \tag{4.5}$$

のように表される．

図4.2は点 $\boldsymbol{r}'$ 近傍の電流素片の拡大図で，導線の断面積を S，導線内の電流密度を $\boldsymbol{j}(\boldsymbol{r}')$ とする．電流密度の向きが線素ベクトル $\varDelta\boldsymbol{r}'$ の向きに一致していることに注意すると，電流素片ベクトルは

$$I\varDelta\boldsymbol{r}' = \boldsymbol{j}S\varDelta r' = \boldsymbol{j}\varDelta V' \tag{4.6}$$

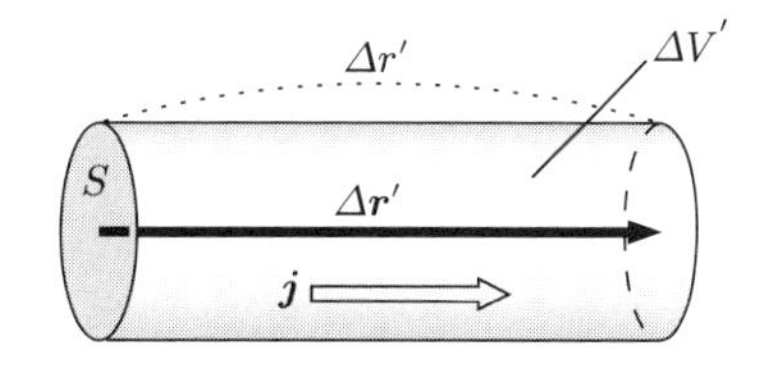

図 4.2　電流素片と電流密度の関係

と書ける．ここで $\varDelta V' = S\varDelta r'$ は電流素片の体積である．よって，式 (4.5) は体積積分により

$$\boldsymbol{B}(\boldsymbol{r}) = \frac{\mu_0}{4\pi}\int\frac{\boldsymbol{j}(\boldsymbol{r}') \times (\boldsymbol{r} - \boldsymbol{r}')}{|\boldsymbol{r} - \boldsymbol{r}'|^3}dV'$$

と表される．この式は導線のような線状の電流に限らず，一般の電流分布に対して成り立つ．

---

1) ここでは透磁率の単位を $\mathrm{N/A^2}$ としたが，一般にはインダクタンス《☞ 6.2 節》の単位 H (ヘンリー) による H/m が用いられる．

ビオ-サバールの法則

電流密度 $\boldsymbol{j}(\boldsymbol{r})$ の定常電流分布が真空中につくる磁束密度は

$$\boldsymbol{B}(\boldsymbol{r}) = \frac{\mu_0}{4\pi}\int \frac{\boldsymbol{j}(\boldsymbol{r}') \times (\boldsymbol{r} - \boldsymbol{r}')}{|\boldsymbol{r} - \boldsymbol{r}'|^3} dV' \tag{4.7}$$

特に，導線 Γ を流れる定常電流 I がつくる磁束密度は

$$\boldsymbol{B}(\boldsymbol{r}) = \frac{\mu_0 I}{4\pi}\int_\Gamma \frac{d\boldsymbol{r}' \times (\boldsymbol{r} - \boldsymbol{r}')}{|\boldsymbol{r} - \boldsymbol{r}'|^3} \tag{4.8}$$

■ 直線電流のまわりの磁場

ビオ-サバールの法則 (4.8) を用いて，無限に長い直線電流のまわりに生じる磁場を求めてみよう．図4.3のように，z 軸に沿って一定の電流 I が流れているとき，電流から距離 R の点 P に生じる磁場を計算する．円柱座標の基本ベクトル (A.3) を用いると，点 P の位置ベクトルは $\boldsymbol{r} = R\boldsymbol{e}_R$ と表される．まず最初に，この電流上の位置 z (位置ベクトル $\boldsymbol{r}' = z\boldsymbol{e}_z$) 近傍の長さ Δz の部分を流れる電流素片 $I\Delta z\, \boldsymbol{e}_z$ による磁束密度 $\Delta\boldsymbol{B}$ を求める．電流素片から点 P への相対位置ベクトルは

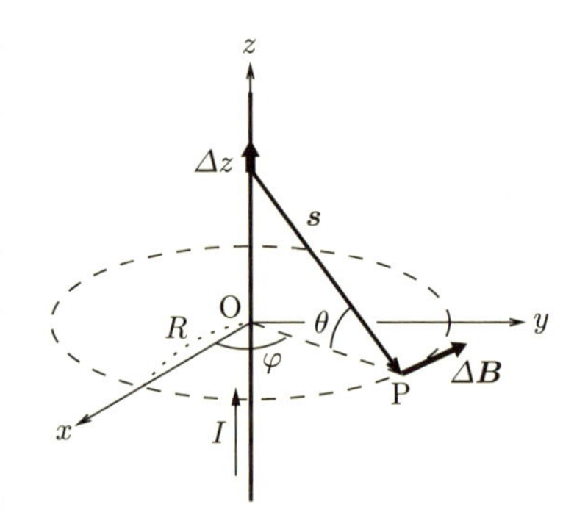

図 4.3　直線電流による磁場の計算

$$\boldsymbol{s} = \boldsymbol{r} - \boldsymbol{r}' = R\boldsymbol{e}_R - z\boldsymbol{e}_z$$

であるから，ビオ-サバールの法則により

$$\Delta\boldsymbol{B} = \frac{\mu_0 I \Delta z\, \boldsymbol{e}_z \times (R\boldsymbol{e}_R - z\boldsymbol{e}_z)}{4\pi|R\boldsymbol{e}_R - z\boldsymbol{e}_z|^3} = \frac{\mu_0 I R \Delta z}{4\pi(R^2 + z^2)^{3/2}}\boldsymbol{e}_\varphi \tag{4.9}$$

となる．ここで基本ベクトルどうしの外積の公式 (A.4) を用いた．直線電流全体がつくる磁場は，上の式を z 軸上の電流素片全体について足し合わせることにより得られる．この和は z についての積分により求められ，

$$B_\varphi = \sum \frac{\mu_0 I R}{4\pi(R^2 + z^2)^{3/2}}\Delta z$$

$$= \int_{-\infty}^{\infty} \frac{\mu_0 IR}{4\pi(R^2+z^2)^{3/2}} dz = \frac{\mu_0 I}{4\pi R} \int_{-\pi/2}^{\pi/2} \cos\theta d\theta \quad (z = R\tan\theta)$$

$$= \frac{\mu_0 I}{2\pi R} \tag{4.10}$$

となる．よって，直線からの距離 R に反比例する大きさの磁束密度が直線を軸とする旋回方向 (φ 方向) に生じることがわかる．

■ 磁場の分布と磁束線

電場の空間的な分布を表すのに電気力線を用いたが，これと同様に，磁場の分布を**磁束線**という曲線の集合を用いて表すことができる．磁束線は，接線の向きがその点での磁束密度の向きに一致し，線に垂直な単位面積あたりを貫く本数が磁束密度の大きさに比例するように描かれる．このとき各磁束線は，無限遠に達するものを除いて閉じた曲線 (ループ) をつくる．図 4.4 は，大きさの等しい 2 本の平行な直線電流のまわりの磁場の分布を電流に垂直な断面上の磁束線で表したもので，(a) は電流が同じ向きの場合，(b) は逆向きの場合である《☞ 演習問題 4.3》．

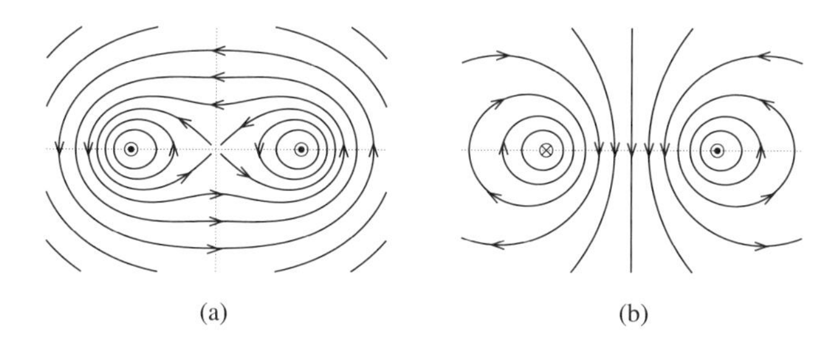

図 4.4 平行電流のまわりの磁束線．記号 ⊙ は紙面に垂直に裏から表の向きの電流，⊗ は表から裏の向きの電流を表す．(a) において原点では磁束密度が 0 であり磁束線は原点に到達しない．

■ 円電流の軸上に生じる磁場

次に，円電流のまわりに生じる磁場について考える．電流のまわりには右ねじ則に従う磁場が生じるので，円電流のまわりの磁場の分布は図 4.5 のようになる．ここでは特に，円の中心軸上に沿って生じる磁束密度をビオ-サバールの

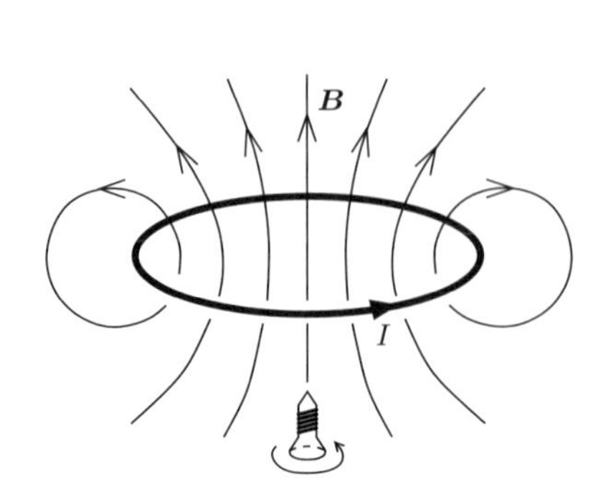

図 4.5 円電流のまわりの磁場. 電流の向きに対して軸上に生じる磁場の向きは右ねじ則に従う.

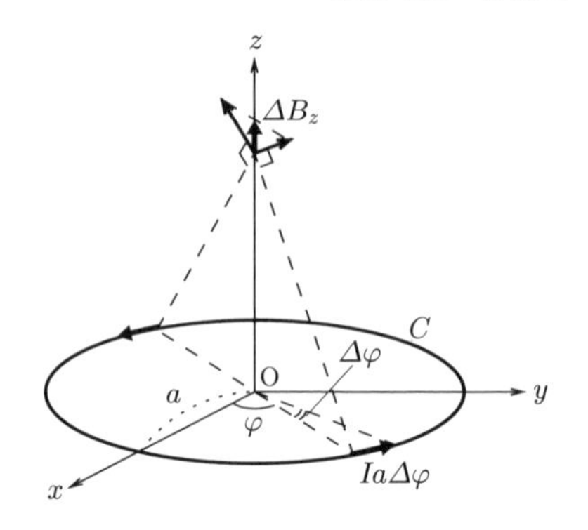

図 4.6 円電流による磁場の計算

法則を用いて計算してみよう.

原点 O を中心として, xy 面上に置かれた半径 a の円形導線 C に一定の電流 I が流れているとして, z 軸上に生じる磁束密度を求めたい. 図4.6 のように, 円 C 上に原点を見込む角 $\Delta\varphi$ の電流素片 $Ia\Delta\varphi$ を考える. この電流素片と, 原点 O について対称な位置にある電流素片とを対にして考えると, それらのつくる磁束密度の x, y 方向の成分は打ち消し合い, z 成分のみが残ることがわかる. よって円電流は z 軸上に z 方向の磁束密度をつくる. 各電流素片がつくる磁束密度の z 成分は

$$\Delta B_z = \frac{\mu_0 Ia\Delta\varphi}{4\pi(a^2+z^2)}\frac{a}{\sqrt{a^2+z^2}} = \frac{\mu_0 Ia^2}{4\pi(a^2+z^2)^{3/2}}\Delta\varphi$$

と表される. これを円電流全体について足し合わせることにより, 求める磁束密度は

$$B_z(z) = \frac{\mu_0 Ia^2}{4\pi(a^2+z^2)^{3/2}}\underbrace{\sum\Delta\varphi}_{=2\pi} = \frac{\mu_0 Ia^2}{2(a^2+z^2)^{3/2}} \tag{4.11}$$

となる. 円電流の向きと, それが軸上につくる磁場の向きの間にも右ねじ則が成り立っている.

問 4.1 半径 a の円電流 I の中心に生じる磁束密度の大きさを求めよ.

[答:式 (4.11) で $z = 0$ と置いて $B = \dfrac{\mu_0 I}{2a}$]

■ ソレノイドの軸上に生じる磁場

導線を単位長さあたり一定の巻き数で円筒状に密に巻いたコイルを**ソレノイド**という．電流の流れているソレノイドは円電流を軸方向に並べたものとみなすことができ，そのまわりには図4.7のような磁場が生じる．ここではソレノイドの軸上に生じる磁束密度を，上で求めた円電流のつくる磁場の式を利用して求めてみよう．

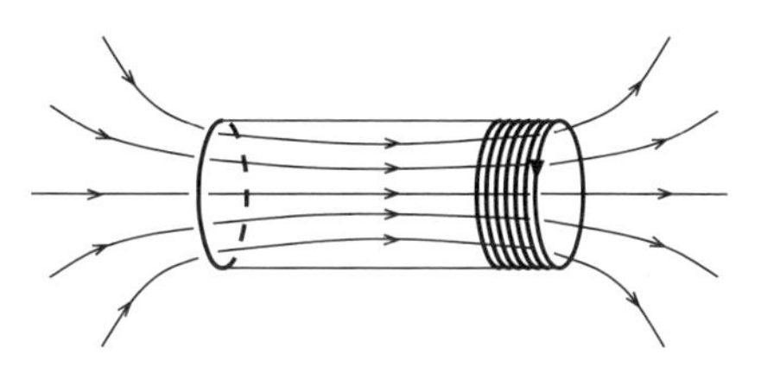

図 4.7　ソレノイドのまわりの磁場

z 軸を中心軸とする，長さ l，断面の半径 a，単位長さあたりの巻き数 n のソレノイドが，原点 O を中心として置かれているとする．このソレノイドに電流 I を流したとき z 軸上に生じる磁束密度を計算する．

ここでソレノイドを微小幅の円環状部分に分割し，図4.8 (a) のような位置 z' 近傍の幅 $\Delta z'$ の部分に着目する．この部分には導線が $n\Delta z'$ 本巻きつけられているので，大きさ $nI\Delta z'$ の円電流とみなすことができる．式 (4.11) を用いると，z' 近傍の微小幅 $\Delta z'$ の円環部分が z 軸上につくる磁束密度は

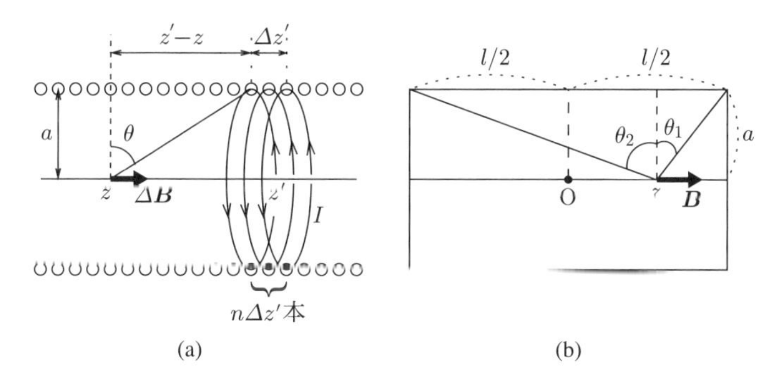

図 4.8　ソレノイドを流れる電流による磁場

$$\Delta B = \frac{\mu_0 n I \Delta z' a^2}{2\{a^2 + (z'-z)^2\}^{3/2}}$$

であるから，これを z' について区間 $(-l/2, l/2)$ で積分することにより，ソレノイド全体がつくる磁束密度 $B(z)$ が求められる．$z'-z = a\tan\theta$ と変数変換し，図 4.8 (b) のようにコイル両端の位置を表す角度 θ_1, θ_2 を定義すると $B(z)$ は

$$\begin{aligned} B(z) &= \int_{-l/2}^{l/2} \frac{\mu_0 n I a^2}{2\{a^2 + (z-z')^2\}^{3/2}} dz' \quad (z'-z = a\tan\theta) \\ &= \frac{\mu_0 n I}{2} \int_{-\theta_2}^{\theta_1} \cos\theta d\theta = \frac{\mu_0 n I}{2}(\sin\theta_1 + \sin\theta_2) \end{aligned} \tag{4.12}$$

と表される．ソレノイドの中心 $z=0$ では

$$\sin\theta_1 = \sin\theta_2 = \frac{l}{2\sqrt{a^2 + l^2/4}} = \frac{1}{\sqrt{1+4a^2/l^2}},$$

$$B(0) = \frac{\mu_0 n I}{\sqrt{1+4a^2/l^2}} \tag{4.13}$$

であり，ソレノイドの端点 $z = l/2$ では

$$\theta_1 = 0, \quad \sin\theta_2 = \frac{l}{\sqrt{l^2+a^2}} = \frac{1}{\sqrt{1+a^2/l^2}},$$

$$B(l/2) = \frac{\mu_0 n I}{2\sqrt{1+a^2/l^2}} \tag{4.14}$$

となる．$l \gg a$ の極限では l^2 に対して a^2 を無視する近似を用いると

$$B(0) = \mu_0 n I, \quad B(l/2) = \frac{1}{2}\mu_0 n I \tag{4.15}$$

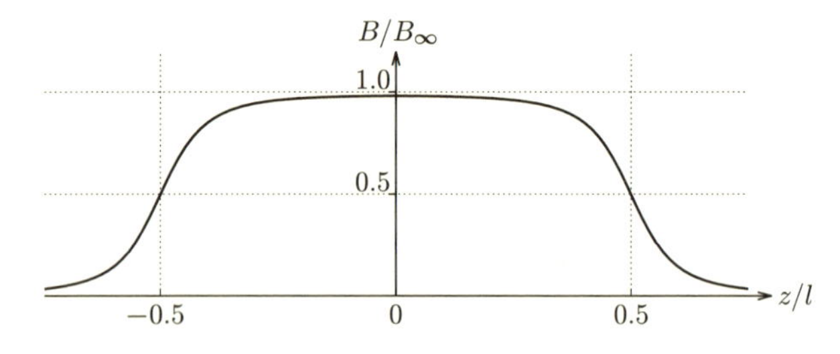

図 4.9　ソレノイドの軸上の磁束密度

が得られる．これらはコイルの単位長さあたりの巻き数 n のみで決まり，断面積や長さにはよらない．

図 4.9 に，$l = 10a$ としたときのソレノイドの軸上に生じる磁束密度の分布を示す．縦軸は無限長のソレノイド内の磁束密度 $B_\infty = \mu_0 nI$ を単位とした磁束密度の大きさ $B(z)$，横軸はコイルの長さ l を単位とした位置 z を表す．コイルの内部では $B \simeq B_\infty$ のほぼ一様な磁場が生じ，コイルの端点の近くで弱まって端点 $(z = \pm l/2)$ で $B \simeq B_\infty/2$ となり，コイルから離れると急速に 0 に近づく様子がわかる．

■ アンペールの力——電流間にはたらく力

1.8 節で述べたように，エルステッドによる電流の磁気作用の発見を受けてアンペールは電流と電流の間に力がはたらくことを見出し，その性質を詳しく調べた．測定によると，平行に流れる電流間には引力，逆平行に流れる電流間には斥力がはたらき，その強さは 2 つの電流の積に比例し，電流間の距離に反比例する．この力は「アンペールの力」とよばれている．

アンペールの力は，直線電流のつくる磁場 (4.10) と，電流が磁場から受ける力 (1.26) を用いて導くことができる．いま，距離 R を隔てて平行に置かれた無限に長い 2 本の直線電流 I, I' を考える．電流 I' が距離 R 離れた電流 I の位置につくる磁束密度は

$$B(R) = \frac{\mu_0 I'}{2\pi R}$$

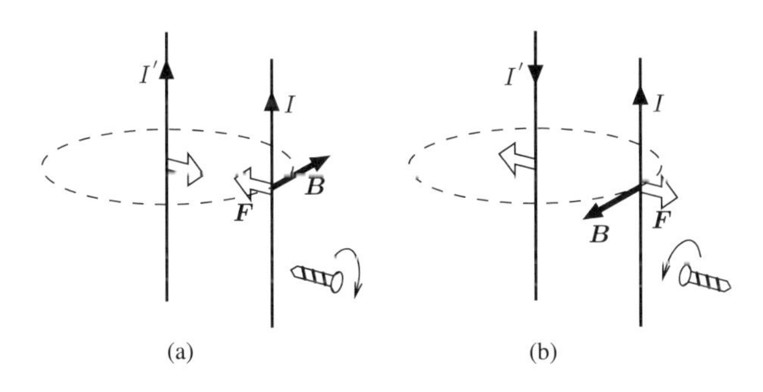

図 4.10 平行電流間にはたらくアンペールの力．同じ向きに流れる電流間には引力 (a)，逆向きに流れる電流間には斥力 (b) がはたらく．

であるから，電流 I の長さ l の部分がこの磁場から受ける力の大きさは式 (1.26) より

$$F = IB(R)l = \frac{\mu_0 II'l}{2\pi R} \tag{4.16}$$

となる．電流にはたらく力の向きは電流の向きから磁場の向きへと回転させた右ネジの進む向きであるから，図 4.10 に示すように同じ向きの電流間では引力，逆向きの電流間では斥力となることがわかる．

SI (国際単位系) では最初，真空中で無限に小さい断面積をもつ無限に長い 2 本の導線を間隔 1 m で平行に置いて等しい電流を流したとき，互いに 1 m あたり 2×10^{-7} N の力を及ぼし合うような電流を 1 A と定めた[2]．この定義によると，式 (4.16) に $I = I' = 1$ A, $R = l = 1$ m, $F = 2 \times 10^{-7}$ N を代入することにより

$$2 \times 10^{-7}\ \mathrm{N} = \frac{\mu_0}{2\pi}\ \mathrm{A}^2$$

となるので，真空の透磁率 μ_0 の値は

$$\mu_0 = 4\pi \times 10^{-7}\ \mathrm{N/A^2}$$

である．2019 年に改定された現在の SI では電荷の単位 C が電気素量をもとに定義され，1 秒間あたり 1 C の電荷を運ぶ電流を 1 A の定義としている．これによって上記の μ_0 の値に実用上の影響が出るような違いは生じないが，その位置づけが，電流間にはたらく力によってその電流を定める定義値から，別々の基準で測定される力と電流により測定値として定まる定数へと変更されたことになる．

4.2 回転電流と磁気モーメント

■ 回転電流がつくる磁場

有限の領域に分布する定常電流は閉じた回路に沿った流れをつくる．ここでは，そのような閉回路を流れる電流 (回転電流) がつくる磁場について考える．

2) この 10^{-7} という指数は実用上の便のためである．当初 CGS 単位系で，1 cm 隔てた平行電流が長さ 1 cm あたり 2 dyn (1 dyn $= 10^{-5}$ N) の力を及ぼし合うときの電流を 1/10 倍した実用単位として 1 A が定められ，この定義が SI に引き継がれた．

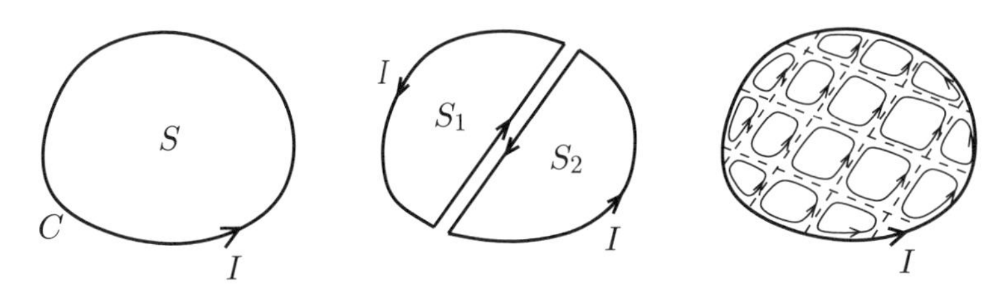

図 4.11 回転電流の分割と電流素回路

以下で回転電流の磁気的な性質を担う基本的な物理量である「磁気モーメント」を定義し，これを用いて回転電流のつくる磁場や回転電流が磁場から受ける力が記述できることを示そう．

ある閉曲線 C に沿って流れる回転電流 I を考える．図 4.11 のように C を周とする曲面 S を 2 つの曲面 S_1 と S_2 に分割し，それぞれの周に沿って電流 I が流れているとすると，2 つの面の境界を流れる電流は打ち消し合って 0 となり，元の閉曲線 C を流れている電流 I と同じ電流分布を与える．このようにして面の分割を繰り返していくと，任意の回転電流は微小面素片の周に沿って流れる回転電流の和で表されることがわかる．このような微小平面の周に沿って流れる回転電流を**電流素回路**という．そこで，電流素回路のつくる磁束密度を求めたいが，ここでは簡単のため図 4.12 のような原点 O を中心とする xy 面上の微小長方形コイルに沿った回転電流を考える．2 辺の長さを a_x, a_y として，まず y 軸に平行な 2 辺を流れる電流が遠方の点 $\boldsymbol{r} = (x, y, z)$ につくる磁場 $\boldsymbol{B}_1$ を求める．コイル上の点は $\boldsymbol{r}' = (\pm\frac{1}{2}a_x, y', 0)$ と表され，y' は

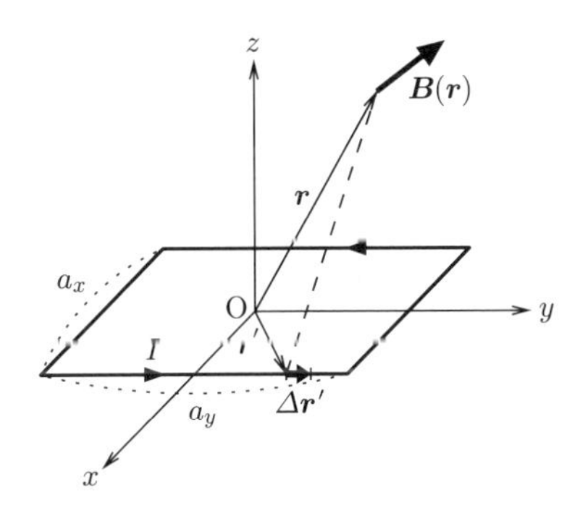

図 4.12 長方形電流回路による磁場の計算

区間 $(-\frac{1}{2}a_y, \frac{1}{2}a_y)$ を動く．またコイル上の電流素片は $I\Delta\boldsymbol{r}' = I(0, \pm\Delta y', 0)$ であり，これらを用いてビオ-サバールの法則により

$$\boldsymbol{B}_1 = \sum \frac{\mu_0}{4\pi} \frac{I\Delta\boldsymbol{r}' \times (\boldsymbol{r} - \boldsymbol{r}')}{|\boldsymbol{r} - \boldsymbol{r}'|^3}$$

を計算すればよい．まず分子の外積は

$$\Delta\boldsymbol{r}' \times (\boldsymbol{r} - \boldsymbol{r}') = \begin{pmatrix} 0 \\ \pm\Delta y' \\ 0 \end{pmatrix} \times \begin{pmatrix} x \mp \frac{1}{2}a_x \\ y - y' \\ z \end{pmatrix} = \begin{pmatrix} \pm z \\ 0 \\ \mp(x \mp \frac{1}{2}a_x) \end{pmatrix} \Delta y',$$

また $|\boldsymbol{r}'| \ll |\boldsymbol{r}| = r$ より分母は

$$\frac{1}{|\boldsymbol{r} - \boldsymbol{r}'|^3} \simeq \frac{1}{r^3}\left(1 - \frac{2\boldsymbol{r}\cdot\boldsymbol{r}'}{r^2}\right)^{-3/2} \simeq \frac{1}{r^3}\left(1 + \frac{3(\pm a_x x + 2yy')}{2r^2}\right)$$

と表され，y' について積分すると y' の 0 次の項が a_y を与え，1 次の項は 0 となるので，各辺の寄与 $\boldsymbol{B}_1^{\pm}$ は

$$\begin{aligned}
\boldsymbol{B}_1^{\pm} &= \frac{\mu_0 I a_y}{4\pi r^3}\left(1 \pm \frac{3a_x x}{2r^2}\right)\begin{pmatrix} \pm z \\ 0 \\ \mp x + \frac{1}{2}a_x \end{pmatrix} \\
&= \frac{\mu_0 I a_y}{4\pi r^5}\begin{pmatrix} \frac{3}{2}a_x xz \pm r^2 z \\ 0 \\ \frac{1}{2}a_x(r^2 - 3x^2) \mp (r^2 - \frac{3}{4}a_x^2)x \end{pmatrix}
\end{aligned}$$

となる．これらの和をとると

$$\boldsymbol{B}_1 = \boldsymbol{B}_1^+ + \boldsymbol{B}_1^- = \frac{\mu_0 IS}{4\pi r^5}\begin{pmatrix} 3xz \\ 0 \\ r^2 - 3x^2 \end{pmatrix}$$

が得られる．ここで $S = a_x a_y$ はコイル面の面積である．x 軸に平行な 2 辺の寄与 $\boldsymbol{B}_2$ についても同様に計算することができ，

$$\boldsymbol{B}_2 = \frac{\mu_0 IS}{4\pi r^5}\begin{pmatrix} 0 \\ 3yz \\ r^2 - 3y^2 \end{pmatrix}$$

となる．これらを足し合わせることにより，コイルを流れる電流がつくる磁束密度が

$$B = B_1 + B_2 = \frac{\mu_0 IS}{4\pi r^5}\begin{pmatrix} 3xz \\ 3yz \\ 2r^2 - 3(x^2+y^2) \end{pmatrix} = \frac{\mu_0 IS}{4\pi r^5}\begin{pmatrix} 3xz \\ 3yz \\ 3z^2 - r^2 \end{pmatrix}$$
$$= \frac{\mu_0 IS[3\boldsymbol{r}(\boldsymbol{r}\cdot\boldsymbol{e}_z) - r^2\boldsymbol{e}_z]}{4\pi r^5} \tag{4.17}$$

と求められる．ここでコイルの**磁気モーメント** (magnetic moment) $\boldsymbol{m}$ を

$$\boldsymbol{m} = IS\boldsymbol{e}_z \tag{4.18}$$

により定義すると，上の磁束密度は

$$\boldsymbol{B}(\boldsymbol{r}) = \frac{\mu_0[3\boldsymbol{r}(\boldsymbol{r}\cdot\boldsymbol{m}) - r^2\boldsymbol{m}]}{4\pi r^5} \tag{4.19}$$

と表される．上では長方形コイルの場合について考えたが，式 (4.19) はコイルの形によらず，xy 面上に置かれた原点近傍の微小面積 S の閉回路について一般的に成り立つことが示される《☞ 付録 C.2》.

■ 回転電流にはたらく力

次に，回転電流が磁場から受ける力について考えてみよう．

例題 4.1　磁気モーメントが磁場から受ける力のモーメント

z 軸方向の一様磁場 $\boldsymbol{B} = (0, 0, B_0)$ 内に，下図のような，2 辺の長さ a, b の長方形コイル ABCD が xy 面上に置かれている．このコイルを x 軸のまわりに角度 θ 回転させたときに，コイルを流れる電流 I が磁場から受ける力のモーメントを求め，これが回転電流の磁気モーメント $\boldsymbol{m} = IS\boldsymbol{e}_\mathrm{n}$ ($S = ab$ はコイル面の面積，$\boldsymbol{e}_\mathrm{n}$ はコイル面の法線ベクトル) を用いて $\boldsymbol{N} = \boldsymbol{m} \times \boldsymbol{B}$ と表されることを示せ．

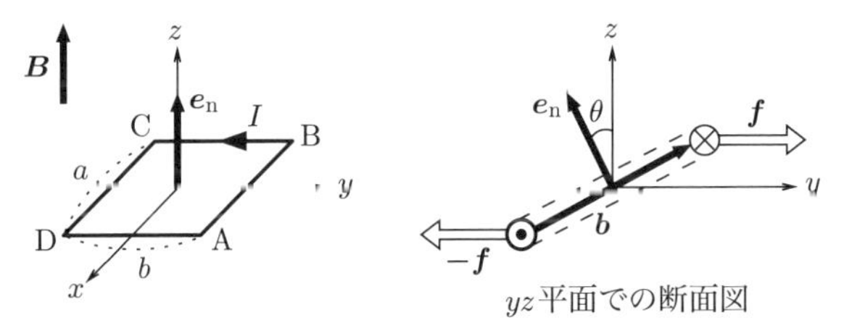

yz 平面での断面図

【解答】 長方形の各辺にはたらく力のうち，辺BC, DA にはたらく力は作用線が一致しているのでちょうどつり合うが，辺AB, CD にはたらく力は作用線が一致していないので力のモーメントを生じる．$\overrightarrow{\mathrm{AB}} = \boldsymbol{a} = -a\boldsymbol{e}_x$ とすると，辺 AB を流れる電流にはたらく力は

$$\boldsymbol{f} = I\boldsymbol{a} \times \boldsymbol{B} = -Ia\boldsymbol{e}_x \times B_0\boldsymbol{e}_z = B_0Ia\boldsymbol{e}_y$$

であるから，2 辺 AB, CD にはたらく偶力 $\pm\boldsymbol{f}$ のモーメントは，作用点の相対位置ベクトル $\boldsymbol{b} = (0, b\cos\theta, b\sin\theta)$ より

$$\boldsymbol{N} = \boldsymbol{b} \times \boldsymbol{f} = -B_0IS\sin\theta\,\boldsymbol{e}_x$$

と表される．コイル面の法線ベクトルは $\boldsymbol{e}_{\mathrm{n}} = (0, -\sin\theta, \cos\theta)$ で，$\boldsymbol{e}_{\mathrm{n}} \times \boldsymbol{e}_z = -\sin\theta\,\boldsymbol{e}_x$ が成り立つので，

$$\boldsymbol{N} = B_0IS\boldsymbol{e}_{\mathrm{n}} \times \boldsymbol{e}_z = IS\boldsymbol{e}_{\mathrm{n}} \times B_0\boldsymbol{e}_z = \boldsymbol{m} \times \boldsymbol{B}$$

となることが示された．　□

長方形回路に限らず，一般の形の回転電流についても磁場から受ける力のモーメントは式 (4.18) で定義される磁気モーメント $\boldsymbol{m}$ を用いて

$$\boldsymbol{N} = \boldsymbol{m} \times \boldsymbol{B} \tag{4.20}$$

と表される《☞ 付録C.3》．

このように，回転電流の磁気的性質はすべて，その磁気モーメントを用いて記述することができる．磁気モーメントは回転電流だけでなく，**スピン** (spin) という，粒子の量子力学的な状態量によっても生じる．スピンは角運動量と同じ性質をもつ粒子固有の物理量で，その名称は，発見当初それが粒子の自転運動に関係するものと解釈されたことに由来する．このスピンがつくる磁場や，スピンが磁場から受ける力のモーメントも，回転電流と同じく式 (4.19), (4.20) で表される．

■ 磁気モーメントと磁荷

磁気モーメントによってつくられる磁束密度 (4.19) は，ちょうど電気双極子がつくる電場の式 (2.16) の電気双極子モーメントと真空の誘電率の部分 $\boldsymbol{p}/\varepsilon_0$ を磁気モーメントと真空の透磁率 $\mu_0\boldsymbol{m}$ に置き換えた形をしている．そこで，電荷に対応する「**磁荷**」というものを考え，磁気モーメントを正負の磁荷 $\pm q_{\mathrm{m}}$

が相対位置 $\boldsymbol{l}$ で結合した「磁気双極子」とみなして，電気双極子モーメントに対応するベクトル

$$\boldsymbol{p}_{\mathrm{m}} = \mu_0 \boldsymbol{m} = q_{\mathrm{m}} \boldsymbol{l} \tag{4.21}$$

を定義する．磁荷の単位は Wb (ウェーバー[3]) である．磁荷を磁気力の源と考える場合，磁荷と磁荷の間にはたらく力を媒介する場として**磁場** $\boldsymbol{H} = \boldsymbol{B}/\mu_0$ が用いられる．すると式 (4.19), (4.21) より

$$\boldsymbol{H}(\boldsymbol{r}) = \frac{3\boldsymbol{r}(\boldsymbol{r}\cdot\boldsymbol{p}_{\mathrm{m}}) - r^2\boldsymbol{p}_{\mathrm{m}}}{4\pi\mu_0 r^5} \tag{4.22}$$

が成り立ち，電気双極子のつくる電場 (2.16) との間に

$$\boldsymbol{E} \leftrightarrow \boldsymbol{H}$$
$$\varepsilon_0 \leftrightarrow \mu_0$$
$$\boldsymbol{p} = q\boldsymbol{l} \leftrightarrow \boldsymbol{p}_{\mathrm{m}} = q_{\mathrm{m}}\boldsymbol{l}$$

のような対応関係をよみ取ることができる．すると磁場 (4.22) は磁荷 $\pm q_{\mathrm{m}}$ が電荷と同様のクーロンの法則に従ってつくる磁場から得られると考えられる．点電荷のつくる電場の式 (2.6) に対応して，点 $\boldsymbol{r}'$ に置いた磁荷 q_{m} が点 $\boldsymbol{r}$ につくる磁場は

$$\boldsymbol{H}(\boldsymbol{r}) = \frac{q_{\mathrm{m}}(\boldsymbol{r} - \boldsymbol{r}')}{4\pi\mu_0|\boldsymbol{r} - \boldsymbol{r}'|^3} \tag{4.23}$$

と表されるだろう．これを磁場に関するクーロンの法則という．この磁場はスカラー場

$$\phi_{\mathrm{m}} = \frac{q_{\mathrm{m}}}{4\pi\mu_0|\boldsymbol{r} - \boldsymbol{r}'|}$$

を用いて

$$\boldsymbol{H}(\boldsymbol{r}) = -\boldsymbol{\nabla}\phi_{\mathrm{m}}(\boldsymbol{r}) \tag{4.24}$$

と表される．ϕ_{m} を**磁位** (または磁気スカラーポテンシャル) という．原点に置かれた磁気双極子 $\boldsymbol{p}_{\mathrm{m}}$ のつくる磁位は，電気双極子のつくる電位 (2.15) に対応して

$$\phi_{\mathrm{m}}(\boldsymbol{r}) = \frac{\boldsymbol{p}_{\mathrm{m}}\cdot\boldsymbol{r}}{4\pi\mu_0 r^3} \tag{4.25}$$

---

3) 磁束の単位に同じ《☞ 4.5 節》．電磁気学の発展に貢献した物理学者ウェーバー (W. Weber, ドイツ) に因む．

と表される．このようにスカラー場の勾配で表される磁場は保存場であり，磁石 (回転電流) から十分離れた位置で任意の閉曲線 C に沿った静磁場の線積分は 0 となる：

$$\oint_C \boldsymbol{H} \cdot d\boldsymbol{r} = 0 \tag{4.26}$$

上の電場と磁場の対応関係から，磁場 $\boldsymbol{H}$ は単位磁荷あたりにはたらく力を表すベクトル場になるはずである．このことを磁気モーメントにはたらく力のモーメントを考えることにより示そう．回転電流の磁気モーメントを磁気双極子とみなし，式 (4.21) で関係づけられる 2 つの磁荷 $\pm q_{\mathrm{m}}$ を考えて，各磁荷が磁場から受ける力を $\pm \boldsymbol{f}$ と置く．すると，この磁気双極子にはたらく偶力のモーメントは

$$\boldsymbol{N} = \boldsymbol{l} \times \boldsymbol{f} = \frac{\boldsymbol{p}_{\mathrm{m}} \times \boldsymbol{f}}{q_{\mathrm{m}}} = \frac{\mu_0 \boldsymbol{m} \times \boldsymbol{f}}{q_{\mathrm{m}}}$$

となるが，これを式 (4.20) と比較することにより

$$\frac{\mu_0 \boldsymbol{m} \times \boldsymbol{f}}{q_{\mathrm{m}}} = \boldsymbol{m} \times \boldsymbol{B}, \quad \therefore \ \boldsymbol{f} = \frac{q_{\mathrm{m}} \boldsymbol{B}}{\mu_0} = q_{\mathrm{m}} \boldsymbol{H}$$

の関係が得られる．よって磁荷 q_{m} にはたらく力は $q_{\mathrm{m}}\boldsymbol{H}$ であり，磁場 $\boldsymbol{H}$ は単位磁荷あたりにはたらく力を表すことがわかる．この関係より磁場 $\boldsymbol{H}$ の単位は N/Wb となるが，一般には単位 A/m が用いられる．

問 4.2 単位の関係式 N/Wb = A/m を示せ．

[答：磁気双極子に対する関係式 (4.21) で $\mu_0 \boldsymbol{m} = q_{\mathrm{m}} \boldsymbol{l}$ の両辺の単位を比較すると $(\mathrm{N/A^2})\mathrm{A} \cdot \mathrm{m^2} = \mathrm{Wb} \cdot \mathrm{m}$. これを書き直せば求める関係式が得られる．]

このように，回転電流の磁気的性質は正負の磁荷が結合した磁気双極子として記述することができる．同じ磁気双極子を縦一列に並べていくと，接合部でとなり合う正負の磁荷が打ち消し合い，両端のみが磁荷 $\pm q_{\mathrm{m}}$ を帯びた「棒磁石」をつくることができる．この棒磁石を切断すると，切断面には必ず磁荷 $\pm q_{\mathrm{m}}$ が現れる．このように一定の方向にそろった磁気モーメントをもつ分子から成る物体が磁石である．磁石から一方の磁極だけを取り出すことができない理由は，磁荷の実体が回転電流やスピンにともなう磁気モーメントであることから自然に説明できる．

4.3 アンペールの法則

与えられた電流分布に対して，そのまわりに生じる磁束密度を記述するビオ-サバールの法則は，静電場におけるクーロンの法則に対応するものと考えることができる．静電場ではクーロンの法則をもとにしてガウスの法則という，電荷と電場の間に成り立つ有用な関係式が得られたが，磁場の場合にもこれに対応するような電流と磁場を結びつける関係式が得られないだろうか．

4.1 節で示したように，無限に長い直線電流のまわりには，電流を取り囲むような向きの磁束密度が生じ，その強さは電流からの距離 R に反比例する．この磁束密度の向きに沿った円 C_R の周の長さは円の半径，すなわち電流からの距離 R に比例するので，C_R に沿った磁束密度の周積分は

$$\oint_{C_R} \boldsymbol{B} \cdot d\boldsymbol{r} = \frac{\mu_0 I}{2\pi R} \cdot 2\pi R = \mu_0 I$$

となり，円の半径によらず一定の値をもつ．この関係は任意の電流分布と任意の閉曲線に一般化され，以下の**アンペールの法則**が成り立つ．

アンペールの法則 (積分形)

定常電流分布 (電流 I_i または電流密度 $\boldsymbol{j}$) により静磁場が生じている空間の任意の閉曲線 C に沿った磁束密度の線積分は，C を周とする曲面 S を貫く電流 (S を貫く電流 I_k の総和または電流密度 $\boldsymbol{j}$ の S に関する面積分) と真空の透磁率 μ_0 の積に等しい．

$$\oint_C \boldsymbol{B} \cdot d\boldsymbol{r} = \mu_0 \sum_k I_k = \mu_0 \int_S \boldsymbol{j} \cdot d\boldsymbol{S}$$

■ 直線電流に対するアンペールの法則

この法則を，まず無限に長い直線電流のつくる磁場中での一般の閉曲線について確かめよう．z 軸に沿って流れる直線電流 I から距離 R の位置に生じる磁束密度は式 (4.10) で与えられる．閉曲線 C 上の点 $\boldsymbol{r}'$ は，円柱座標 (R, φ, z) の方位角 φ を変数とするパラメータ表示により，円柱座標の基本ベクトル (A.3) を用いて一般に

$$\boldsymbol{r}'(\varphi) = R(\varphi)\boldsymbol{e}_R + z(\varphi)\boldsymbol{e}_z$$

と表される[4)]．C 上の線要素ベクトル $\Delta\boldsymbol{r}'$ は角度 φ の微小変化 $\Delta\varphi$ に対する $\boldsymbol{r}'$ の変化量により得られる．基本ベクトルの微分が式 (A.5) で表されることに注意すると

$$\Delta\boldsymbol{r}' = \frac{d\boldsymbol{r}'(\varphi)}{d\varphi}\Delta\varphi = \left(\frac{dR}{d\varphi}\boldsymbol{e}_R + R\boldsymbol{e}_\varphi + \frac{dz}{d\varphi}\boldsymbol{e}_z\right)\Delta\varphi$$

となる．点 $\boldsymbol{r}'$ における磁束密度は 4.1 節で導いたように

$$\boldsymbol{B} = \frac{\mu_0 I}{2\pi R}\boldsymbol{e}_\varphi$$

と表されるので，

$$\boldsymbol{B}\cdot\Delta\boldsymbol{r}' = \frac{\mu_0 I}{2\pi}\Delta\varphi$$

となり，ここでの磁束密度の C に関する周積分は角度座標 φ についての積分で計算されることがわかる．この周積分を，図 4.13 のように電流が回路 C を貫く場合と貫かない場合とに分けて考えよう．(a) のように電流が C を貫いている場合は

$$\oint_C \boldsymbol{B}\cdot d\boldsymbol{r}' = \int_0^{2\pi}\frac{\mu_0 I}{2\pi}d\varphi = \mu_0 I$$

となる．(b) のように電流が C を貫いていない場合，C を 1 周する際に φ は最小値 φ_1 と最大値 φ_2 の間を往復するので

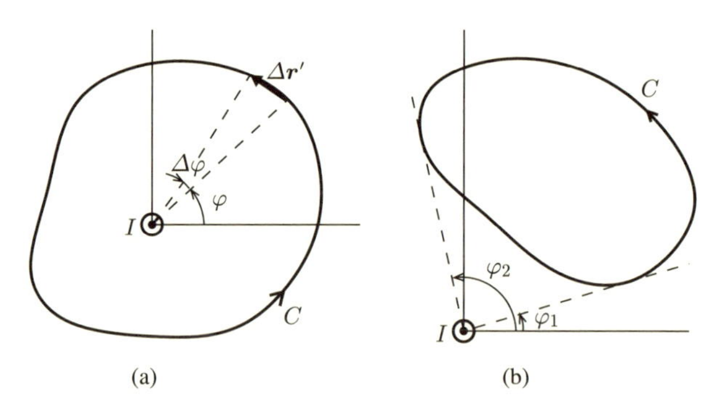

図 4.13 電流が貫く閉回路 (a) と貫かない閉回路 (b)

4) R, z が φ の一価関数でない場合は，閉曲線 C を適当に分割し，それぞれの中で一価関数となるようにすればよい．

$$\oint_C \boldsymbol{B} \cdot d\boldsymbol{r}' = \int_{\varphi_1}^{\varphi_2} \frac{\mu_0 I}{2\pi} d\varphi + \int_{\varphi_2}^{\varphi_1} \frac{\mu_0 I}{2\pi} d\varphi = 0$$

である．直線電流が多数あるとき，各電流 I_i がつくる磁束密度を $\boldsymbol{B}_i$ とすると

$$\oint_C \boldsymbol{B} \cdot d\boldsymbol{r} = \sum_i \oint_C \boldsymbol{B}_i \cdot d\boldsymbol{r} = \mu_0 \sum_k I_k$$

となる．ただし右辺の和は閉曲線 C を貫く電流 I_k のみについてとる．このように，直線電流の集合がつくる磁場中においてアンペールの法則が一般的に成り立つことが示された．

■ アンペールの法則の一般的証明

次に，アンペールの法則が任意の定常電流分布による一般の静磁場中において成立することを示そう．閉曲線 C に沿った磁束密度の線積分を考える際，C を周とする曲面 S を図 4.14 のように 2 つの曲面 S_1 と S_2 に分割し，その周を C_1, C_2 とする．これらの周に沿った磁束密度の周積分の和は，2 つの面の境界部分に沿った線積分が互いに打ち消し合うため元の閉曲線 C に沿った周積分と等しくなる．

$$\oint_C \boldsymbol{B} \cdot d\boldsymbol{r} = \oint_{C_1} \boldsymbol{B} \cdot d\boldsymbol{r} + \oint_{C_2} \boldsymbol{B} \cdot d\boldsymbol{r}$$

さらに面の分割を進めていくと，閉曲線 C に沿った磁束密度の周積分は，C を周とする曲面を分割してできる微小な面素片の周 C_k に沿った周積分の和で

$$\oint_C \boldsymbol{B} \cdot d\boldsymbol{r} = \sum_k \oint_{C_k} \boldsymbol{B} \cdot d\boldsymbol{r}$$

と表すことができる．

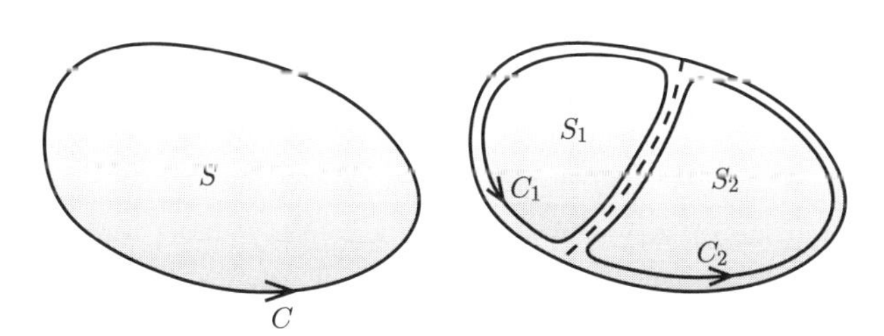

図 4.14 閉曲線 C に沿った周積分の分割

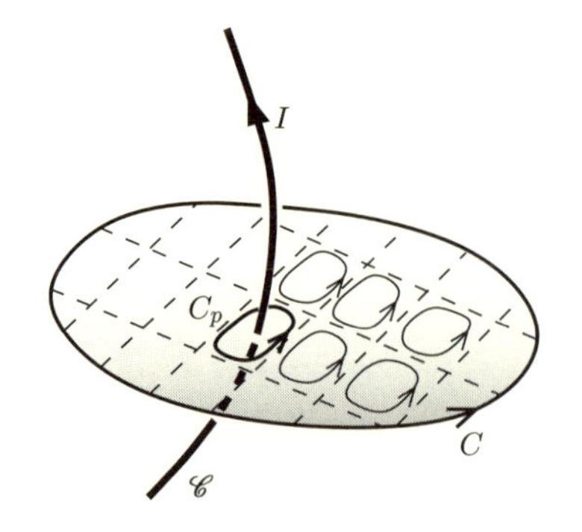

図 4.15　導線 𝒞 を流れる電流 I のまわりの閉回路 C の微小回路への分割

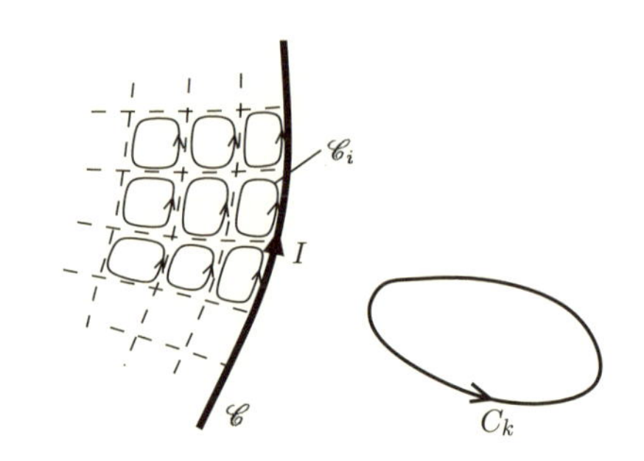

図 4.16　電流 I が貫かない閉回路 C_k．電流素回路 $\mathscr{C}_i$ からは十分遠方とみなせるので，$\mathscr{C}_i$ に起因する磁束密度の C_k に沿った周積分は 0 である．

いま，電流 I のつくる磁場中に閉曲線 C を考える．図 4.15 のように閉曲線 C で囲まれる曲面 S を微小な面素片 S_k に分割していくと，電流 I が C を貫いている場合には，面素片のうちの 1 つだけを電流 I が貫く．この面素片を S_p とする．十分小さな面素片 S_p に対しては電流 I は無限に長い直線電流とみなせるので，この周 C_p に沿った磁束密度の周積分は $\mu_0 I$ に等しい．

次に，電流が貫いていない閉回路 C_k $(k \neq p)$ について考える．定常電流は必ずループをつくっている．上で考えた直線電流も，実際には遠方でループをつくっているものの一部にほかならない．電流 I がある閉回路 $\mathscr{C}$ に沿って流れているとする．4.2 節で，任意の電流回路は図 4.11 に示したように微小な電流素回路の和で表せることを述べた．図 4.16 のように電流 I を縁とする曲面を C_k と交わらないように選び，電流 I のつくる磁場を曲面上の電流素回路 $\mathscr{C}_i$ による磁場の重ね合わせで表す．十分小さな電流素回路 $\mathscr{C}_i$ からは，電流が貫かないいかなる閉回路 C_k も十分遠方とみなせるので，4.2 節で示したようにそこでの磁場は保存性をもち，C_k に沿った周積分は 0 となる．$\mathscr{C}$ を流れる電流がつくる磁場は電流素回路 $\mathscr{C}_i$ がつくる磁場を足し合わせたものであるから，$\mathscr{C}$ を流れる電流がつくる磁場の閉回路 C_k に沿った線積分は 0 となることが結論づけられる．

以上より，閉曲線 C に沿った磁束密度の線積分は

$$\oint_C \boldsymbol{B} \cdot d\boldsymbol{r} = \sum_i \oint_{C_i} \boldsymbol{B} \cdot d\boldsymbol{r}$$

$$= \begin{cases} \displaystyle\oint_{C_p} \boldsymbol{B} \cdot d\boldsymbol{r} = \mu_0 I & (I \text{ が } C \text{ を貫くとき}) \\ 0 & (I \text{ が } C \text{ を貫かないとき}) \end{cases}$$

となる．この関係は複数の電流がある場合にも容易に拡張できる．また，連続的な電流分布の場合も空間を電流密度に沿った細い線状の部分に分割することにより線電流の集合とみなせるので，やはり同じ法則が成立する．こうしてアンペールの法則が一般的に証明された．

4.4 アンペールの法則の応用

アンペールの法則は，対称性のある電流分布のまわりに生じる磁場を計算するうえでも有用である．この節ではそのようないくつかの例を取り上げる．

例題 4.2 無限に長い円柱内の一様電流

無限に長い円柱状の導線に一様な電流密度の電流が流れているとき，導線の内部および外部に生じる磁場を求めよ．

【解答】 z 軸を中心軸とする断面の半径 a の円柱内部を，z 軸方向に一様な電流密度の電流 I が流れているとする．電流分布の対称性より，磁場は z 軸のまわりを旋回する向きに生じ，その強さは z 軸からの距離 R の関数 $B(R)$ で表される．そこで，図 4.17 のように z 軸を中心軸とする半径 R の円 C を考えると，磁束密度は C の接線方向で，その大きさは C 上で一定であるから，C に沿った磁束密度の周積分は

$$\oint_C \boldsymbol{B} \cdot d\boldsymbol{r} = 2\pi R B(R)$$

と表される．図 4.17 (a) のように回路 C を導線の外部 $(R > a)$ にとると，C を貫く電流は導線を流れる電流 I に等しい．また，図 4.17 (b) のように回路 C を導線の内部 $(R \leq a)$ にとると，C を貫いて流れる電流は電流密度 $\dfrac{I}{\pi a^2}$

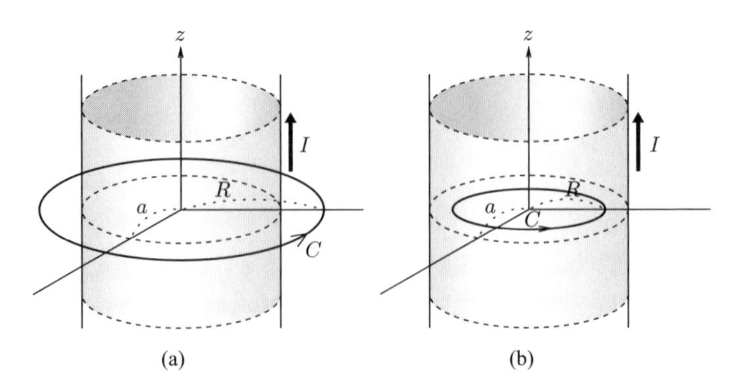

図 4.17　円柱を流れる電流による磁場の計算

と回路 C で囲まれる面積 πR^2 との積により $\dfrac{R^2}{a^2}I$ で与えられる．したがってアンペールの法則により

$$2\pi R B(R) = \begin{cases} \mu_0 I & (R > a) \\ \mu_0 \dfrac{R^2}{a^2} I & (R \leq a) \end{cases}$$

$$\therefore\ B(R) = \begin{cases} \dfrac{\mu_0 I}{2\pi R} & (R > a) \\ \dfrac{\mu_0 I R}{2\pi a^2} & (R \leq a) \end{cases} \tag{4.27}$$

が得られる．□

上で得られた磁場は，導線の外側 $(R > a)$ では導線の半径 a によらず，直線電流がつくる磁場 (4.10) に一致する．

例題 4.3　無限に長いソレノイド

無限に長いソレノイドに電流を流したとき，ソレノイドの内部および外部に生じる磁場を求めよ．

【解答】　z 軸を中心軸とする断面の半径 a，単位長さあたりの巻き数 n の無限に長いソレノイドに電流 I を流したときに生じる磁場を考える．4.1 節ではビオ-サバールの法則を用いてソレノイドの軸上に生じる磁束密度が $\mu_0 nI$ に等しいことを示したが，さらにアンペールの法則を利用することにより任意の点に生じる磁束密度を調べることができる．電流分布の対称性により，磁場はソレノイドの軸と平行な向きに生じ，その強さは軸からの距離 R の関数 $B(R)$

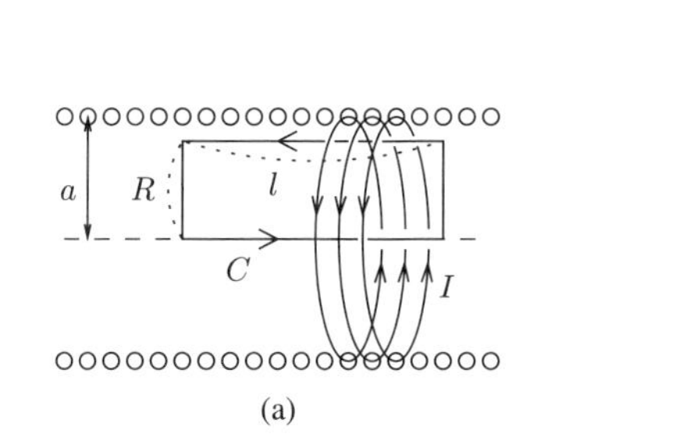

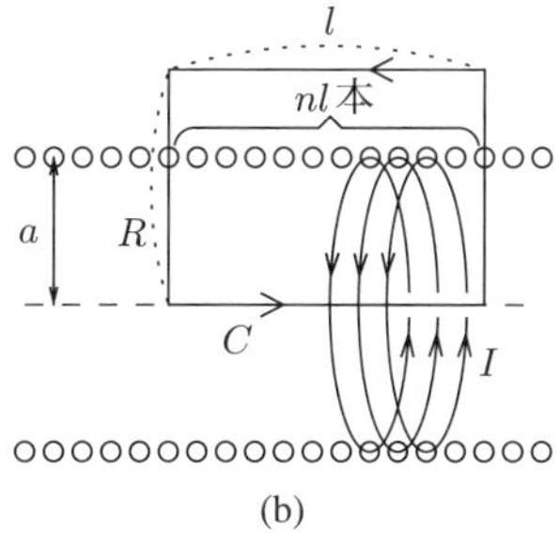

図 4.18　ソレノイドのまわりの磁場の計算

でなければならない．図4.18のような，1つの辺がソレノイドの軸上にある長さ l，幅 R の長方形回路 C を考える．この回路に沿った磁束密度の線積分は

$$\oint_C \boldsymbol{B} \cdot d\boldsymbol{r} = B(0)l - B(R)l = (\mu_0 I - B(R))l$$

と求められる．また回路 C を貫く電流は，図4.18(a) より $R < a$ では 0，図4.18(b) より $R > a$ では nl 本の電流が貫くので nlI に等しい．よって，アンペールの法則により

$$(\mu_0 nI - B(R))l = \begin{cases} 0 & (R < a) \\ \mu_0 nlI & (R > a) \end{cases}$$

$$\therefore\ B(R) = \begin{cases} \mu_0 nI & (R < a) \\ 0 & (R > a) \end{cases} \tag{4.28}$$

となる．したがって，ソレノイド内部には磁束密度 $\mu_0 nI$ の一様な磁場が生じ，ソレノイドの外部には磁場は生じない．□

4.5　磁束密度に関するガウスの法則

2.4節で電場に関するガウスの法則を導いたが，これとよく似た形の法則が磁束密度についても成り立つ．電場中の電束に対応して，磁場の生じている空間中の曲面 S を貫く**磁束** (magnetic flux) $\varPhi_S$ を，磁束密度 $\boldsymbol{B}$ の曲面 S に関する面積分

$$\varPhi_S \equiv \int_S \boldsymbol{B} \cdot d\boldsymbol{S} \tag{4.29}$$

により定義しよう．磁束の単位は Wb (ウェーバー) で，$1\,\mathrm{Wb} = 1\,\mathrm{T} \cdot \mathrm{m}^2 = 1\,\mathrm{J/A}$ である．磁束に関して，以下のような法則が成り立つ．

磁束密度に関するガウスの法則 (積分形)

任意の電流分布がつくる磁場に対して，いかなる閉曲面 S を貫く磁束も 0 である.

$$\oint_S \boldsymbol{B} \cdot d\boldsymbol{S} = 0 \tag{4.30}$$

この法則が一般的に正しいことを示そう．任意の磁場は，電流素片のつくる磁場の重ね合わせにより得られるので，1 つの電流素片がつくる磁場 (4.1) について上のガウスの法則が成り立つことを示せば十分である.

ビオ-サバールの法則より，電流素片のつくる磁場の磁束線は電流素片を延長した直線を軸とする円を描く．いま，閉曲面 S 上に微小な面積 ΔS_i の面素片を考え，磁場はこの面を S の外側から内側に向かって貫いているとする．この面素片 ΔS_i の周上の点を通る磁束線の集合は図 4.19 (a) のようなトーラス状 (ドーナツ型) の閉曲面をつくり，これを磁束管という．ここで，この磁束管の任意の断面を貫く磁束が一定値をとることを示そう．この磁束管の内部には一定の大きさ B_i の磁束密度が生じており，磁場に垂直な直断面の面積を ΔS_0 とするとこの断面を貫く磁束は $B_i \Delta S_0$ に等しい．図 4.19 (b) のような面素片 ΔS_i の法線ベクトル $\boldsymbol{e}_\mathrm{n}$ と磁場 $\boldsymbol{B}_i$ の成す角を θ とすると $\Delta S_0 = \Delta S_i \cos\theta$ であるから，この面を貫く磁束を計算すると

$$\boldsymbol{B}_i \cdot \Delta S_i \boldsymbol{e}_\mathrm{n} = B_i \Delta S_i \cos\theta = B_i \Delta S_0$$

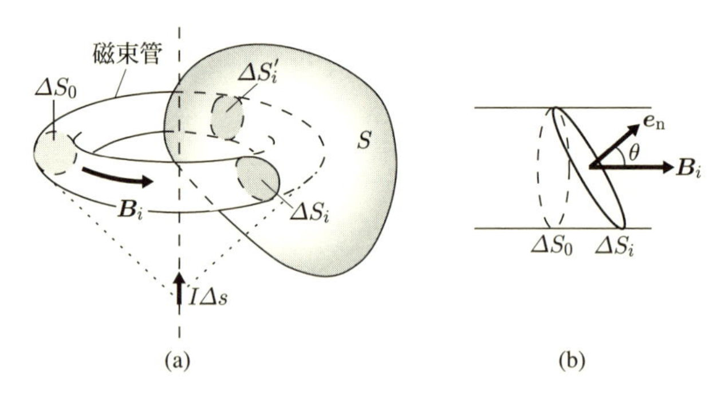

図 4.19 磁束密度に関するガウスの法則の証明

となり，θ によらず一定の値をもつことがわかる．微小曲面 ΔS_i を閉曲面 S の外側から内側に向けて貫いた磁束管は，再び閉曲面 S を，別の位置の面素片 $\Delta S_i'$ において今度は内側から外側に向けて貫く．この面素片を貫く磁束の大きさは面素片 ΔS_i を貫く磁束の大きさに等しいので，両者の寄与は打ち消し合って 0 となる．閉曲面 S は，上のような互いに磁束が打ち消し合う面素片の対に分解できるので，

$$\oint_S \boldsymbol{B}\cdot d\boldsymbol{S} = \sum_i \left(\int_{\Delta S_i} \boldsymbol{B}\cdot d\boldsymbol{S} + \int_{\Delta S_i'} \boldsymbol{B}\cdot d\boldsymbol{S} \right) = 0$$

よって任意の閉曲面 S を貫く磁束が 0 となることが示された．

磁束密度に関するガウスの法則も磁場の基本法則の 1 つであり，磁場の性質を調べる際にしばしば重要な役割を果たす．

4.6 静磁場の微分法則 *

■ アンペールの法則の微分形

電場に関する積分形のガウスの法則を微小体積要素に適用することにより電荷と電場の間の局所的な関係を表す微分形のガウスの法則が導かれたのと同様に，アンペールの法則を微小閉回路に適用することにより電流と磁場に関する局所的な法則を導くことができる．

2.6 節で電場の保存性を表す微分法則を導いたときと同様に，まず最初に x 軸に垂直な平面上に，図 2.21 のような 2 辺の長さが Δy, Δz の微小な長方形回路 C_x を考える．この回路に沿った磁束密度の線積分は式 (2.28) と同様に

$$\oint_{C_x} \boldsymbol{B}\cdot d\boldsymbol{r} = \left(\frac{\partial B_z}{\partial y} - \frac{\partial B_y}{\partial z} \right) \Delta y \Delta z \tag{4.31}$$

となる．この回路を貫く電流は $j_x \Delta y \Delta z$ であるから，アンペールの法則により

$$\frac{\partial B_z}{\partial y} - \frac{\partial B_y}{\partial z} = \mu_0 j_x \tag{4.32a}$$

が成り立つことがわかる．同様に y 軸，z 軸に垂直な微小長方形回路にアンペールの法則を適用することにより，それぞれ関係式

$$\frac{\partial B_x}{\partial z} - \frac{\partial B_z}{\partial x} = \mu_0 j_y, \tag{4.32b}$$

$$\frac{\partial B_y}{\partial x} - \frac{\partial B_x}{\partial y} = \mu_0 j_z \tag{4.32c}$$

が得られる．これらをまとめると，ベクトル場 $\boldsymbol{B}$ と電流密度 $\boldsymbol{j}$ が空間の各点で

$$\nabla \times \boldsymbol{B} = \mu_0 \boldsymbol{j} \tag{4.33}$$

という方程式を満たすことがわかる．これが微分形のアンペールの法則である．

アンペールの法則 (微分形)

電流密度 $\boldsymbol{j}(\boldsymbol{r})$ の定常電流が分布する空間中に生じる静磁場の磁束密度が $\boldsymbol{B}(\boldsymbol{r})$ であるとき，任意の点における $\boldsymbol{B}$ の回転はその点での電流密度と真空の透磁率 μ_0 の積に等しい．

$$\nabla \times \boldsymbol{B} = \mu_0 \boldsymbol{j} \tag{4.33}$$

これは，空間の各点での電流分布と磁束密度とを関係づける静磁場の基本方程式の 1 つである．

■ 磁場に関するガウスの法則の微分形

2.6 節と同じ手順により，磁場に関するガウスの法則を微分形で表そう．磁束密度の微小直方体体積要素 ΔV の表面に関する面積分は，式 (1.9) や (2.32) と同様に

$$\oint \boldsymbol{B} \cdot d\boldsymbol{S} = (\nabla \cdot \boldsymbol{B}) \Delta V$$

と計算されるが，この値が任意の微小体積要素に対して 0 であることから $\nabla \cdot \boldsymbol{B} = 0$ が空間の各点で成り立たなくてはならない．これが磁場に関する微分形のガウスの法則である．

磁場に関するガウスの法則 (微分形)

任意の電流分布がつくる磁場に対して，空間の各点における磁束密度の発散は 0 である．

$$\nabla \cdot \boldsymbol{B} = 0 \tag{4.34}$$

磁場に関するガウスの法則も磁場の基本方程式の 1 つである．

4.7　ベクトルポテンシャル *

第 2 章で示したように，静電場は一般に保存場であり，スカラー場 $\phi(\boldsymbol{r})$ の勾配により $\boldsymbol{E}(\boldsymbol{r}) = -\boldsymbol{\nabla}\phi(\boldsymbol{r})$ と表される．このスカラー場が電位 (静電ポテンシャル) であり，電荷密度 $\rho(\boldsymbol{r})$ を用いて

$$\phi(\boldsymbol{r}) = \frac{1}{4\pi\varepsilon_0}\int\frac{\rho(\boldsymbol{r}')}{|\boldsymbol{r}-\boldsymbol{r}'|}dV' \tag{2.12}$$

のように与えられる．これに対応する，磁束密度を与えるポテンシャルについて考えてみよう．

磁気モーメントがつくる磁場 (回転電流が遠方につくる磁場) は保存性をもち，式 (4.24) のように磁位 $\phi_m(\boldsymbol{r})$ の勾配を用いて表すことができたが，電流のつくる一般的な静磁場が保存性をもたないことはアンペールの法則から明らかである．電流密度 $\boldsymbol{j}(\boldsymbol{r})$ で表される一般の定常電流分布がつくる磁束密度は，ビオ-サバールの法則により

$$\boldsymbol{B}(\boldsymbol{r}) = \frac{\mu_0}{4\pi}\int\frac{\boldsymbol{j}(\boldsymbol{r}')\times(\boldsymbol{r}-\boldsymbol{r}')}{|\boldsymbol{r}-\boldsymbol{r}'|^3}dV' \tag{4.7}$$

と表される．いま，関係式

$$\boldsymbol{\nabla}\frac{1}{|\boldsymbol{r}-\boldsymbol{r}'|} = -\frac{\boldsymbol{r}-\boldsymbol{r}'}{|\boldsymbol{r}-\boldsymbol{r}'|^3}$$

に注意すると，式 (4.7) は

$$\boldsymbol{B}(\boldsymbol{r}) = -\frac{\mu_0}{4\pi}\int\boldsymbol{j}(\boldsymbol{r}')\times\boldsymbol{\nabla}\frac{1}{|\boldsymbol{r}-\boldsymbol{r}'|}dV' = \frac{\mu_0}{4\pi}\boldsymbol{\nabla}\times\int\frac{\boldsymbol{j}(\boldsymbol{r}')}{|\boldsymbol{r}-\boldsymbol{r}'|}dV'$$

のように変形することができる．ここでベクトル場 $\boldsymbol{A}(\boldsymbol{r})$ を

$$\boldsymbol{A}(\boldsymbol{r}) = \frac{\mu_0}{4\pi}\int\frac{\boldsymbol{j}(\boldsymbol{r}')}{|\boldsymbol{r}-\boldsymbol{r}'|}dV' \tag{4.35}$$

により定義すると，電流分布 $\boldsymbol{j}(\boldsymbol{r})$ のつくる磁束密度が

$$\boldsymbol{B}(\boldsymbol{r}) = \boldsymbol{\nabla}\times\boldsymbol{A}(\boldsymbol{r}) \tag{4.36}$$

のように表されることがわかる．このベクトル場 $\boldsymbol{A}(\boldsymbol{r})$ を，磁束密度 $\boldsymbol{B}(\boldsymbol{r})$ の**ベクトルポテンシャル**という．式 (4.35) はちょうど電位 $\phi(\boldsymbol{r})$ の式 (2.12) の電荷密度 ρ と誘電率 ε_0 を，それぞれ電流密度 $\boldsymbol{j}$ と透磁率の逆数 $1/\mu_0$ に置き換えた形をしており，電荷密度と電位・電場の関係が電流密度とベクトルポ

テンシャル・磁束密度の関係に対応していることが見てとれる．

式 (4.35) において，特に電流分布が導線 Γ に沿った線状の電流 I である場合は，関係式 (4.6) を用いることにより

$$\boldsymbol{A}(\boldsymbol{r}) = \frac{\mu_0 I}{4\pi} \int_{\Gamma} \frac{d\boldsymbol{r}'}{|\boldsymbol{r} - \boldsymbol{r}'|} \tag{4.37}$$

と表される．

静電場が電位の勾配で表されることは，付録 A.4 の定理 (A.40) に示されているように電場が渦なしであること ($\boldsymbol{\nabla} \times \boldsymbol{E} = 0$) と同値である．また，磁束密度がベクトルポテンシャルの回転で表されることは，同じく付録 A.4 の定理 (A.41) に示されているように磁束密度が湧き出しなしの場であること ($\boldsymbol{\nabla} \cdot \boldsymbol{B} = 0$) と同値である．静電場と静磁場，およびそれらのポテンシャルの対応を表 4.1 にまとめておく．

表 4.1　静電場と静磁場のポテンシャルの対応

	電　気	磁　気
場と源	電場 $\boldsymbol{E}$，電荷密度 ρ $\boldsymbol{\nabla} \cdot \boldsymbol{E} = \dfrac{\rho}{\varepsilon_0}$	磁束密度 $\boldsymbol{B}$，電流密度 $\boldsymbol{j}$ $\boldsymbol{\nabla} \times \boldsymbol{B} = \mu_0 \boldsymbol{j}$
ポテンシャル	電位 ϕ $\boldsymbol{\nabla} \times \boldsymbol{E} = 0$ $\Leftrightarrow\ \boldsymbol{E} = -\boldsymbol{\nabla}\phi$	ベクトルポテンシャル $\boldsymbol{A}$ $\boldsymbol{\nabla} \cdot \boldsymbol{B} = 0$ $\Leftrightarrow\ \boldsymbol{B} = \boldsymbol{\nabla} \times \boldsymbol{A}$
ポテンシャルと場の源	$\phi(\boldsymbol{r}) = \dfrac{1}{4\pi\varepsilon_0} \displaystyle\int \dfrac{\rho(\boldsymbol{r}')}{\lvert\boldsymbol{r} - \boldsymbol{r}'\rvert} dV'$	$\boldsymbol{A}(\boldsymbol{r}) = \dfrac{\mu_0}{4\pi} \displaystyle\int \dfrac{\boldsymbol{j}(\boldsymbol{r}')}{\lvert\boldsymbol{r} - \boldsymbol{r}'\rvert} dV'$
例	一様電場 $\boldsymbol{E}_0$ $\phi(\boldsymbol{r}) = -\boldsymbol{E}_0 \cdot \boldsymbol{r}$ 電気双極子モーメント $\boldsymbol{p}$ $\phi(\boldsymbol{r}) = \dfrac{1}{4\pi\varepsilon_0} \dfrac{\boldsymbol{p} \cdot \boldsymbol{r}}{\lvert\boldsymbol{r}\rvert^3}$	一様磁場 $\boldsymbol{B}_0$ $\boldsymbol{A}(\boldsymbol{r}) = \dfrac{1}{2} \boldsymbol{B}_0 \times \boldsymbol{r}$ 磁気モーメント $\boldsymbol{m}$ $\boldsymbol{A}(\boldsymbol{r}) = \dfrac{\mu_0}{4\pi} \dfrac{\boldsymbol{m} \times \boldsymbol{r}}{\lvert\boldsymbol{r}\rvert^3}$

例題 4.4 一様磁場のベクトルポテンシャル

z 軸方向の一様磁場 $\boldsymbol{B}_0 = (0, 0, B_0)$ がベクトルポテンシャル

$$\boldsymbol{A} = \frac{1}{2} B_0(-y, x, 0)$$

により導かれることを示せ.

【解答】 $\boldsymbol{A}$ の回転が $\boldsymbol{B}_0$ に等しいことを示せばよい.

$$\begin{aligned}\boldsymbol{\nabla} \times \boldsymbol{A} &= \left(\frac{\partial A_z}{\partial y} - \frac{\partial A_y}{\partial z}, \frac{\partial A_x}{\partial z} - \frac{\partial A_z}{\partial x}, \frac{\partial A_y}{\partial x} - \frac{\partial A_x}{\partial y}\right) \\ &= (0, 0, B_0) = \boldsymbol{B}_0\end{aligned}$$

□

このベクトルポテンシャルは, 一様磁場を生じるソレノイドの電流分布を用いて式 (4.35) により導かれる《☞ 付録 C.1》. なお, 一般の一様磁場 $\boldsymbol{B}_0$ を与えるベクトルポテンシャルは

$$\boldsymbol{A} = \frac{1}{2}\boldsymbol{B}_0 \times \boldsymbol{r} \tag{4.38}$$

と表すことができる. このことは, ベクトル積の微分公式 (A.36) を用いて $\boldsymbol{A}$ の回転を計算することにより確かめられる.

$$\boldsymbol{\nabla} \times \boldsymbol{A} = \frac{1}{2}\{\boldsymbol{B}_0(\boldsymbol{\nabla} \cdot \boldsymbol{r}) - (\boldsymbol{B}_0 \cdot \boldsymbol{\nabla})\boldsymbol{r}\} = \frac{1}{2}(3\boldsymbol{B}_0 - \boldsymbol{B}_0) = \boldsymbol{B}_0$$

例題 4.5 磁気モーメントによるベクトルポテンシャル

原点に置かれた磁気モーメント $\boldsymbol{m}$ による磁束密度

$$\boldsymbol{B}(\boldsymbol{r}) = \frac{\mu_0[3\boldsymbol{r}(\boldsymbol{r} \cdot \boldsymbol{m}) - r^2\boldsymbol{m}]}{4\pi r^5} \tag{4.19}$$

がベクトルポテンシャル

$$\boldsymbol{A}(\boldsymbol{r}) = \frac{\mu_0}{4\pi}\frac{\boldsymbol{m} \times \boldsymbol{r}}{r^3} \tag{4.39}$$

から導かれることを示せ.

【解答】 上の例と同じく, 公式 (A.36) により

$$\boldsymbol{\nabla} \times \boldsymbol{A} = \frac{\mu_0}{4\pi}\left[\boldsymbol{m}\left(\boldsymbol{\nabla} \cdot \frac{\boldsymbol{r}}{r^3}\right) - (\boldsymbol{m} \cdot \boldsymbol{\nabla})\frac{\boldsymbol{r}}{r^3}\right]$$

$$= \frac{\mu_0}{4\pi}\left[\boldsymbol{m}\cdot\left(\frac{3}{r^3}-3\boldsymbol{r}\cdot\frac{\boldsymbol{r}}{r^5}\right)-\frac{\boldsymbol{m}}{r^3}+\frac{3\boldsymbol{m}\cdot\boldsymbol{r}}{r^5}\boldsymbol{r}\right]$$

$$= \frac{\mu_0}{4\pi}\frac{3(\boldsymbol{m}\cdot\boldsymbol{r})\boldsymbol{r}-|\boldsymbol{r}|^2\boldsymbol{m}}{r^5} \qquad \square$$

このベクトルポテンシャル (4.39) は，磁気モーメント $\boldsymbol{m}$ を生じる微小回転電流の電流分布を用いて式 (4.35) により導くことができる《☞ 付録C.2》.

演習問題 4

4.1 2 辺の長さが a, b の長方形コイルを流れる電流 I が長方形の中心 (対角線の交点) につくる磁束密度を求めよ.

4.2 円電流の中心付近の磁場は一様とみなせるが，2 つの円電流を組み合わせると，より一様性の高い磁場を実現することができる．z 軸を中心軸とする半径 a の 2 つの 1 巻き円形コイルを，点 $(0, 0, \pm l)$ を中心として配置し，等しい電流 I を同じ向きに流す.

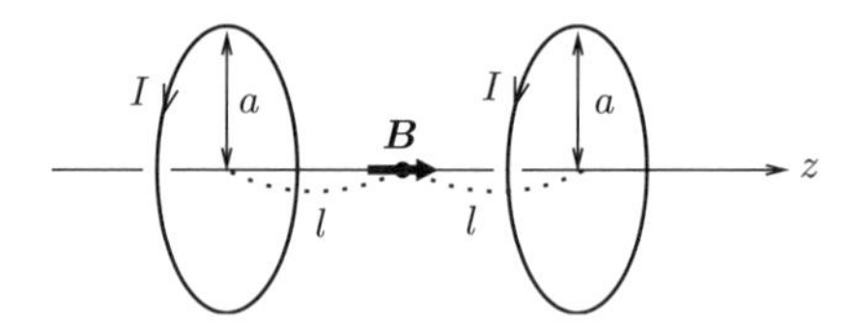

(a) z 軸上に生じる磁束密度 $B(z)$ を求めよ.

(b) $B(z)$ を原点のまわりで z の 2 次までテイラー展開し，原点近傍の磁場が最も一様となる l を求めよ．このような配置の円形コイル対を**ヘルムホルツコイル**[5)]という.

(c) ある地点での地磁気の強さを 30×10^{-6} T とする．$a = 3\,\mathrm{cm}$ のヘルムホルツコイルにより，その中央に地磁気と逆向きの磁場を発生させて磁場を消去するには，コイル対にどれだけの電流を流せばよいか.

4.3 真空中で，xz 面上の $x = a$ および $x = -a$ の位置に，z 軸に平行な直線状の導線 1 および 2 が置かれている.

(a) 導線 1, 2 に，それぞれ電流 I が流れているとき，点 $(0, y, 0)$ に生じる磁束密度を求めよ.

---

5) このコイル対を最初に提唱した物理学者ヘルムホルツ (H.L.F. von Helmholtz，ドイツ) は，電気力学や熱力学など物理学の多方面に重要な業績を残している.

(b) 導線 1 および 2 に，それぞれ電流 I および $-I$ が流れているとき，点 $(0, y, 0)$ に生じる磁束密度を求めよ．

4.4 厚さ a の無限に広い導体平板に，一様な電流密度 j_0 の電流が流れているとき，導体板の内部および外部に生じる磁束密度を求めよ．

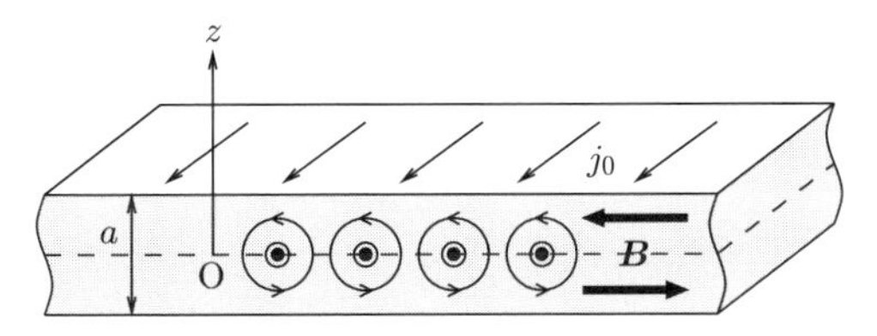

4.5 z 軸に沿って正の向きに流れる無限に長い直線電流 I がつくる磁場中で，質量 m，電荷 q $(q > 0)$ の荷電粒子を，点 $(R_0, 0, 0)$ から速度 $(-v_0, 0, 0)$ で発射する．この荷電粒子が電流に最も近づくときの電流からの距離を求めよ．

5 物質中の静電磁場

これまでの章で，電荷や電流が真空中につくる電磁場の性質を調べてきた．この章では物質中での電磁場の性質を導く．物質はすべて原子からできている．原子は正の電荷をもつ原子核と負の電荷をもつ電子で構成されており，内部に電荷分布をもつほか，原子内での電子の回転運動やスピンに起因する磁気モーメントをもつ．これらは物質に加えられた電磁場によってどのように変化し，物質中の電磁場にどのような影響を及ぼすだろうか．

5.1 誘電体と電気分極

物質には電気を通しやすいものと通しにくいものとがあるが，その違いは物質内を自由に動きまわることのできる自由電子の有無によって生じる．電気を通しやすい物質である導体の内部には多くの自由電子が存在し，これが導体のまわりの静電場の性質に対して重要な役割を果たすことを第3章で学んだ．この節では，電気をほとんど通さない誘電体中における静電場の性質を調べよう．

誘電体分子内の電子は原子核に強く束縛されており，分子の外に出てくることはほとんど起こらない．誘電体に電場を加えるとクーロン力によって分子内部での電荷分布が変化し，負電荷の中心と正電荷の中心とが電場方向にずれて，分子が電気双極子モーメントをもつようになる．このように正負電荷の中心がずれた電荷分布による電場は，分子から十分遠方では，位置のずれた正負の点電荷がつくる電場，すなわち電気双極子のつくる電場で近似できる．このように電場により分子内の電荷分布が変化して電気双極子モーメントを帯びる現象を**誘電分極** (dielectric polarization) という (図5.1)．

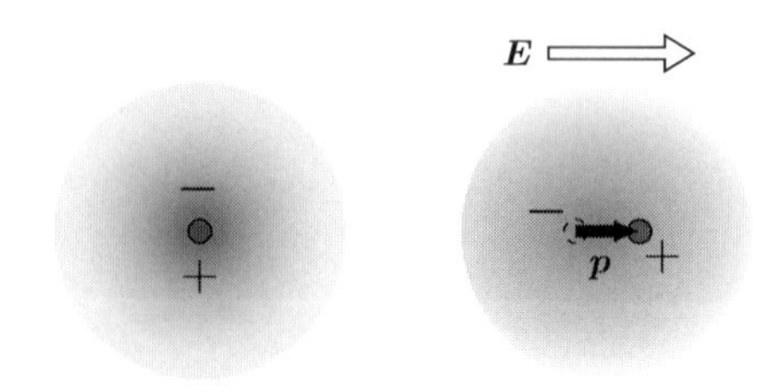

図 5.1 電場による誘電体原子の誘電分極．電場を加えると負電荷の中心 (白丸) が原子核の位置 (黒丸) からずれて電気双極子モーメントを生じる．

物質の誘電分極を記述する際，物質中の個々の分子の電気双極子モーメントは熱ゆらぎによりばらばらの大きさと向きをもつが，位置 $\boldsymbol{r}$ 近傍の十分多くの分子を含む微小体積 ΔV 内で各分子 i のもつ電気双極子モーメント $\boldsymbol{p}_i$ の和をとると位置 $\boldsymbol{r}$ のなめらかな関数とみなすことができる．これを単位体積あたりに換算したベクトル量

$$\boldsymbol{P}(\boldsymbol{r}) = \frac{1}{\Delta V}\sum_i \boldsymbol{p}_i$$

を**電気分極**，または単に**分極** (polarization) とよぶ．分極の単位は $\mathrm{C/m^2}$ である．

物質によっては，外部から電場を加えなくても分極 (自発分極) を生じるものもあり，そのような性質を**強誘電性**という．強誘電性を示す物質である強誘電体には，計算機の大容量記憶装置などに重要な用途がある．自発分極をもたない通常の誘電体を，強誘電体と区別するため常誘電体とよぶ．以下では常誘電体について考える．

分極による物質内の電気双極子モーメントは電場をつくるので，導体の誘導電荷と同様に物質のまわりの電場に影響を及ぼす．いま，一様な電場 $\boldsymbol{E}_0$ の生じている空間に，厚さ l の一様な誘電体の板を板面が電場と垂直になるよう配置したとする．このとき誘電体内には電場方向に大きさ P の一様な分極が生じるが，分極が一様である場合は誘電体内部の分極によって各分子に現れる正負の電荷が分極方向に隣接する分子どうしで相殺するため，巨視的な電荷分布は誘電体の表面のみに現れる (図 5.2 右)．この表面電荷を**表面分極電荷**といい，単位面積あたりに生じる表面電荷 σ_{p} を表面分極電荷密度という．

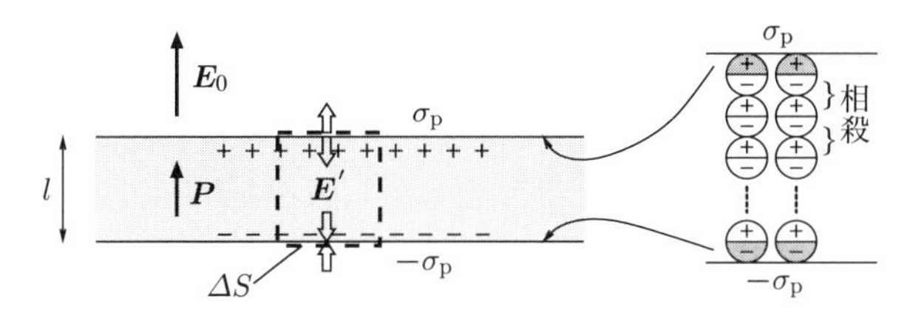

図 5.2　電場中の誘電体に生じる分極電荷

図5.2左のように，誘電体板に垂直な微小断面積 ΔS の柱状部分を考えると，この部分に生じている電気双極子モーメントは分極 P と体積 $\Delta S \cdot l$ の積により $P\Delta S \cdot l$ と表される．またこの部分は，2つの底面に生じている電荷 $\pm\sigma_\mathrm{p}\Delta S$ が間隔 l で結合した電気双極子とみなせるので，その電気双極子モーメントは $\sigma_\mathrm{p}\Delta S \cdot l$ である．この2つの表式が同じ量を表すものであることから，分極ベクトルの大きさと表面分極電荷密度の間に

$$\sigma_\mathrm{p} = P$$

の関係が成り立つことがわかる．

ガウスの法則により，この表面電荷は誘電体表面に垂直に大きさ $E' = \dfrac{\sigma_\mathrm{p}}{2\varepsilon_0}$ の電場をつくる．誘電体板の2つの面がつくる電場は，誘電体の内部で強め合い，誘電体の外部では打ち消し合うので，誘電体内部での電場が

$$E = E_0 - 2E' = E_0 - \frac{P}{\varepsilon_0} \tag{5.1}$$

のような変化を受けることがわかる．

通常の誘電体では，分極ベクトルは誘電体内部の電場に比例し

$$\boldsymbol{P} = \varepsilon_0 \chi_\mathrm{e} \boldsymbol{E} \tag{5.2}$$

と表される．無次元の正の係数 χ_e は**電気感受率** (electric susceptibility) といい，物質に固有の定数である．この関係を用いると，外から電場 E_0 が加えられた誘電体板内の電場 (5.1) は

$$E = E_0 - \chi_\mathrm{e} E, \quad E = \frac{1}{1+\chi_\mathrm{e}} E_0$$

と表される．

5.2 誘電体中のガウスの法則

いま，分極 $\boldsymbol{P}$ が生じている誘電体内部に図5.3のような分極ベクトルに垂直な面積 ΔS の面素片を底面とし，長さ方向が分極の向きに一致する微小体積要素を考える．電荷分布を保ったままこの部分だけを切り出してきたとすると，底面には分極による表面電荷が現れ，上で示したようにその表面電荷密度 σ_{p} は分極の大きさ P に等しい．ここで，図5.3右のように底面の法線ベクトル $\boldsymbol{e}_{\mathrm{n}}$ を分極ベクトルの向きから角度 θ 傾けたとき，底面積は $\Delta S/\cos\theta$ となるが，底面に分布する電荷の量は変化しないので，表面分極電荷密度 σ_{p} と分極ベクトル $\boldsymbol{P}$ の間には一般に

$$\sigma_{\mathrm{p}}\Delta S/\cos\theta = P\Delta S, \quad \therefore\ \sigma_{\mathrm{p}} = P\cos\theta = \boldsymbol{P}\cdot\boldsymbol{e}_{\mathrm{n}} \tag{5.3}$$

の関係が成り立つ．したがって面素片 $\Delta\boldsymbol{S} = \Delta S\boldsymbol{e}_{\mathrm{n}}$ に分布する表面分極電荷 ΔQ_{p} は

$$\Delta Q_{\mathrm{p}} = \sigma_{\mathrm{p}}\Delta S = \boldsymbol{P}\cdot\Delta\boldsymbol{S}$$

と表される．

前述のように，誘電体内部の分極が一様であればとなり合う体積要素に生じる分極電荷が境界面で完全に打ち消し合うので，分極電荷は誘電体の表面だけに分布する．しかし，分極が一様でない場合は誘電体内部にも分極電荷密度 ρ_{p} が生じる．以下では分極電荷と区別するため，外部に取り出すことのできる電荷を「真電荷」(true charge) とよび，真電荷密度を ρ_{e} と記す．真電荷密度 ρ_{e} に分極電荷密度 ρ_{p} を考慮して，誘電体内部の閉曲面 S にガウスの法則を適用する．

$$\varepsilon_0 \oint_S \boldsymbol{E}\cdot d\boldsymbol{S} = \int_V (\rho_{\mathrm{e}} + \rho_{\mathrm{p}})dV \tag{5.4}$$

ここで，仮に分極を保ったまま S で囲まれる部分を切り出したとすると表面

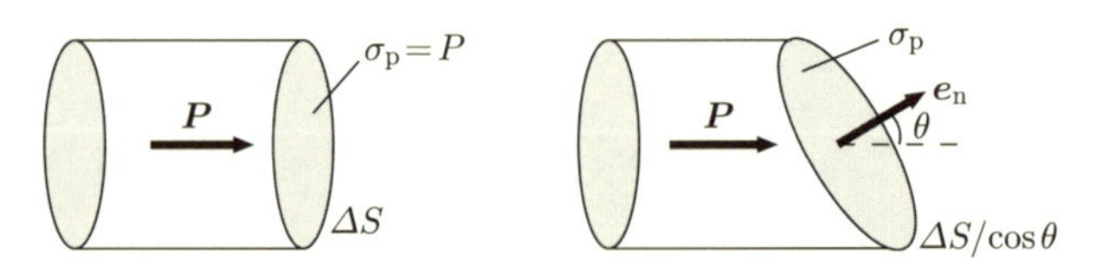

図 5.3 誘電体の分極と表面分極電荷

に分極電荷が現れ，その表面分極電荷密度は $\sigma_{\mathrm{p}} = \boldsymbol{P} \cdot \boldsymbol{e}_{\mathrm{n}}$ ($\boldsymbol{e}_{\mathrm{n}}$ は面の法線ベクトル) と表される．誘電体の任意の部分に含まれる分極電荷の総量は 0 であるから

$$\oint_S \sigma_{\mathrm{p}} dS + \int_V \rho_{\mathrm{p}} dV = 0$$

$$\therefore \quad \int_V \rho_{\mathrm{p}} dV = -\oint_S \sigma_{\mathrm{p}} dS = -\oint_S \boldsymbol{P} \cdot d\boldsymbol{S} \tag{5.5}$$

が成り立ち，この関係式を用いると式 (5.4) は

$$\varepsilon_0 \oint_S \boldsymbol{E} \cdot d\boldsymbol{S} = \int_V \rho_{\mathrm{e}} dV - \oint_S \boldsymbol{P} \cdot d\boldsymbol{S},$$

$$\oint_S (\varepsilon_0 \boldsymbol{E} + \boldsymbol{P}) \cdot d\boldsymbol{S} = \int_V \rho_{\mathrm{e}} dV \tag{5.6}$$

のように分極電荷を含まない形に表されることがわかる．ここで左辺の面積分に現れるベクトル場

$$\boldsymbol{D} \equiv \varepsilon_0 \boldsymbol{E} + \boldsymbol{P} \tag{5.7}$$

により物質中の**電束密度** (electric flux density) $\boldsymbol{D}$ を定義し，その面積分により物質中の電束を定義する．電束密度の単位は分極と同じ $\mathrm{C/m^2}$ である．これを用いて物質中のガウスの法則は以下のように表される．

物質中のガウスの法則 (積分形)

物質中の任意の閉曲面 S を貫く電束は，その内部に含まれる真電荷の総量に等しい．

$$\oint_S \boldsymbol{D} \cdot d\boldsymbol{S} = \int_V \rho_{\mathrm{e}} dV \tag{5.8}$$

分極と電場の比例関係 (5.2) を用いると，電束密度と電場の間に

$$\boldsymbol{D} = (1 + \chi_{\mathrm{e}})\varepsilon_0 \boldsymbol{E} = \varepsilon \boldsymbol{E} \tag{5.9}$$

の関係が成り立つ．この比例係数

$$\varepsilon = (1 + \chi_{\mathrm{e}})\varepsilon_0 \tag{5.10}$$

を誘電体の**誘電率** (permittivity) といい，その真空の誘電率との比

$$\kappa_{\mathrm{e}} = \frac{\varepsilon}{\varepsilon_0} = 1 + \chi_{\mathrm{e}}$$

を**比誘電率**，または**相対誘電率** (relative permittivity) という．関係式 (5.9) は真空中での電束密度 $\boldsymbol{D} = \varepsilon_0 \boldsymbol{E}$ 《☞ 2.4 節》を一般の物質中に拡張した定義となっている．

コンデンサーの電極間の空間を誘電体で満たすと電気容量を大きくすることができる．たとえば面積 S の極板を間隔 d で配置した平行板コンデンサーの極板間を誘電率 ε の誘電体で満たすた場合，電荷 Q が蓄えられているときに極板間に生じる電束密度はガウスの法則により $D = Q/S$ であり，極板間電圧は

$$V = Ed = \frac{D}{\varepsilon} d = \frac{Qd}{\varepsilon S},$$

よって電気容量は

$$C = \frac{Q}{V} = \frac{\varepsilon S}{d}$$

となり，誘電率 ε に比例する．このように，極板間を誘電体で満たしたコンデンサーを誘電体コンデンサーという．

例題 5.1 極板間を誘電体で満たした平行板コンデンサー

極板面積 S，極板間隔 d の平行板コンデンサーにおいて，図のように極板間の空間の半分 (斜線部) を比誘電率 $\kappa_{\mathrm{e}} = 3$ の誘電体で満たすと，誘電体がない場合と比べてコンデンサーの電気容量は何倍に増加するか．

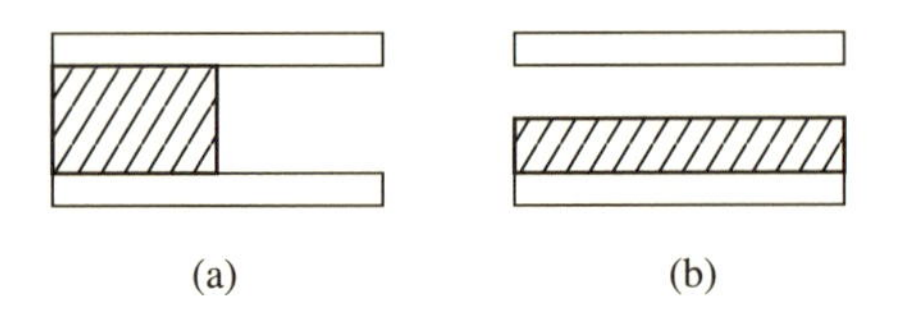

【解答】

(a) 極板間の電圧を V とすると電場は V/d で，ガウスの法則より真空部分の電荷は $Q_1 = \varepsilon_0 VS/2d$，誘電体部の電荷は $Q_2 = 3\varepsilon_0 VS/2d$ である．したがって電気容量は

$$C = \frac{Q_1 + Q_2}{V} = \frac{(1+3)\varepsilon_0 S}{2d} = \frac{2\varepsilon_0 S}{d}$$

で，2 倍に増加する．

(b) 極板の電荷を Q とすると電束密度は $D = Q/S$ であり，真空部分の電位差は $V_1 = (d/2)D/\varepsilon_0 = dQ/2\varepsilon_0 S$，誘電体部分の電位差は $V_2 = (d/2)D/3\varepsilon_0 = dQ/6\varepsilon_0 S$ である．したがって電気容量は

$$C = \frac{Q}{V_1 + V_2} = \frac{1}{\frac{1}{2} + \frac{1}{6}} \frac{\varepsilon_0 S}{d} = \frac{3\varepsilon_0 S}{2d}$$

で，3/2 倍に増加する．□

誘電体コンデンサーに用いられるものなど，いくつかの物質の比誘電率の値を表 5.1 に記す．極板間を PET などのプラスチックで満たすことにより，コンデンサーの電気容量は数倍大きくなる．大容量のコンデンサーには酸化アルミニウム (アルミナ) やチタン酸バリウムなどの誘電率の大きな物質 (強誘電体) が利用されている．液体ではベンゼンに比べてエタノールや水の比誘電率が桁違いに大きな値をもつが，これは水やエタノールの分子がもともと電気双極子モーメントをもつ有極性分子であることによる．空気もわずかに分極を起こすが，誘電率はほぼ真空の誘電率に等しいとみなしてよい．

表 5.1　室温 (20 °C) での物質の比誘電率 κ_e

物 質 名	κ_e	用　途
ポリエチレンテレフタレート (PET)	~ 3	フィルムコンデンサー，同軸ケーブル
酸化アルミニウム	~ 9.3	電解質コンデンサー
チタン酸バリウム	1200	セラミックコンデンサー
ベンゼン	2.3	
エタノール	25.1	
水	80.4	
空気 (1 気圧)	1.000594	

5.3　物質の磁性と磁化

物質に磁場を加えると，物質内部に磁気モーメントが生じる．このような物質の性質を**磁性**といい，磁性の違いによって物質をいくつかの種類に分類する

ことができる[1]．物質の磁性を記述する際，誘電体の分極と同様に，十分多くの分子を含む体積 ΔV 内で個々の分子がもつ磁気モーメント $\boldsymbol{m}_i$ の和を考えると位置のなめらかな関数とみなすことができ，これを単位体積あたりに換算したベクトル量

$$\boldsymbol{M} = \frac{1}{\Delta V} \sum_i \boldsymbol{m}_i$$

を物質の**磁化** (magnetization) という．磁化の単位は A/m である．E-H 対応では，これに真空の透磁率 μ_0 を乗じた**磁気分極** $\boldsymbol{P}_{\mathrm{m}} = \mu_0 \boldsymbol{M}$ が用いられる《☞ 5.7 節》．

磁性には，磁場と同じ向きの磁化を生じる**常磁性** (paramagnetism) と磁場と逆向きの磁化を生じる**反磁性** (diamagnetism) がある．誘電分極は常に電場と同じ向きに生じるが，磁性に関しては磁場と逆向きの磁化を生じる反磁性体も珍しくない．このことからも磁気モーメントが「磁気双極子」と本質的に異なることがうかがい知れる．外部から磁場を加えなくても磁化 (自発磁化) を生じる物質もあり，その性質を**強磁性** (ferromagnetism) という．強磁性を示す物質である強磁性体には，電磁石コイルの芯材料や計算機の記憶装置などの用途がある．そのほか，となり合うスピンが逆向きになるように整列して平均の磁化を 0 とする**反強磁性**を示す物質や，外部からの磁場が超電導物質内で磁化によって完全に打ち消される**完全反磁性**という現象も知られている．以下では自発磁化をもたない常磁性体と反磁性体について考える．

ここで簡単のため，一様な磁場を生じる系として十分長いソレノイドを考え，このソレノイドに電流を流したときソレノイド内に生じる磁束密度を B_0 とする．このソレノイドの内部を物質で満たすと，物質内に一様な磁化 M が生じる．磁気モーメントは回転電流と等価であるから，物質を磁化の方向の長さが Δl で断面積が ΔS の微小体積要素に分割し，各微小要素の側面に沿ってこの微小要素を取り囲むように回転電流 $J_{\mathrm{m}} \Delta l$ (J_{m} は単位長さあたりの回転電流) が流れているとみなす．各微小要素のもつ磁気モーメントは磁化 M と体積 $\Delta V = \Delta l \Delta S$ の積で与えられるが，これが面積 ΔS の周を流れる回転電流

1) 磁性を議論するときに物質のことを「磁性体」とよぶことがあるが，これは磁性を示す特別な物質という意味ではなく物質一般を指している．「磁性体材料」というときなど強磁性体の意味で用いられることもあり，用語の曖昧さを避けるため本書では「物質」と記している．

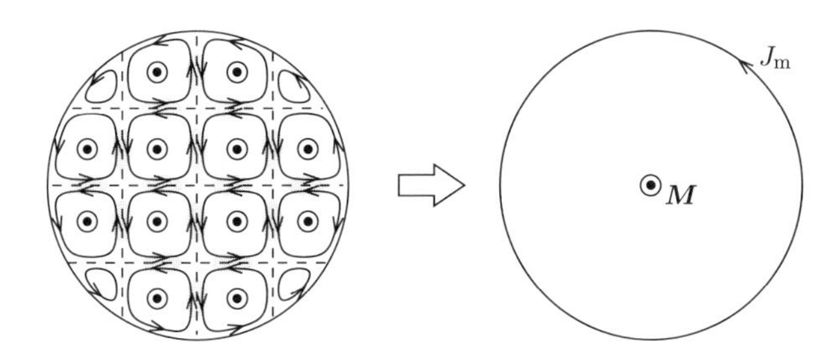

図 5.4　一様に磁化した物質中の磁化電流の分布 (左図). 内部のとなり合う磁化電流は境界面で互いに打ち消し合い, 表面の磁化電流のみが残る (右図).

$J_\mathrm{m}\Delta l$ の磁気モーメント $(J_\mathrm{m}\Delta l)\Delta S$ とも表されることから

$$M\Delta V = (J_\mathrm{m}\Delta l)\Delta S = J_\mathrm{m}\Delta V, \quad \therefore\ J_\mathrm{m} = M \tag{5.11}$$

が成り立つ. このような物質の磁化と等価な磁気モーメントを与える回転電流を**磁化電流** (magnetization current) という. 一様な磁場中では各微小体積要素の磁化電流は等しいので, 図 5.4 のようにとなり合う微小領域の境界上で磁化電流は打ち消し合い, 物質表面を流れる磁化電流のみが残る. したがって, この磁化電流は単位長さあたりの電流 (単位長さあたりの巻き数 × 電流) が J_m のソレノイドと同じで磁束密度 $B' = \mu_0 J_\mathrm{m}$ をつくり, 物質内部の磁束密度は

$$B = B_0 + \mu_0 J_\mathrm{m} = B_0 + \mu_0 M$$

となる. 外部から加えられた磁束密度 $\boldsymbol{B}_0$ に対して常磁性体では同じ向きの磁化, 反磁性体では逆向きの磁化が生じるが, その値は $\boldsymbol{B}_0$ に比例しており,

$$\boldsymbol{M} = \frac{\chi_\mathrm{m}}{\mu_0}\boldsymbol{B}_0 \tag{5.12}$$

と表される. この無次元の比例係数 χ_m を**磁化率** (magnetic susceptibility) という. 磁気感受率, もしくは帯磁率ともよばれる. 磁化率は物質固有の定数であり, 常磁性体では正の値, 反磁性体では負の値をとる. いくつかの物質の磁化率の値を表 5.2 に挙げておく. アルミニウムは常磁性体, 銅や銀は反磁性体であり, 水も反磁性体である. 気体分子の多くは反磁性を示すことが知られているが, 酸素分子は常磁性体で気体の中では例外的に大きな磁化率をもち, そのため空気は常磁性を示す. 鉄やニッケルは強磁性体であり, 表 5.2 に示した磁化率は磁場を加えたときの磁化と磁場のおおよその比を与える参考値で

表 5.2 室温 (20 °C) での物質の磁化率 χ_{m}

物質名	χ_{m}
アルミニウム	$+2.1 \times 10^{-5}$
銅	-9.6×10^{-6}
水	-9.0×10^{-6}
酸素	$+3.7 \times 10^{-7}$
窒素	-5.1×10^{-9}
鉄	$\sim 2 \times 10^{5}$
ニッケル	~ 600

ある．

誘電体の分極と電場の比例関係 (5.2) との対応で考えると，磁化と磁束密度の比例関係 (5.12) に $\boldsymbol{B}$ でなく $\boldsymbol{B}_0$ が用いられることに疑問をもつであろう．磁化率をこのように定義した理由については次の 5.4 節で述べる．この比例関係を用いると，電流が真空中につくる磁束密度 B_0 と物質中につくる磁束密度 B の間に

$$B = (1 + \chi_{\mathrm{m}})B_0$$

の関係が成り立つことがわかる．

5.4 物質中のアンペールの法則

物質中では電流によって生じた磁場によって磁気モーメントが誘起され，それがつくる新たな磁場が電流と磁場の間の関係に影響を及ぼす．このことに留意して真空中のアンペールの法則を物質中の場合に拡張しよう．磁気モーメントは磁化電流と等価であるから，真空中のアンペールの法則に磁化電流を考慮することによって物質の磁化の影響をとり入れることができる．磁化電流と区別するためキャリア電荷の流れである電流を伝導電流 (conduction current) とよぶ．閉曲線 C を周とする曲面 S を貫く伝導電流を I_{e}, 磁化電流を I_{m} とすると，アンペールの法則は

$$\oint_C \boldsymbol{B} \cdot d\boldsymbol{r} = \mu_0 (I_{\mathrm{e}} + I_{\mathrm{m}}) \tag{5.13}$$

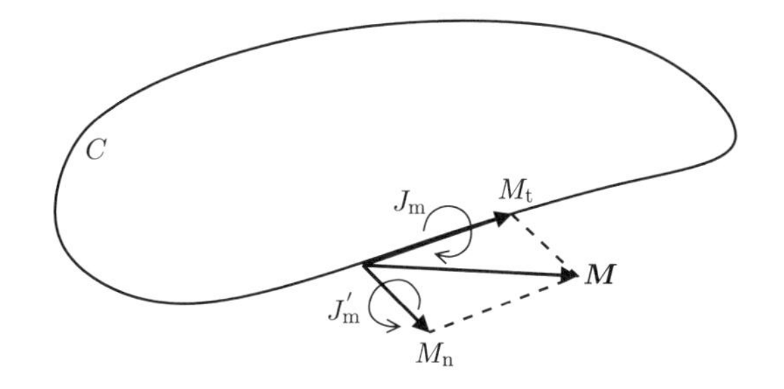

図 5.5 閉曲線上の磁化と磁化電流．接線方向の磁化にともなう磁化電流 $J_{\rm m}$ は C を貫くが，法線方向の磁化にともなう磁化電流 $J'_{\rm m}$ は C を貫く正味の磁化電流とはならない．

と表される．しかし，磁化電流は測定することのできない仮想的な物理量であるから，上で求めた関係式 (5.11) に注意してこれを磁化ベクトルを用いて表すことを考える．

閉曲線 C を貫く正味の磁化電流は，閉曲線 C の各部を旋回する (または C と絡み合う，錯交する，などと表現される) 磁化電流によって与えられる．いま閉曲線 C 上の微小線要素 $\Delta\boldsymbol{r} = \Delta r\,\boldsymbol{e}_{\rm t}$ ($\boldsymbol{e}_{\rm t}$ は接線方向の単位ベクトル) のまわりを流れる磁化電流について考える．この位置での磁化 $\boldsymbol{M}$ を，曲線の接線方向の成分 $M_{\rm t}$ と法線方向の成分 $M_{\rm n}$ に分解すると，図 5.5 のように接線成分にともなう磁化電流 $J_{\rm m}$ は閉曲線 C を貫くが，法線成分にともなう磁化電流 $J'_{\rm m}$ は C を貫く正味の磁化電流とはならない．法線方向の磁化 $M_{\rm t}$ にともなう単位長さあたりの磁化電流は式 (5.11) より $J_{\rm m} = M_{\rm t} = \boldsymbol{M}\cdot\boldsymbol{e}_{\rm t}$ と表されるので，微小線要素 $\Delta\boldsymbol{r}$ において C を貫く磁化電流は

$$\Delta I_{\rm m} = J_{\rm m}\Delta r = \boldsymbol{M}\cdot\boldsymbol{e}_{\rm t}\Delta r = \boldsymbol{M}\cdot\Delta\boldsymbol{r}$$

と表される．これを閉曲線全体について足し合わせることにより，C を貫く磁化電流は

$$I_{\rm m} = \sum \Delta I_{\rm m} = \sum \boldsymbol{M}\cdot\Delta\boldsymbol{r} = \oint_C \boldsymbol{M}\cdot d\boldsymbol{r} \tag{5.14}$$

のように磁化ベクトル $\boldsymbol{M}$ の C に沿った周積分で表される．この関係を式 (5.13) に用いると，アンペールの法則を磁化電流を陽に含まない形で

$$\oint_C \boldsymbol{B}\cdot d\boldsymbol{r} = \mu_0 I_{\mathrm{e}} + \mu_0 \oint_C \boldsymbol{M}\cdot d\boldsymbol{r}$$

と表すことができ，右辺の周積分を左辺に移項して両辺を μ_0 で除すると

$$\oint_C \left(\frac{\boldsymbol{B}}{\mu_0} - \boldsymbol{M}\right)\cdot d\boldsymbol{r} = I_{\mathrm{e}} \tag{5.15}$$

が得られる．この左辺の周積分に現れるベクトル場により磁場 $\boldsymbol{H}$ を

$$\boldsymbol{H} = \frac{\boldsymbol{B}}{\mu_0} - \boldsymbol{M} \tag{5.16}$$

と定義する．これは 4.2 節で導入した磁荷間の磁気力を媒介する磁場 $\boldsymbol{H} = \boldsymbol{B}/\mu_0$ を一般の媒質中に拡張した定義となっている[2)]．これを用いることにより，物質中のアンペールの法則は

$$\oint_C \boldsymbol{H}\cdot d\boldsymbol{r} = I_{\mathrm{e}} \tag{5.17}$$

と表される．すなわち，任意の閉曲線 C に沿った磁場 $\boldsymbol{H}$ の周積分は，C を周とする曲面 S を貫く伝導電流 I_{e} に等しい．一般に，伝導電流密度 $\boldsymbol{j}_{\mathrm{e}}(\boldsymbol{r})$ を用いて，アンペールの法則 (積分形) は以下のように表される．

物質中のアンペールの法則 (積分形)

任意の閉曲線 C に沿った磁場 $\boldsymbol{H}$ の周積分は，C を周とする任意の曲面 S を貫く伝導電流 I_{e} に等しい．

$$\oint_C \boldsymbol{H}\cdot d\boldsymbol{r} = I_{\mathrm{e}} = \int_S \boldsymbol{j}_{\mathrm{e}}\cdot d\boldsymbol{S} \tag{5.18}$$

磁化と磁束密度の比例関係 (5.12) における右辺の $\boldsymbol{B}_0$ は，磁束密度から磁化の影響を取り除いたもの，すなわち $\boldsymbol{B} - \mu_0\boldsymbol{M} = \mu_0\boldsymbol{H}$ に対応するので

$$\boldsymbol{M} = \chi_{\mathrm{m}}\boldsymbol{H} \tag{5.19}$$

と表される．すなわち，磁化率 χ_{m} は磁化 $\boldsymbol{M}$ と磁場 $\boldsymbol{H}$ の間の比例係数である．前節で磁化と磁束密度の比例関係 (5.12) に $\boldsymbol{B}$ でなく $\boldsymbol{B}_0$ を用いたのは，磁化率のこの定義に合わせるためである．

2) ベクトル $\boldsymbol{H}$ は旧来「磁場の強さ」の名称でよばれてきた．同様に磁化ベクトル $\boldsymbol{M}$ も「磁化の強さ」とよばれていたが，ベクトル量に対して「強さ」とはその大きさを指すものであり，あまり適切な用語とはいえない．近年の文献ではこれらの用語は使われなくなりつつある．

この式を (5.16) に代入して変形することにより磁束密度 $\boldsymbol{B}$ と磁場 $\boldsymbol{H}$ の間の関係式

$$\boldsymbol{B} = (1 + \chi_{\mathrm{m}})\mu_0 \boldsymbol{H} = \kappa_{\mathrm{m}}\mu_0 \boldsymbol{H} = \mu \boldsymbol{H} \tag{5.20}$$

が得られる．$\mu \equiv (1+\chi_{\mathrm{m}})\mu_0$ を物質の**透磁率** (permiability) という．μ の μ_0 に対する比 $\kappa_{\mathrm{m}} \equiv \mu/\mu_0 = 1 + \chi_{\mathrm{m}}$ は**比透磁率**，あるいは**相対透磁率** (relative permiability) とよばれる物質固有の定数であり，常磁性体では $\kappa_{\mathrm{m}} > 1$，反磁性体では $\kappa_{\mathrm{m}} < 1$ の値をもつ．

例題 5.2　強磁性体芯材を用いたソレノイド内に生じる磁場

断面積 S，長さ l，単位長さあたりの巻き数 n の十分長いソレノイド内に透磁率 μ の強磁性体芯材を挿入する．このソレノイドに電流 I を流したとき，ソレノイド内に生じる磁束密度を求めよ．

【解答】 図 4.18 と同様の長方形回路にアンペールの法則を適用することにより，ソレノイド内部の磁場は $H = nI$．よって磁束密度は $B = \mu H = \mu n I$．ソレノイドの芯材に鉄などの強磁性体を用いることにより強い磁場を発生させることができる《☞ 表 5.2》．□

5.5　物質中の静電磁場の微分法則 *

上で導いた物質中の静電磁場の基本法則を，空間の各点での電磁場と電荷・電流密度，および物質に生じる分極と磁化の間に成り立つ局所的な微分法則の形式で表そう．

■ 電場のガウスの法則

誘電体内部の閉曲面 S で囲まれる領域を V とする．ガウスの法則 (5.8) の左辺にガウスの定理 (A.38) を適用すると

$$\oint_S \boldsymbol{D} \cdot d\boldsymbol{S} = \int_V (\boldsymbol{\nabla} \cdot \boldsymbol{D}) dV = \int_V \rho_{\mathrm{e}} dV \tag{5.21}$$

が得られる．この式が任意の領域 V に対して成り立つことから

$$\boldsymbol{\nabla} \cdot \boldsymbol{D} = \rho_{\mathrm{e}} \tag{5.22}$$

が導かれる．これが微分形で表した物質中のガウスの法則である．

誘電体中の分極が一様でない場合には分極電荷が誘電体内部に体積分布し，分極電荷密度 ρ_{p} が生じる．ここで閉曲面の内部の分極電荷とその表面に現れる分極電荷の和が 0 であることを表す関係式

$$\int_V \rho_{\mathrm{p}} dV = -\oint_S \sigma_{\mathrm{p}} dS = -\oint_S \boldsymbol{P} \cdot d\boldsymbol{S}$$

の右辺にガウスの定理 (A.38) を適用すると

$$\int_V \rho_{\mathrm{p}} dV = -\int_V (\boldsymbol{\nabla} \cdot \boldsymbol{P}) dV$$

となり，これが任意の領域 V について成り立つことから

$$\rho_{\mathrm{p}} = -\boldsymbol{\nabla} \cdot \boldsymbol{P} \tag{5.23}$$

が導かれる．この関係式を用いてガウスの法則を電場 $\boldsymbol{E}$ について書くと

$$\varepsilon_0 \boldsymbol{\nabla} \cdot \boldsymbol{E} + \boldsymbol{\nabla} \cdot \boldsymbol{P} = \rho_{\mathrm{e}},$$

$$\boldsymbol{\nabla} \cdot \boldsymbol{E} = \frac{1}{\varepsilon_0}(\rho_{\mathrm{e}} + \rho_{\mathrm{p}}), \quad \rho_{\mathrm{p}} = -\boldsymbol{\nabla} \cdot \boldsymbol{P} \tag{5.24}$$

となる．

■ アンペールの法則

物質中の任意の閉曲線 C に対して，C を周とする曲面 S をとる．積分形のアンペールの法則 (5.18) の左辺にストークスの定理 (A.39) を適用すると

$$\oint_C \boldsymbol{H} \cdot d\boldsymbol{r} = \int_S (\boldsymbol{\nabla} \times \boldsymbol{H}) \cdot d\boldsymbol{S} = \int_S \boldsymbol{j}_{\mathrm{e}} \cdot d\boldsymbol{S} \tag{5.25}$$

となり，この関係が任意の曲面 S について成り立つことから

$$\boldsymbol{\nabla} \times \boldsymbol{H} = \boldsymbol{j}_{\mathrm{e}} \tag{5.26}$$

が得られる．これが微分形で表した物質中のアンペールの法則である．

物質の磁化による磁束密度は，等価な磁化電流のつくる磁束密度に置き換えられるが，磁化が一様でないときには磁化電流は物質内部に体積分布し，磁化電流密度 $\boldsymbol{j}_{\mathrm{m}}$ を生じる．この磁化電流密度を用いて，閉曲線 C を周とする曲面 S を貫く磁化電流は

$$I_{\mathrm{m}} = \int_S \boldsymbol{j}_{\mathrm{m}} \cdot d\boldsymbol{S}$$

と表すことができる．よって式 (5.14) より

$$\int_S \boldsymbol{j}_{\mathrm{m}} \cdot d\boldsymbol{S} = \oint_C \boldsymbol{M} \cdot d\boldsymbol{r}$$

が成り立つ．この右辺にストークスの定理 (A.39) を適用すると

$$\int_S \boldsymbol{j}_{\mathrm{m}} \cdot d\boldsymbol{S} = \int_S (\boldsymbol{\nabla} \times \boldsymbol{M}) \cdot d\boldsymbol{S}$$

となるが，これが任意の曲面 S について成り立つことから

$$\boldsymbol{j}_{\mathrm{m}} = \boldsymbol{\nabla} \times \boldsymbol{M} \tag{5.27}$$

が各点で成り立つことが導かれる[3]．この関係を用いてアンペールの法則を磁束密度 $\boldsymbol{B}$ について書くと

$$\frac{1}{\mu_0} \boldsymbol{\nabla} \times \boldsymbol{B} - \boldsymbol{\nabla} \times \boldsymbol{M} = \boldsymbol{j}_{\mathrm{e}}$$

$$\boldsymbol{\nabla} \times \boldsymbol{B} = \mu_0 (\boldsymbol{j}_{\mathrm{e}} + \boldsymbol{j}_{\mathrm{m}}), \quad \boldsymbol{j}_{\mathrm{m}} = \boldsymbol{\nabla} \times \boldsymbol{M} \tag{5.28}$$

となる．

物質中の電磁場の基本法則

- **物質中のガウスの法則 (微分形)**

  電束密度 $\boldsymbol{D} = \varepsilon_0 \boldsymbol{E} + \boldsymbol{P}$ の発散は，真電荷密度に等しい．

$$\boldsymbol{\nabla} \cdot \boldsymbol{D} = \rho_{\mathrm{e}} \tag{5.22}$$

- **物質中のアンペールの法則 (微分形)**

  磁場 $\boldsymbol{H} = \boldsymbol{B}/\mu_0 - \boldsymbol{M}$ の回転は，伝導電流密度に等しい．

$$\boldsymbol{\nabla} \times \boldsymbol{H} = \boldsymbol{j}_{\mathrm{e}} \tag{5.26}$$

---

3) この関係式は，微小領域の磁化電流の考察から直接導くこともできる《☞ 付録C.4》．

5.6 電場と磁場の境界条件

静電場および静磁場の基本法則を用いることにより，異なる媒質の境界における電場および磁場の接続条件を得ることができる．誘電率と透磁率が ε_1, μ_1 および ε_2, μ_2 の 2 種類の媒質 I, II の境界近傍における電場と磁束密度をそれぞれ $\boldsymbol{E}_1$, $\boldsymbol{B}_1$ および $\boldsymbol{E}_2$, $\boldsymbol{B}_2$ とする．電場 $\boldsymbol{E}_1$ の境界面に垂直な成分を $E_{1\mathrm{n}}$，境界面に沿った成分を $E_{1\mathrm{t}}$ と記す．$\boldsymbol{E}_2$, $\boldsymbol{B}_1$, $\boldsymbol{B}_2$ の成分についても同様の記号を用いる．また，境界面に真電荷や伝導電流は分布していないとする．

電場および磁場に関するガウスの法則を，図 5.6 (a) に示すような境界面上の微小面素片 $\boldsymbol{\Delta S} = \boldsymbol{e}_\mathrm{n}\Delta S$ を断面とする薄い柱体表面 S_{12} に適用すると

$$\oint_{S_{12}} \varepsilon\boldsymbol{E}\cdot d\boldsymbol{S} = (\varepsilon_1\boldsymbol{E}_1 - \varepsilon_2\boldsymbol{E}_2)\cdot\boldsymbol{e}_\mathrm{n}\Delta S = (\varepsilon_1 E_{1\mathrm{n}} - \varepsilon_2 E_{2\mathrm{n}})\Delta S = 0$$

$$\oint_{S_{12}} \boldsymbol{B}\cdot d\boldsymbol{S} = (\boldsymbol{B}_1 - \boldsymbol{B}_2)\cdot\boldsymbol{e}_\mathrm{n}\Delta S = (B_{1\mathrm{n}} - B_{2\mathrm{n}})\Delta S = 0$$

$$\therefore\ \varepsilon_1 E_{1\mathrm{n}} = \varepsilon_2 E_{2\mathrm{n}},\quad B_{1\mathrm{n}} = B_{2\mathrm{n}} \tag{5.29}$$

が得られる．したがって電束密度 $\boldsymbol{D} = \varepsilon\boldsymbol{E}$ および磁束密度 $\boldsymbol{B}$ の法線成分はそれぞれ境界面で連続である．

また，電場の保存性およびアンペールの法則を，図 5.6 (b) に示すような境界面上の線素 $\boldsymbol{\Delta l} = \boldsymbol{e}_\mathrm{t}\Delta l$ に平行な細い長方形回路 C_{12} に適用すると，

$$\oint_{C_{12}} \boldsymbol{E}\cdot d\boldsymbol{r} = (\boldsymbol{E}_1 - \boldsymbol{E}_2)\cdot\boldsymbol{e}_\mathrm{t}\Delta l = (E_{1\mathrm{t}} - E_{2\mathrm{t}})\Delta l = 0$$

$$\oint_{C_{12}} \frac{\boldsymbol{B}}{\mu}\cdot d\boldsymbol{r} = \left(\frac{\boldsymbol{B}_1}{\mu_1} - \frac{\boldsymbol{B}_2}{\mu_2}\right)\cdot\boldsymbol{e}_\mathrm{t}\Delta l = \left(\frac{B_{1\mathrm{t}}}{\mu_1} - \frac{B_{2\mathrm{t}}}{\mu_2}\right) = 0$$

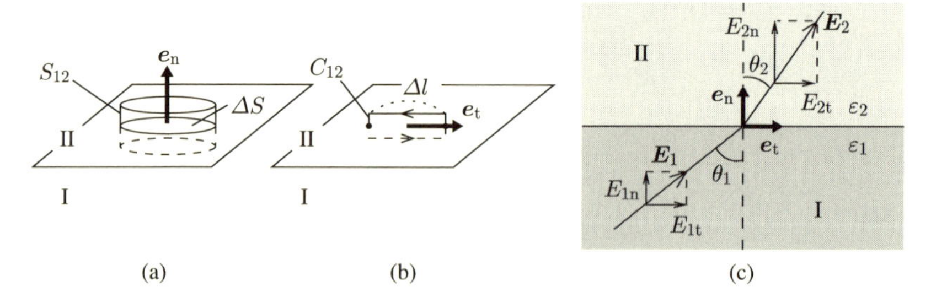

図 5.6 電場の境界条件の導出

$$\therefore\ E_{1\mathrm{t}} = E_{2\mathrm{t}}, \quad \frac{B_{1\mathrm{t}}}{\mu_1} = \frac{B_{2\mathrm{t}}}{\mu_2} \tag{5.30}$$

が得られる．すなわち電場 $\boldsymbol{E}$ および磁場 $\boldsymbol{H} = \boldsymbol{B}/\mu$ の境界面に沿った成分はそれぞれ境界面で連続である．

これらの境界条件を用いると，媒質の境界における電場と磁場の屈折の法則を導くことができる．図 5.6 (c) のように，各媒質内で電場が境界面の法線方向となす角をそれぞれ θ_1, θ_2 とすると，電場の屈折の法則は

$$\frac{\tan\theta_1}{\tan\theta_2} = \frac{E_{1\mathrm{t}}/E_{1\mathrm{n}}}{E_{2\mathrm{t}}/E_{2\mathrm{n}}} = \frac{E_{2\mathrm{n}}}{E_{1\mathrm{n}}} = \frac{\varepsilon_1}{\varepsilon_2} \tag{5.31}$$

と表される．同様に，磁場の屈折の法則は

$$\frac{\tan\theta_1}{\tan\theta_2} = \frac{B_{1\mathrm{t}}/B_{1\mathrm{n}}}{B_{2\mathrm{t}}/B_{2\mathrm{n}}} = \frac{B_{1\mathrm{t}}}{B_{2\mathrm{t}}} = \frac{\mu_1}{\mu_2} \tag{5.32}$$

となる．

例題 5.3 誘電体の境界面に生じる分極電荷

誘電率 ε_1 の物質 I と誘電率 ε_2 の物質 II の 2 つの物質の境界面に垂直に，I から II の向きの電場が加えられている．物質 I 内の電場の強さを E_0 とすると，物質 II 内での電場の強さはいくらか．また境界面に生じる表面分極電荷密度を求めよ．

【解答】 電束密度の法線成分は連続であるから，求める電場の強さ E は

$$\varepsilon_2 E = \varepsilon_1 E_0, \quad E = \frac{\varepsilon_1}{\varepsilon_2} E_0$$

また，式 (5.3) より境界面の表面分極電荷密度 σ_p は，物質 I, II 内の分極の大きさの差に等しい．電束密度の境界条件より

$$\varepsilon_0 E_0 + P_1 = \varepsilon_0 E + P_2$$

を用いると，

$$\sigma_\mathrm{p} = P_1 - P_2 = \varepsilon_0 (E - E_0) = \varepsilon_0 \left(\frac{\varepsilon_1}{\varepsilon_2} - 1 \right) E_0 \qquad \square$$

5.7 E-B 対応と E-H 対応

電気と磁気の対応を考える際，電荷にはたらくローレンツ力を表す場という意味では，電場 $\boldsymbol{E}$ に対応するのは磁束密度 $\boldsymbol{B}$ である．この対応づけを E-B 対応という．このとき電場の源としての電荷には，磁束密度の源としての電流が対応し，電荷を源として空間に生じる電場を表すクーロンの法則には電流を源として空間に生じる磁束密度を表すビオ-サバールの法則が対応する．ガウスの法則において真電荷と結びついた場を表す電束密度 $\boldsymbol{D}$ には，アンペールの法則において伝導電流と結びつけられる場である磁場 $\boldsymbol{H}$ が対応づけられよう．

一方，磁気モーメントに磁気双極子を対応づけて導入される磁荷 q_{m} を磁場の源と位置づけ，点磁荷 q_{m} がクーロンの法則に従ってつくる磁場 $\boldsymbol{H}$ を電場 $\boldsymbol{E}$ に対応させる流儀もあり，E-H 対応という．電荷には磁荷が対応づけられるが，磁荷は一方の磁極だけを取り出すことはできないので，磁気双極子が電気双極子に対応づけられるといったほうが適切であろう．クーロンの法則に現れる係数として誘電率 ε_0 に透磁率 μ_0 が対応し，電場および磁場に関するガウスの法則を表す場として電束密度に磁束密度が対応づけられる．また物質中の電磁場を考える際，電気感受率 χ_{e} は分極 $\boldsymbol{P}$ と電場 $\boldsymbol{E}$ の間の比例係数，磁化率 χ_{m} は磁気分極 $\boldsymbol{P}_{\mathrm{m}}$ と磁場 $\boldsymbol{H}$ の間の比例係数であるから，これらの物理量の定義は E-H 対応に基づいている．真空中の電磁場の基本法則において，場 $\boldsymbol{E}, \boldsymbol{D}$ はそれぞれ場 $\boldsymbol{H}, \boldsymbol{B}$ と同じ形の方程式に従っており，5.6 節で導いた異なる媒質の境界における場の接続条件 (5.29), (5.30) も

$$
\begin{aligned}
&E_{1t} = E_{2t}, \quad H_{1t} = H_{2t} \\
&D_{1n} = D_{2n}, \quad B_{1n} = B_{2n}
\end{aligned}
$$

のように E-H, D-B の対応で表される．

このように，E-B 対応が物理的な役割に基づく対応関係であるのに対して，E-H 対応は法則の類似性に立脚した対応関係ということができよう．両者における電気と磁気の対応関係を表 5.3 にまとめた．なお，この表の E-B 対応のところで電気と磁気の対応がより明確になるよう，透磁率 μ の代わりにその逆数 $\bar{\mu} = 1/\mu$，磁化率 χ_{m} の代わりに磁化 $\boldsymbol{M}$ と磁束密度 $\boldsymbol{B}$ の間の比例関係 $\boldsymbol{M} = \bar{\chi}_{\mathrm{m}}\bar{\mu}_0\boldsymbol{B}$ を記述するための係数 $\bar{\chi}_{\mathrm{m}}$ などを用いたが，これらバーつきの量はこの表の中だけのものであって一般には用いられないことを断っておく．

表 5.3　静電磁場の E-B 対応と E-H 対応の比較

● E-B 対応

電　気	磁　気
電場のクーロンの法則 $\boldsymbol{E}(\boldsymbol{r}) = \int \frac{\rho(\boldsymbol{r}')(\boldsymbol{r}-\boldsymbol{r}')}{4\pi\varepsilon_0 \lvert\boldsymbol{r}-\boldsymbol{r}'\rvert^3} dV'$	ビオ-サバールの法則 $\boldsymbol{B}(\boldsymbol{r}) = \int \frac{\boldsymbol{j}(\boldsymbol{r}') \times (\boldsymbol{r}-\boldsymbol{r}')}{4\pi\bar{\mu}_0 \lvert\boldsymbol{r}-\boldsymbol{r}'\rvert^3} dV'$ $\left(\bar{\mu}_0 = \frac{1}{\mu_0}\right)$
電場のガウスの法則 $\varepsilon_0 \boldsymbol{\nabla} \cdot \boldsymbol{E} = \rho_\mathrm{e} - \boldsymbol{\nabla} \cdot \boldsymbol{P}$	アンペールの法則 $\bar{\mu}_0 \boldsymbol{\nabla} \times \boldsymbol{B} = \boldsymbol{j}_\mathrm{e} + \boldsymbol{\nabla} \times \boldsymbol{M}$
電場の保存性 $\boldsymbol{\nabla} \times \boldsymbol{E} = 0$	磁場のガウスの法則 $\boldsymbol{\nabla} \cdot \boldsymbol{B} = 0$
分極と電場の関係 $\boldsymbol{P} = \chi_\mathrm{e}\varepsilon_0 \boldsymbol{E}$	磁化と磁束密度の関係 $\boldsymbol{M} = \bar{\chi}_\mathrm{m}\bar{\mu}_0 \boldsymbol{B}$
電場 $\boldsymbol{E}$ と電束密度 $\boldsymbol{D}$ の関係 $\boldsymbol{D} = (1+\chi_\mathrm{e})\varepsilon_0 \boldsymbol{E} = \varepsilon \boldsymbol{E}$	磁束密度 $\boldsymbol{B}$ と磁場 $\boldsymbol{H}$ の関係 $\boldsymbol{H} = (1-\bar{\chi}_\mathrm{m})\bar{\mu}_0 \boldsymbol{B} = \bar{\mu} \boldsymbol{B}$
誘電率，比誘電率 $\varepsilon = (1+\chi_\mathrm{e})\varepsilon_0 = \kappa_\mathrm{e}\varepsilon_0$ $\kappa_\mathrm{e} = \frac{\varepsilon}{\varepsilon_0} = 1 + \chi_\mathrm{e}$	透磁率，比透磁率 $\bar{\mu} = (1-\bar{\chi}_\mathrm{m})\bar{\mu}_0 = \bar{\kappa}_\mathrm{m}\bar{\mu}_0 \ \left(= \frac{1}{\mu}\right)$ $\bar{\kappa}_\mathrm{m} = \frac{\bar{\mu}}{\bar{\mu}_0} = 1 - \bar{\chi}_\mathrm{m} \ \left(= \frac{1}{1+\chi_\mathrm{m}} = \frac{1}{\kappa_\mathrm{m}}\right)$

● E-H 対応

電　気	磁　気
電場のクーロンの法則 $E(r) = \frac{q}{4\pi\varepsilon_0 r^2}$	磁場のクーロンの法則 $H(r) = \frac{q_\mathrm{m}}{4\pi\mu_0 r^2}$
電場のガウスの法則と電束密度 $\boldsymbol{\nabla} \cdot \boldsymbol{D} = \rho_\mathrm{e}, \quad \boldsymbol{D} = \varepsilon \boldsymbol{E}$	磁場のガウスの法則と磁束密度 $\boldsymbol{\nabla} \cdot \boldsymbol{B} = 0, \quad \boldsymbol{B} = \mu \boldsymbol{H}$
電場の保存性 $\boldsymbol{\nabla} \times \boldsymbol{E} = 0$	アンペールの法則 $\boldsymbol{\nabla} \times \boldsymbol{H} = \boldsymbol{j}_\mathrm{e}$
分極と電場の関係 $\boldsymbol{P} = \chi_\mathrm{e}\varepsilon_0 \boldsymbol{E}$	磁気分極 ($\boldsymbol{P}_\mathrm{m} = \mu_0 \boldsymbol{M}$) と磁場の関係 $\boldsymbol{P}_\mathrm{m} = \chi_\mathrm{m}\mu_0 \boldsymbol{H}$
誘電率，比誘電率 $\varepsilon = \kappa_\mathrm{e}\varepsilon_0, \quad \kappa_\mathrm{e} = 1 + \chi_\mathrm{e}$	透磁率，比透磁率 $\mu = \kappa_\mathrm{m}\mu_0, \quad \kappa_\mathrm{m} = 1 + \chi_\mathrm{m}$

演習問題 5

5.1 1辺の長さが a の正方形極板2枚を間隔 d で平行に配置した平行板コンデンサーに，図のように厚さ d，誘電率 ε の誘電体板を挿入する．

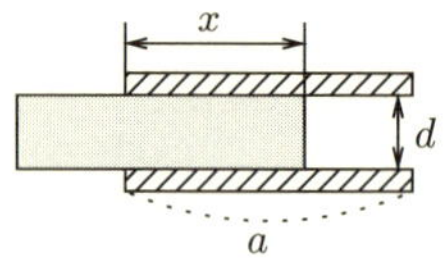

(a) 誘電体板を極板の端から距離 x $(0 < x < a)$ の位置まで挿入したときのコンデンサーの電気容量を求めよ．

(b) コンデンサーに電圧 V が加えられているとき，誘電体板を極板内に引き込もうとする力の強さを求めよ．

(c) 誘電体板の側面の単位面積あたりにはたらく力 (応力) を，極板間の電場の強さを用いて表せ．

5.2 極板面積 S，極板間隔 d の平行板コンデンサーの極板間を図のように誘電率 ε_1，ε_2 の2種類の一様な誘電体で満たす．コンデンサーに電圧 V を加えたとき，誘電体の境界面に生じる表面分極電荷密度を求めよ．

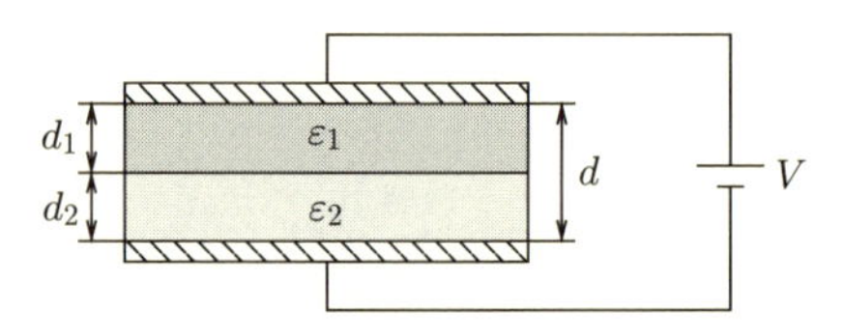

5.3 一様な磁束密度 $\boldsymbol{B}$ の生じている透磁率 μ $(\mu > \mu_0)$ の物質内に，図のように紙面に垂直な平板状の空隙をつくる．空隙の法線方向に対する $\boldsymbol{B}$ の角度が θ のとき，空隙内の磁束密度の大きさ B' とその物質内の磁束密度 $\boldsymbol{B}$ に対する角度 φ を求めよ．また，角度 θ を変化させていくとき φ が最大となる θ の条件を求めよ．

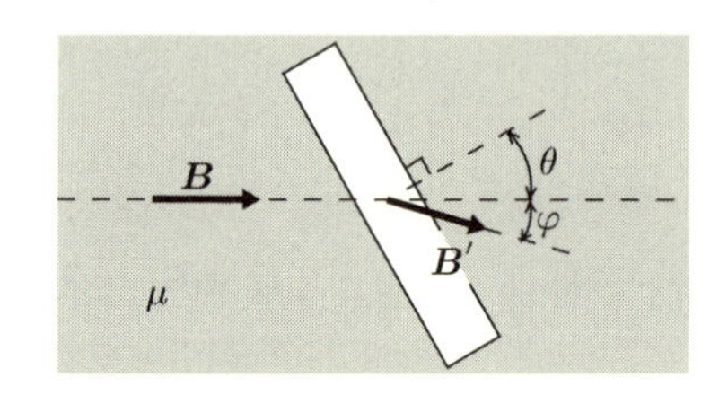

6
時間変化する電磁場

静止した電荷のつくる電場と定常電流がつくる静磁場とは，それぞれ独立に考えることができた．では時間とともに変化する電荷や電流による電場と磁場についてはどうであろうか．この章では，電磁場が時間変化するときに電場と磁場との間に成り立つ関係について調べる．

6.1 電磁誘導

■ ファラデーの法則

エルステッドとアンペールにより定常電流の磁気的性質が明らかにされたが，これらの発見を受けてファラデー (M. Faraday，イギリス) は，電流，すなわち電場による電荷の流れが磁場を生み出すのであれば，反対に磁場が電場を生み出す現象もあるはずであると考え，さまざまな実験を考案した．そして，図 6.1 のような装置により，電流を流したコイル (1 次コイル) が発生させる磁場を用いて隣接するコイル (2 次コイル) に電流を生じさせることができるかを調べていたところ，1 次コイルに電流を流し始める瞬間と電流を止める瞬間に

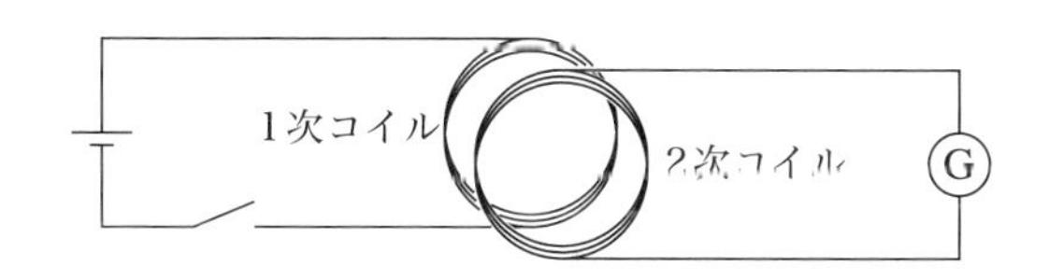

図 6.1 ファラデーによる電磁誘導の実験装置の概略．電流を流した 1 次コイルに生じる磁場によって 2 次コイルに起電力が誘導されると，2 次コイルを流れる電流が検流計 G で検出される．

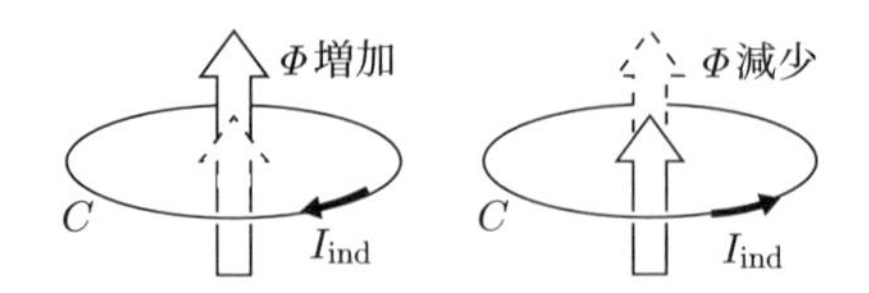

図 6.2 誘導電流 I_{ind} の向きに関するレンツの法則

2 次コイルに電流が検出されることを見出した．また，コイルに磁石を近づけたり遠ざけたりしても電流を生じさせることができる．このように，コイルのまわりの磁場の時間変化にともなってコイルに起電力が発生する現象を**電磁誘導** (electromagnetic induction) といい，このときコイルに生じる起電力を**誘導起電力**，これによってコイルに流れる電流を**誘導電流**という．

ファラデーはさらに詳細な実験により，コイルに生じる誘導起電力 V が，そのコイルを貫く磁束 Φ の時間変化率に比例することを結論づけた．

$$V = k\frac{d\Phi}{dt} \tag{6.1}$$

これを**ファラデーの法則**という．また，その後レンツ (H. Lenz, ドイツ) は，誘導電流が常にコイルを貫く磁束の変化を打ち消す向きの磁場を生じる向きに流れることを見出した．つまり図6.2のように，コイル C を上向きに貫く磁束 Φ が増加するときにはコイル内に下向きの磁場をつくるような誘導電流 I_{ind} が生じ，逆に Φ が減少するときには上向きの磁場をつくるような誘導電流が生じる．これを**レンツの法則**という．

コイルを流れる電流 (あるいは起電力) の正の向きに対してコイル面を右ねじ則 (図4.5) に従う向きに貫く磁束を正にとると，レンツの法則により式 (6.1) の比例係数 k は負の値をもつが，SI (国際単位系) ではこの係数が無次元となり，その値は $k = -1$ である．したがってコイル 1 巻きに生じる誘導起電力は

$$V = -\frac{d\Phi}{dt} \tag{6.2}$$

と表され，これをファラデー-レンツの**電磁誘導の法則**という．コイルが N 巻きであれば起電力は N 倍となる．

さて，ここまでは電磁誘導を議論するうえでの典型的な系としてコイルの問題を扱ってきたが，電磁誘導はコイルに限らず一般的な空間において生じる現象である．コイルが静止しているとき，コイルに生じる誘導起電力は，コイル

C に沿った電場の周積分

$$V = \oint_C \boldsymbol{E} \cdot d\boldsymbol{r} \tag{6.3}$$

を表している．この電場は静止した電荷によって生じる静電場とは異なり，時間変化する磁場にともなって生じるもので，**誘導電場**とよばれている．誘導電場はコイルの有無に関係なく空間に生じており，その空間中にコイルを置くことで誘導電場によってコイルに起電力が発生するのである．誘導電場の周積分は一般に 0 とはならないが，静電場は保存性があるので任意の閉曲線に沿った周積分は 0 である．したがって，コイルに沿った誘導起電力に実質的に寄与しているのは誘導電場であるが，誘導起電力を表す式 (6.3) では静電場と誘導電場とを合わせた電場 $\boldsymbol{E}$ を用いてよい．一方，磁束は C を周とする曲面 S に関する磁束密度 $\boldsymbol{B}$ の面積分

$$\Phi = \int_S \boldsymbol{B} \cdot d\boldsymbol{S}$$

であるから，その時間変化率は

$$\frac{d}{dt}\int_S \boldsymbol{B} \cdot d\boldsymbol{S} = \int_S \frac{\partial \boldsymbol{B}}{\partial t} \cdot d\boldsymbol{S}$$

と表される．よって電磁誘導の法則は電場 $\boldsymbol{E}$ と磁場 $\boldsymbol{B}$ とを関係づける方程式の形で次のように表される．

電磁誘導の法則 (積分形)

時間変化する磁場には電場がともない，この電場の任意の閉曲線 C に沿った線積分は，C を周とする曲面 S を貫く磁束の時間変化率に負号をつけた量に等しい．

$$\oint_C \boldsymbol{E} \cdot d\boldsymbol{r} = -\int_S \frac{\partial \boldsymbol{B}}{\partial t} \cdot d\boldsymbol{S} \tag{6.4}$$

「誘導電場」ということばから，電磁誘導を電場が磁場によって誘起される現象であると解釈しがちであるが，電磁場の源はいかなる場合も電荷と電流である．電磁誘導の法則とは，時間変化する電荷・電流によって生じる電場と磁場の間に成り立つ 1 つの関係式であるととらえるのが適切である．

時間によらない静電磁場に対しては，電磁誘導の法則 (6.4) は静電場の保存則 (2.27) に帰着する．いい換えれば，電磁誘導の法則は，静電場の保存則を時間変化する電磁場に拡張したものとなっている．

例題 6.1 誘導起電力

コイル面の面積 S の N 巻きコイルのまわりに，磁束密度 B の一様な磁場をコイル面に垂直に加える．磁束密度を $B(t) = B_0 \cos \omega t$ のように時間変化させるとき，コイルに生じる誘導起電力を求めよ．

【解答】 コイルを貫く磁束は

$$\Phi(t) = B(t)S = B_0 S \cos \omega t$$

であるから，電磁誘導の法則よりコイルに生じる誘導起電力は

$$V = -N\frac{d\Phi}{dt} = NB_0 S\omega \sin \omega t$$ □

■ ローレンツ起電力

上では誘導電場による起電力を考えたが，コイルが運動している場合にはコイル上の電荷が磁場から受ける (狭い意味の) ローレンツ力もコイルに沿った起電力をもたらし，これをローレンツ起電力という．このローレンツ起電力も電磁誘導の法則に従うことを示すことができる．

一般にコイルに生じる起電力は，コイル上の単位電荷あたりにする仕事，すなわち単位電荷あたりにはたらくローレンツ力のコイルに沿った線積分

$$V = \oint_C \boldsymbol{E} \cdot d\boldsymbol{r} + \oint_C (\boldsymbol{v}_q \times \boldsymbol{B}) \cdot d\boldsymbol{r} \tag{6.5}$$

で与えられる．右辺第 1 項が誘導電場による誘導起電力，第 2 項がローレンツ起電力を表す．コイルが運動しているとき，コイル上の電荷の速度 $\boldsymbol{v}_q$ はコイルの速度 $\boldsymbol{v}$ と電荷のコイルに対するドリフト速度 $\boldsymbol{v}_\mathrm{d}$ との和により $\boldsymbol{v}_q = \boldsymbol{v} + \boldsymbol{v}_\mathrm{d}$ と表されるが，ドリフト速度 $\boldsymbol{v}_\mathrm{d}$ はコイルの線要素 $d\boldsymbol{r}$ と平行であるから $\boldsymbol{v}_\mathrm{d} \times \boldsymbol{B}$ は $d\boldsymbol{r}$ と直交する．したがってローレンツ起電力は，コイルの速度 $\boldsymbol{v}$ を用いて

$$\oint_C (\boldsymbol{v}_q \times \boldsymbol{B}) \cdot d\boldsymbol{r} = \oint_C [(\boldsymbol{v} + \boldsymbol{v}_\mathrm{d}) \times \boldsymbol{B}] \cdot d\boldsymbol{r} = \oint_C (\boldsymbol{v} \times \boldsymbol{B}) \cdot d\boldsymbol{r} \tag{6.6}$$

と表される．

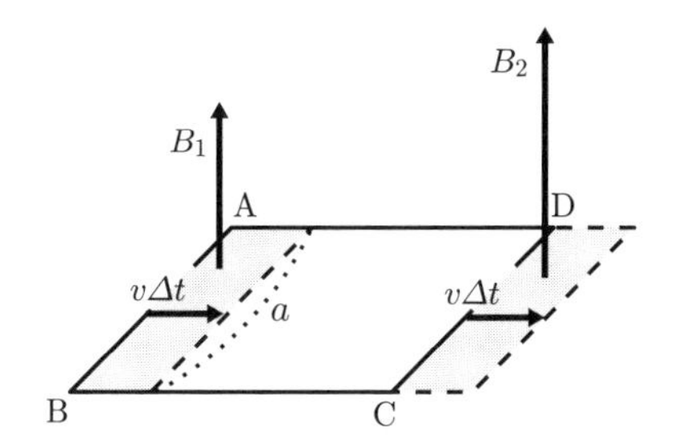

図 6.3 磁場中を運動する長方形コイルに生じるローレンツ起電力

いま簡単のため，図 6.3 のように長方形コイル ABCD がコイル面に垂直な静磁場中をコイル面に平行な速度 v で運動する場合について考える．磁場の強さはコイルの運動方向に沿って位置とともに変化し，辺 AB および辺 CD 上での磁束密度の大きさをそれぞれ B_1 および B_2 とする．辺 AB, CD の長さを a とすると，辺 AB 上に生じるローレンツ起電力は A → B の向きに vB_1a，辺 CD 上に生じるローレンツ起電力は D → C の向きに vB_2a であるから，コイル ABCD に沿って生じる起電力は

$$V = (B_1 - B_2)av$$

である．またコイルを貫く磁束は，時間 Δt の間に辺 CD が通過する面を貫く磁束 $B_2av\Delta t$ の分だけ増加し，辺 AB が通過する面を貫く磁束 $B_1av\Delta t$ の分だけ減少するので，磁束の時間変化率は

$$\frac{\Delta\Phi}{\Delta t} = \frac{B_2av\Delta t - B_1av\Delta t}{\Delta t} = (B_2 - B_1)av$$

となる．よって電磁誘導の法則

$$V = -\frac{\Delta\Phi}{\Delta t}$$

が成り立っている．一般の形のコイルについての証明は付録 D.1 で与える．

次に磁場中でコイルを回転させたときに生じる起電力を考える．ここでは簡単のため，z 方向の一様な磁束密度 $\boldsymbol{B} = (0, 0, B_0)$ の中で図 6.4 のように幅 a，長さ b の長方形コイル ABCD が x 軸のまわりに角速度 ω で回転する場合について調べる．コイル面の法線ベクトル $\boldsymbol{e}_{\mathrm{n}}$ と磁束密度 $\boldsymbol{B}$ のなす角を θ とするとコイルを貫く磁束は

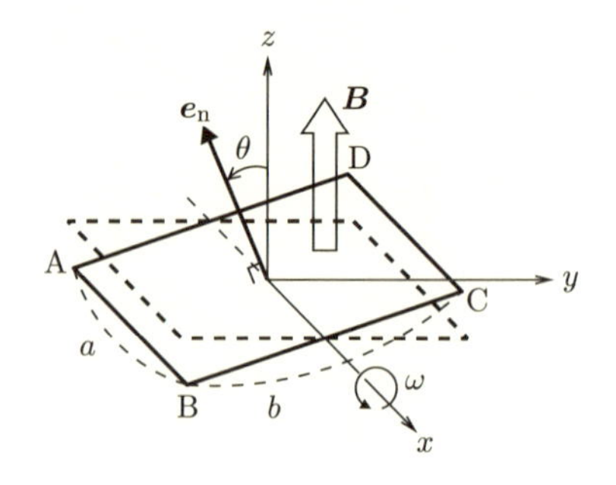

図 6.4　磁場中を回転するコイルに生じるローレンツ起電力

$$\Phi = \boldsymbol{B} \cdot \boldsymbol{e}_\mathrm{n} S = B_0 ab \cos\theta \quad (S = ab \text{ はコイル面の面積})$$

と表される．コイルの辺 AB 上の電荷 q はコイルの回転にともなって速度 $\boldsymbol{v} = \dfrac{1}{2} b\omega(0, \sin\theta, -\cos\theta)$ で運動しており，ローレンツ力

$$\boldsymbol{f} = q\boldsymbol{v} \times \boldsymbol{B} = \frac{1}{2} qb\omega B_0 (\sin\theta, 0, 0)$$

を受ける．また辺 CD 上の電荷は速度が逆向きなのでローレンツ力は逆向きとなり，コイルに沿って辺 AB と同じ起電力を生じる．辺 BC, DA 上の電荷にはたらくローレンツ力は導線に垂直であるから起電力を生じない．したがってコイルに生じる起電力は

$$V = 2a \times \frac{1}{2} b\omega B_0 \sin\theta = ab\omega B_0 \sin\theta$$

となり，この場合の起電力も電磁誘導の法則

$$V = -\frac{d\Phi}{dt}$$

に従うことがわかる．この関係はコイルの形によらず成り立つ．このような磁場中を回転するコイルに生じる起電力は，発電機の原理として利用されている．

例題 6.2　回転するコイルに生じる起電力

1 辺の長さが 10 cm の 100 巻き正方形コイルを，磁束密度 0.1 T の一様な磁場中で毎秒 10 回転させたときに生じる起電力の最大値を求めよ．

【解答】 コイル面の面積は $S = 0.01\ \mathrm{m}^2$，回転の角速度は $\omega = 2\pi \times 10 = 62.8\ \mathrm{rad/s}$，コイル面の法線が磁場から角度 θ 傾いているときコイル面を貫く

磁束は $\varPhi = BS\cos\theta$. よって，コイルに生じる起電力は電磁誘導の法則より

$$V = -N\frac{d\varPhi}{dt} = NBS\sin\theta\frac{d\theta}{dt} = NBS\omega\sin\theta$$

であり，その最大値は

$$NBS\omega = 100 \times 0.1 \times 0.01 \times 62.8 = 6.28\,\mathrm{V}$$ □

6.2 インダクタンス

■ 自己誘導

コイルを流れる電流によって生じる磁場はコイル面を一方向に貫き，コイル面を貫く磁束は電流に比例する．コイルを流れる電流が時間変化すると，これに比例して磁束も時間変化するためコイルに誘導起電力が生じる．このような誘導現象を**自己誘導** (self-induction) という．誘導起電力はコイルを流れる電流の時間変化率に比例し，その比例係数 L をコイルの**自己インダクタンス** (self-inductance) という．

$$V = -N\frac{d\varPhi}{dt} = -L\frac{dI}{dt}, \quad L = \frac{N\varPhi}{I} \tag{6.7}$$

インダクタンスの単位は H (ヘンリー[1]) で，$1\,\mathrm{H} = 1\,\mathrm{Wb/A}$ である．なお，透磁率の単位には一般に H/m が用いられる．

問 6.1 透磁率の単位について $\mathrm{N/A^2} = \mathrm{H/m}$ を示せ．

[答：$\mathrm{Wb} = \mathrm{J/A}$ より $\mathrm{H/m} = \mathrm{Wb/A\cdot m} = \mathrm{J/A^2\cdot m} = \mathrm{N/A^2}$]

例題 6.3 ソレノイドの自己インダクタンス

断面の半径 a，長さ l，透磁率 μ の円柱芯に単位長さあたり n 巻きの導線を巻いたソレノイドの自己インダクタンスを求めよ．ただし $a \ll l$ であり，ソレノイドに電流を流したときソレノイド内部に生じる磁場は一様で，端点での影響は無視できるとする．

【解答】 ソレノイドの総巻き数は $N = nl$. ソレノイドに電流 I を流したとき，

1) 電磁誘導の研究に功のある物理学者ヘンリー (J. Henry，アメリカ合衆国) に因む．

ソレノイド内部に一様な磁束密度 μnI が生じるので，ソレノイドを貫く磁束は $\Phi = \mu nIS$. よって自己インダクタンスは

$$L = \frac{N\Phi}{I} = \frac{nl \cdot \mu nIS}{I} = \mu n^2 lS \tag{6.8}$$

と表される. □

例題 6.4 RL 直列回路

起電力 V の直流電源に抵抗値 R の抵抗と自己インダクタンス L のコイルが直列に接続されている. スイッチを閉じてから時間 t 後に回路を流れている電流 $I(t)$ を求めよ.

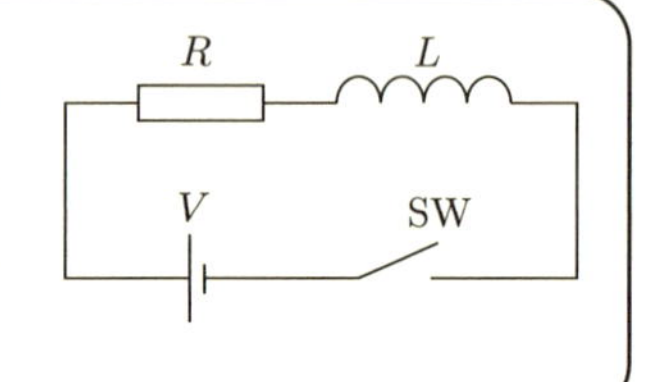

【解答】 コイルには磁束の変化を妨げる向き，すなわち電流の時間変化と逆向きの誘導起電力が生じる. これを逆起電力という. この逆起電力を考慮すると，キルヒホッフの第 2 法則より

$$RI = V - L\frac{dI}{dt}, \quad \frac{dI}{dt} = -\frac{I - I_s}{\tau} \quad \left(I_s = \frac{V}{R}, \quad \tau = \frac{L}{R}\right)$$

が成り立つ. 初期条件 $I(0) = 0$ に注意し，変数分離して積分すると

$$\int_0^{I(t)} \frac{dI}{I - I_s} = -\int_0^t \frac{dt'}{\tau},$$

$$\therefore\ I(t) = I_s(1 - e^{-t/\tau}) = \frac{V}{R}\left(1 - e^{-\frac{R}{L}t}\right)$$

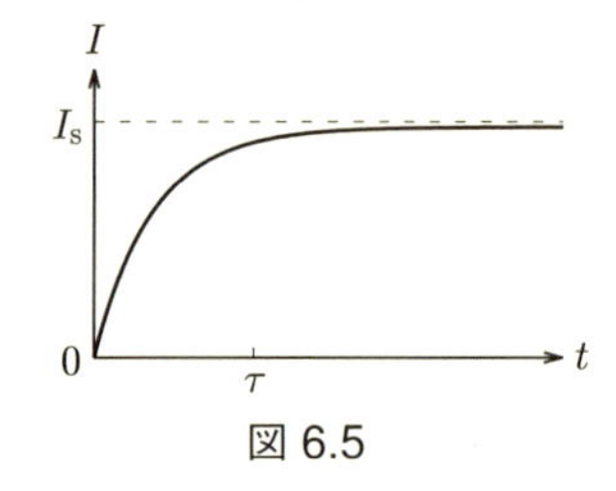

図 6.5

この電流の時間変化は図 6.5 のグラフで表される. コイルに生じる逆起電力が電流の変化を妨げるため，回路に定常電流 I_s が流れるようになるまでに時間がかかる. τ は電流の時間変化のスケールを表す**時定数**である. □

■ 相互誘導

コイル 1 とコイル 2 が隣接しているとき，コイル 1 を流れる電流 I_1 によって生じる磁場の一部はコイル 2 を貫き，その磁束 Φ_{21} は電流 I_1 に比例する. したがって，コイル 1 の電流が時間変化するとコイル 2 を貫く磁束が時間変化し，コイル 2 に誘導起電力が生じる. このようなコイル間で起電力を誘起し合

う現象を**相互誘導** (mutual induction) という．コイル2に生じる誘導起電力はコイル1を流れる電流の時間変化率に比例する．

$$V_2 = -N_2 \frac{d\Phi_{21}}{dt} = -M_{21} \frac{dI_1}{dt}, \quad M_{21} = \frac{N_2 \Phi_{21}}{I_1} \tag{6.9}$$

この比例係数 M_{21} をコイル1に対するコイル2の**相互インダクタンス** (mutual inductance) という．

上記のコイル1, 2の配置を保ったままコイル2を流れる電流 I_2 によってコイル1に生じる誘導起電力を考えると，

$$V_1 = -N_1 \frac{d\Phi_{12}}{dt} = -M_{12} \frac{dI_2}{dt}, \quad M_{12} = \frac{N_1 \Phi_{12}}{I_2} \tag{6.10}$$

となる．M_{12} はコイル2に対するコイル1の相互インダクタンスである．一般に，任意のコイルの対に対して $M_{12} = M_{21}$ が成り立つ．このことを，相互インダクタンスの**相反性** (reciprocity) という．

例題 6.5　2つの同軸円形コイル

下図のように，共通の中心軸をもつコイル1, 2が，コイルの半径に比べて十分長い距離を隔てて置かれている．コイル i $(i = 1, 2)$ の半径を a_i，巻き数を N_i とし，中心間の距離を l $(l \gg a_i)$ とする．コイル1に電流 I_1 を流したとき，コイル2を貫く磁束を計算することにより相互インダクタンス M_{21} を求めよ．ただし一方のコイルを流れる電流が他方のコイル面につくる磁場は，軸上に生じる磁場に等しい一様な磁場とみなせる．

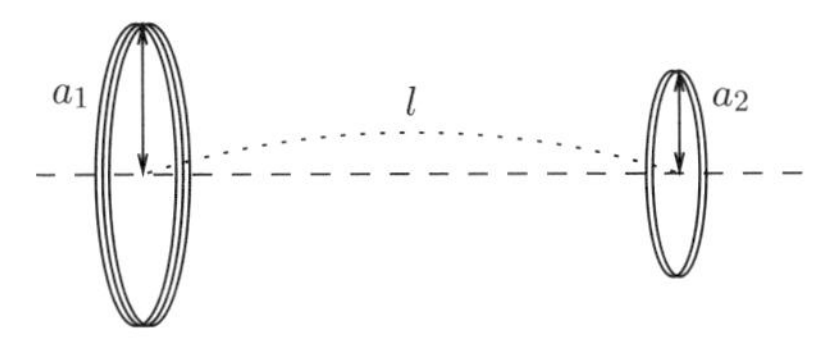

【解答】 コイル1を流れる電流 I_1 がコイル2のコイル面につくる磁束密度は，式 (4.11) で $I = N_1 I_1$, $z = l$ と置くことにより

$$B_{12} = \frac{\mu_0 N_1 I_1 a_1^2}{2(a_1^2 + l^2)^{3/2}} \simeq \frac{\mu_0 N_1 I_1 a_1^2}{2l^3}$$

よって，コイル1に対するコイル2の相互インダクタンスは

$$M_{21}=\frac{N_2\pi a_2^2 B_{12}}{I_1}=\frac{\pi N_1 N_2 a_1^2 a_2^2}{2l^3}$$

これは添字 1, 2 の交換に対して対称であるから，明らかに相反性 $M_{12}=M_{21}$ が成立している． □

添字 1, 2 の交換に対して非対称な場合の例も挙げておこう．

例題 6.6　同心円形コイル

原点を中心として xy 面上に半径 a_1 の円形コイル1と，半径 a_2 の円形コイル2が置かれている．これらの間の相互インダクタンスを求め，相反性が成り立つことを確かめよ．ただし $a_1 \ll a_2$ とする．

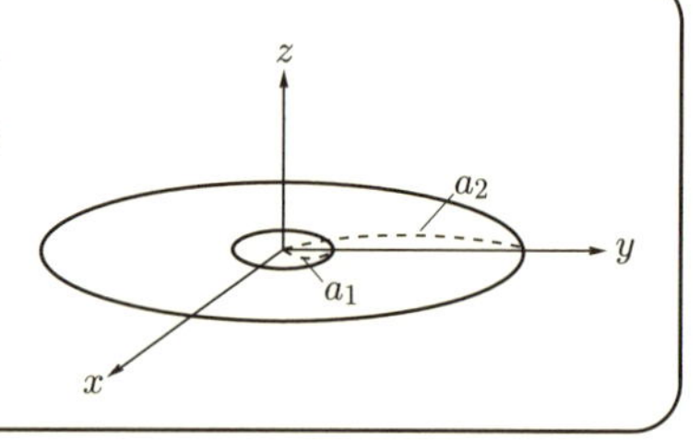

【解答】 $a_1 \ll a_2$ より，コイル2に電流 I_2 を流したとき，コイル1のコイル面上にはコイル面に垂直に一様な磁束密度 $\dfrac{\mu_0 I_2}{2a_2}$ が生じ，コイル1を貫く磁束は $\varPhi_{12}=\dfrac{\mu_0 I_2}{2a_2}\cdot\pi a_1^2$ である．よってコイル2に対するコイル1の相互インダクタンスは

$$M_{12}=\frac{\varPhi_{21}}{I_2}=\frac{\pi\mu_0 a_1^2}{2a_2}$$

コイル1に電流 I_1 を流したとき，コイル2を貫く磁束を直接計算するのは難しい．そこで，磁束密度に関するガウスの法則を利用する．図6.6のように，xy 面と無限遠方の半球面 S_∞ から成る閉曲面にガウスの法則を適用すると，無限遠では磁束密度は 0 であるから，xy 面全体を貫く磁束が 0 であることがわかる．したがって，コイル2の内側 S を正の向きに貫く磁束は，コイル2の外側 $\bar{S}$ を負の向きに貫く磁束に等しい．コイル2の外側では，式 (4.17) より，原点からの距離 r $(r > a_2 \gg a_1)$ の位置に大きさ $B(r)=\dfrac{\mu_0 I_1 \pi a_1^2}{4\pi r^3}$ の磁束密度が $-z$ の向きに生じるので，これを $r > a_2$ の領域で面積分することにより磁束 $\varPhi_{21}$ が求められる．付録Bの面積分の公式 (B.1) を用いると，

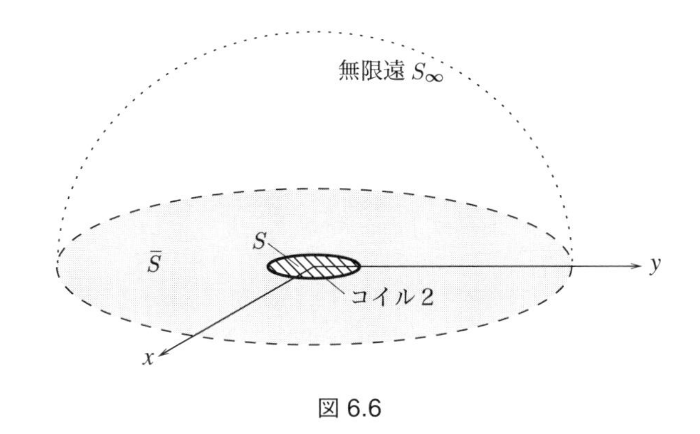

図 6.6

$$\Phi_{21} = \int_{\bar{S}} \boldsymbol{B} \cdot d\boldsymbol{S} = \int_{a_2}^{\infty} B(r) \cdot 2\pi r dr$$

$$= \int_{a_2}^{\infty} \frac{\mu_0 I_1 \pi a_1^2}{4\pi r^3} \cdot 2\pi r dr = \frac{\pi \mu_0 I_1 a_1^2}{2} \int_{a_2}^{\infty} \frac{dr}{r^2} = \frac{\pi \mu_0 I_1 a_1^2}{2a_2}$$

$$\therefore\ M_{21} = \frac{\Phi_{21}}{I_1} = \frac{\pi \mu_0 a_1^2}{2a_2} = M_{12}$$ □

相互インダクタンスの相反性はベクトルポテンシャルを用いて一般的に証明することができる《☞ 付録 D.2》.

■ コイルの接続と合成インダクタンス

複数のコイルが接続された回路の端子間の電圧と，端子に流れ込む電流の時間変化率の間にも一般に比例関係

$$V = -L\frac{dI}{dt}$$

が成り立ち，係数 L を回路の合成インダクタンスという．合成インダクタンスは回路に接続された複数のコイルのはたらきを 1 つのコイルによるものとして表したときのインダクタンスであり，自己インダクタンスと同じく正の値をもつ．以下では 2 つのコイルを接続した回路についてインダクタンスの合成則を導く．相互インダクタンスの相反性より，コイル 1, 2 の間の相互インダクタンスは添字を省いて M と表記する．コイル 1, 2 を流れる電流がそれぞれ I_1, I_2 のとき，自己誘導と相互誘導を考慮すると，コイル 1, 2 に生じる誘導起電力 V_1, V_2 は

$$V_1 = -L_1\frac{dI_1}{dt} - M\frac{dI_2}{dt}, \quad V_2 = -L_2\frac{dI_2}{dt} - M\frac{dI_1}{dt} \tag{6.11}$$

である．

直列接続

図 6.7 (a) のようにコイル 1, 2 が直列に接続されているとき，$I_1 = I_2 = I$ であるから，端子間の電圧は

$$V = V_1 + V_2 = -(L_1 + L_2 + 2M)\frac{dI}{dt} \tag{6.12}$$

となり，合成インダクタンスは

$$L = L_1 + L_2 + 2M \tag{6.13}$$

で与えられることがわかる．2 つのコイルが互いに十分離れていて相互インダクタンスが無視できる場合には

$$L = L_1 + L_2 \tag{6.14}$$

となる．

並列接続

図 6.7 (b) のようにコイル 1, 2 が並列に接続されているときは，$V_1 = V_2 = V$ である．式 (6.11) で $V_1 = V_2 = V$ と置いて，I_1 と I_2 についての連立方程式を解くと

$$\frac{dI_1}{dt} = -\frac{L_2 - M}{L_1L_2 - M^2}V, \quad \frac{dI_2}{dt} = -\frac{L_1 - M}{L_1L_2 - M^2}V$$

となる．合成インダクタンスを L とすると，$I = I_1 + I_2$ より

$$\frac{dI}{dt} = \frac{dI_1}{dt} + \frac{dI_2}{dt} = -\frac{L_1 + L_2 - 2M}{L_1L_2 - M^2}V = -\frac{1}{L}V$$

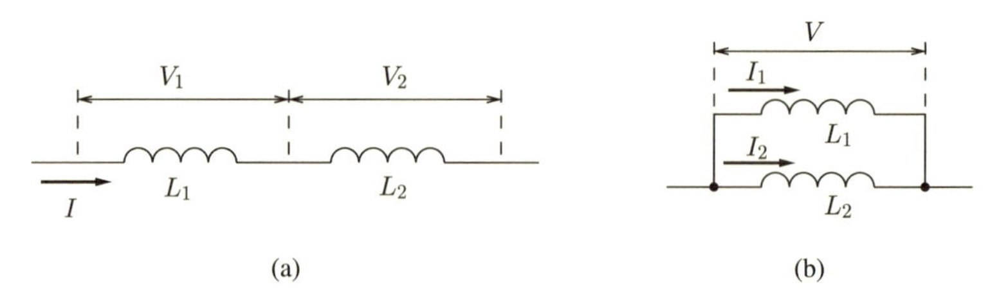

図 6.7 2 つのコイルの直列接続 (a) と並列接続 (b)

$$\therefore\ L = \frac{L_1L_2 - M^2}{L_1 + L_2 - 2M} \tag{6.15}$$

が得られる．相互インダクタンスが無視できる場合には

$$L = \frac{L_1L_2}{L_1 + L_2}, \quad \text{または} \quad \frac{1}{L} = \frac{1}{L_1} + \frac{1}{L_2} \tag{6.16}$$

という合成則が成り立つ．

相互インダクタンスが無視できるとき，一般に n 個のコイルの直列および並列接続におけるインダクタンスは次の合成則に従う．

インダクタンスの合成則

直列接続：　$L = L_1 + L_2 + \cdots + L_n$

並列接続：　$\dfrac{1}{L} = \dfrac{1}{L_1} + \dfrac{1}{L_2} + \cdots + \dfrac{1}{L_n}$

いかなる回路の合成インダクタンスも正であることから，式 (6.15) より，任意の 2 つのコイルの自己インダクタンス L_1，L_2 と相互インダクタンス M の間に

$$|M| < \sqrt{L_1L_2} \tag{6.17}$$

という不等式が成り立たなくてはならない．この不等式の右辺が相互インダクタンスの原理的な上限値を与えている．

6.3　コイルの磁気エネルギー

自己インダクタンス L のコイルに流れる電流を変化させると，その変化を妨げるような逆起電力

$$V = -L\frac{dI}{dt}$$

が生じる．この逆起電力にさからって回路に電流を流すには外部から単位時間あたり

$$-VI = LI\frac{dI}{dt}$$

の仕事をしなくてはならない．電流が流れている状態のコイルのまわりには磁場があり，電流を失う過程で磁場の時間変化によって誘導起電力を生じるようなエネルギーを有している．このエネルギーはちょうどコイルに電流を流す過程で外部からされた仕事に等しい．これをコイルに蓄えられた**磁気エネルギー** (magnetic energy) という．電流を 0 から I まで変化させる過程で外部からした仕事を計算することにより，電流 I が流れているコイルに蓄えられている磁気エネルギーは

$$U_{\mathrm{m}} = \int LI\frac{dI}{dt}dt = \int_0^I LIdI = \frac{1}{2}LI^2 \tag{6.18}$$

と表される．

■ 電気振動

インダクタンス L のコイルと電気容量 C のコンデンサーとを接続した図 6.8 のような回路 (LC 回路) を考える．スイッチ SW を電源に接続してコンデンサーに電荷 Q_0 を充電した後，時刻 $t=0$ に SW をコイル側に切り替えて放電する．その後，時刻 t にコンデンサーに蓄えられている電荷を $Q(t)$ とすると回路を流れる電流は $I(t) = -\dfrac{dQ(t)}{dt}$ であり，コンデンサーの電圧とコイルに生じる起電力の関係から $Q(t)$ の従う微分方程式

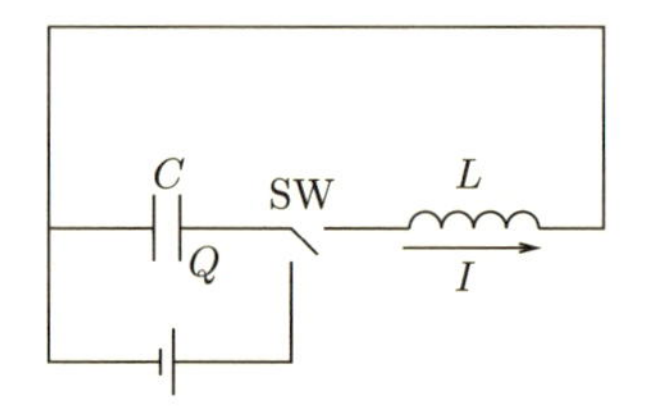

図 6.8 LC 回路

$$\begin{aligned}
&\frac{Q}{C} = L\frac{dI}{dt} = -L\frac{d^2Q}{dt^2}, \\
&\frac{d^2Q}{dt^2} = -\omega^2 Q, \quad \omega \equiv \frac{1}{\sqrt{LC}}
\end{aligned} \tag{6.19}$$

が得られる．これは角周波数 ω の単振動の式であり，初期条件

$$Q(0) = Q_0, \quad I(0) = 0$$

を満たす解は

$$Q(t) = Q_0 \cos\omega t, \quad I(t) = -\frac{dQ}{dt} = \omega Q_0 \sin\omega t$$

のような**電気振動** (electric oscillation) を表す．ω をこの回路の**固有角周波数**という．この過程でコンデンサーに蓄えられている静電エネルギーは

$$U_{\mathrm{e}}(t) = \frac{Q^2(t)}{2C} = \frac{Q_0^2}{2C}\cos^2\omega t,$$

また，コイルに蓄えられている磁気エネルギーは

$$U_{\mathrm{m}}(t) = \frac{1}{2}LI^2(t) = \frac{1}{2}L(\omega Q_0)^2\sin^2\omega t = \frac{Q_0^2}{2C}\sin^2\omega t$$

で，これらの間に

$$U_{\mathrm{e}}(t) + U_{\mathrm{m}}(t) = \frac{Q_0^2}{2C} = 一定$$

の関係が成り立つ．このように電気振動はコンデンサーとコイルが全体のエネルギーを保ちながら互いにエネルギーを周期的にやりとりする現象である．

6.4 変位電流とアンペール-マクスウェルの法則

磁束密度 $\boldsymbol{B}$ の生じている空間において閉曲線 C を周とする曲面 S を貫く電流の総和が I_S であるとき，アンペールの法則は

$$\oint_C \boldsymbol{B}\cdot d\boldsymbol{r} = \mu_0 I_S$$

と表された．この法則が，時間変化する電流の場合には成り立たないことを示し，それがどのように修正されるかについて考えてみよう．

いま，電荷を蓄えることができる物体 M を考え，その電荷を $Q(t)$ とする．この物体が図 6.9 のように 2 本の導線 1, 2 に接続されており，導線 1 から M に電流 I_1 が流れ込み，導線 2 から電流 I_2 が流れ出すとすると，電荷保存則より

$$\frac{dQ}{dt} = I_1 - I_2$$

が成り立ち，電荷 Q が時間変化する場合には $I_1 \neq I_2$ である．図 6.9 のようにこれらの導線を囲む閉曲線 C を考え，C を周として導線 1 を横切る曲面を S_1，導線 2 を横切る曲面を S_2 とすると，これらを貫く電流は異なり，同じ閉曲線 C に対してこれを周とする曲面の選び方によりアンペールの法則の右辺

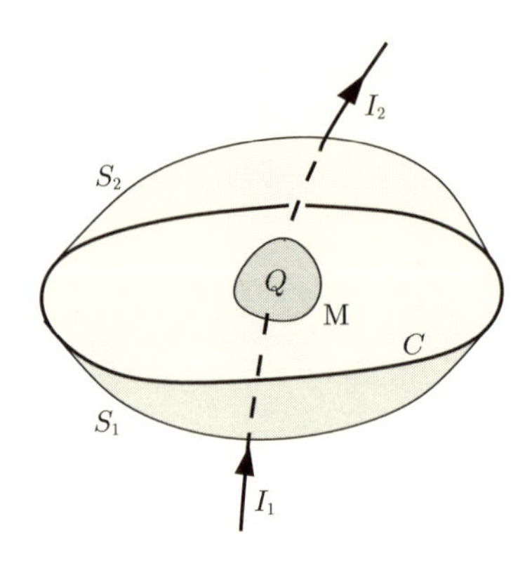

図 6.9 アンペール-マクスウェルの法則

が異なる値をもつことになってしまう.

マクスウェル (J.C. Maxwell, イギリス) は, 以下のようにアンペールの法則の右辺に新たな項をつけ加えることによりこの不都合が解消されることを示した. いま, S_1 と S_2 から成る閉曲面に, 電場に関するガウスの法則[2)]を適用する. この閉曲面を内から外に貫く電束は, 曲面 S_2 を貫く電束 $\varPhi_2$ と曲面 S_1 を貫く電束 $\varPhi_1$ の差に等しく, これが閉曲面の内部に存在する電荷 Q に等しいので

$$\varPhi_2 - \varPhi_1 = Q(t)$$

が成り立つ. この式の両辺を時間で微分することにより

$$\frac{d\varPhi_2}{dt} - \frac{d\varPhi_1}{dt} = \frac{dQ}{dt} = I_1 - I_2$$

$$\therefore \ I_1 + \frac{d\varPhi_1}{dt} = I_2 + \frac{d\varPhi_2}{dt}$$

が得られる. そこで, 電束の時間変化率をアンペールの法則の右辺につけ加えて

$$\oint_C \boldsymbol{B} \cdot d\boldsymbol{r} = \mu_0 \left(I_S + \frac{d\varPhi_S}{dt} \right) \tag{6.20}$$

とすれば, 右辺は曲面 S の選び方によらない量となる. こうして, 電荷や電流が時間変化する場合にも電荷保存則との整合性を欠くことなく電磁場と電流の関係を記述することのできる法則が得られた. この式 (6.20) をアンペール-

2) 電場に関するガウスの法則は時間変化する電荷, 電場についても成り立つ.

マクスウェルの法則という．電束の時間変化率は，電場 $\boldsymbol{E}$ を用いて

$$\frac{d\Phi_S}{dt} = \frac{d}{dt}\int_S \varepsilon_0 \boldsymbol{E}\cdot d\boldsymbol{S} = \int_S \varepsilon_0 \frac{\partial \boldsymbol{E}}{\partial t}\cdot d\boldsymbol{S}$$

と書かれるので，アンペール-マクスウェルの法則は時間変化する電流のまわりの電磁場の関係を表す法則として以下のように表される．

アンペール-マクスウェルの法則 (積分形)

時間変化する電流分布 $\boldsymbol{j}$ のつくる磁束密度 $\boldsymbol{B}$ および電場 $\boldsymbol{E}$ は，任意の閉曲線 C とそれを周とする任意の曲面 S に対して

$$\frac{1}{\mu_0}\oint_C \boldsymbol{B}\cdot d\boldsymbol{r} - \varepsilon_0 \int_S \frac{\partial \boldsymbol{E}}{\partial t}\cdot d\boldsymbol{S} = \int_S \boldsymbol{j}\cdot d\boldsymbol{S} \tag{6.21}$$

を満たす．

式 (6.20) において電束の時間変化率は，磁束密度に対して形式的に電流と同じ役割を果たしているようにみえることから，これを**変位電流** (displacement current)，または**電束電流**という．曲面 S を流れる変位電流 I_{d} は

$$I_{\mathrm{d}} = \frac{d\Phi_S}{dt} = \frac{d}{dt}\int_S \varepsilon_0 \boldsymbol{E}\cdot d\boldsymbol{S} = \int_S \varepsilon_0 \frac{\partial \boldsymbol{E}}{\partial t}\cdot d\boldsymbol{S} \tag{6.22}$$

であり，**変位電流密度** $\boldsymbol{j}_{\mathrm{d}}$ を

$$\boldsymbol{j}_{\mathrm{d}} = \varepsilon_0 \frac{\partial \boldsymbol{E}}{\partial t} \tag{6.23}$$

により定義すると，アンペール-マクスウェルの法則はアンペールの法則の電流に変位電流をつけ加えた形で

$$\oint_C \boldsymbol{B}\cdot d\boldsymbol{r} = \mu_0(I + I_{\mathrm{d}}) = \mu_0 \int_S (\boldsymbol{j} + \boldsymbol{j}_{\mathrm{d}})\cdot d\boldsymbol{S} \tag{6.24}$$

と書くことができる．

物質中では，式 (6.21) 右辺の電流が伝導電流と磁化電流，および分極の時間変化によって生じる**分極電流**の和となる．5.4 節で導いたように，磁化電流 I_{m} は物質の磁化 $\boldsymbol{M}$ を用いて

$$I_{\mathrm{m}} = \oint_C \boldsymbol{M}\cdot d\boldsymbol{r} \tag{5.14}$$

と表される．分極電流 I_{p} を分極 $\boldsymbol{P}$ を用いて表すため，分極 $\boldsymbol{P}$ を単位体積あ

たり n 個の電気双極子の集合とみなそう．各電気双極子は点電荷 $\pm q$ が平均の相対位置 $\boldsymbol{l}$ で結合したものであるとすると，分極は $\boldsymbol{P} = nq\boldsymbol{l}$ と表される．ここで q は一定であり，分極の変化は相対位置 $\boldsymbol{l}$ の変化によって生じるとしよう．正電荷 q および負電荷 $-q$ の位置ベクトルの平均をそれぞれ $\boldsymbol{r}_+$ および $\boldsymbol{r}_-$ とすると $\boldsymbol{l} = \boldsymbol{r}_+ - \boldsymbol{r}_-$ であるから，これらの電荷の運動によって生じる電流密度 (**分極電流密度**) は

$$\boldsymbol{j}_{\mathrm{p}} = nq\dot{\boldsymbol{r}}_+ + n(-q)\dot{\boldsymbol{r}}_- = nq\dot{\boldsymbol{l}} = \frac{\partial \boldsymbol{P}}{\partial t} \tag{6.25}$$

と表される．よって曲面 S を通って流れる分極電流は

$$I_{\mathrm{p}} = \int_S \boldsymbol{j}_{\mathrm{p}} \cdot d\boldsymbol{S} = \int_S \frac{\partial \boldsymbol{P}}{\partial t} \cdot d\boldsymbol{S} \tag{6.26}$$

で与えられる．したがって式 (6.21) の右辺は，伝導電流密度を $\boldsymbol{j}_{\mathrm{e}}$ とすると

$$\int_S \boldsymbol{j}_{\mathrm{e}} \cdot d\boldsymbol{S} + I_{\mathrm{p}} + I_{\mathrm{m}} = \int_S \left(\boldsymbol{j}_{\mathrm{e}} + \frac{\partial \boldsymbol{P}}{\partial t} \right) \cdot d\boldsymbol{S} + \oint_C \boldsymbol{M} \cdot d\boldsymbol{r}$$

となり，

$$\frac{1}{\mu_0} \oint_C \boldsymbol{B} \cdot d\boldsymbol{r} - \varepsilon_0 \int_S \frac{\partial \boldsymbol{E}}{\partial t} \cdot d\boldsymbol{S} = \int_S \left(\boldsymbol{j}_{\mathrm{e}} + \frac{\partial \boldsymbol{P}}{\partial t} \right) \cdot d\boldsymbol{S} + \oint_C \boldsymbol{M} \cdot d\boldsymbol{r},$$

さらにこれを整理して

$$\oint_C \left(\frac{\boldsymbol{B}}{\mu_0} - \boldsymbol{M} \right) \cdot d\boldsymbol{r} - \int_S \frac{\partial}{\partial t} (\varepsilon_0 \boldsymbol{E} + \boldsymbol{P}) \cdot d\boldsymbol{S} = \int_S \boldsymbol{j}_{\mathrm{e}} \cdot d\boldsymbol{S},$$

$$\therefore \quad \oint_C \boldsymbol{H} \cdot d\boldsymbol{r} - \int_S \frac{\partial \boldsymbol{D}}{\partial t} \cdot d\boldsymbol{S} = \int_S \boldsymbol{j}_{\mathrm{e}} \cdot d\boldsymbol{S}$$

のように表すことができる．

物質中のアンペール-マクスウェルの法則 (積分形)

時間変化する伝導電流分布 $\boldsymbol{j}_{\mathrm{e}}$ により物質中に生じる磁場 $\boldsymbol{H}$ と電束密度 $\boldsymbol{D}$ は，任意の閉曲線 C とそれを周とする任意の曲面 S に対して

$$\oint_C \boldsymbol{H} \cdot d\boldsymbol{r} - \int_S \frac{\partial \boldsymbol{D}}{\partial t} \cdot d\boldsymbol{S} = \int_S \boldsymbol{j}_{\mathrm{e}} \cdot d\boldsymbol{S} \tag{6.27}$$

を満たす．

6.5　時間変化する電磁場の微分法則 *

電場のガウスの法則は，時間変化する電場，電荷分布に対しても成り立つ：

$$\begin{aligned}\boldsymbol{\nabla}\cdot\boldsymbol{D}(\boldsymbol{r},t)&=\rho(\boldsymbol{r},t),\\ \varepsilon_0\boldsymbol{\nabla}\cdot\boldsymbol{E}(\boldsymbol{r},t)&=\rho(\boldsymbol{r},t)-\boldsymbol{\nabla}\cdot\boldsymbol{P}(\boldsymbol{r},t)\end{aligned} \tag{6.28}$$

また，磁場のガウスの法則も時間変化する磁場，電流分布に対して一般的に成り立つ：

$$\boldsymbol{\nabla}\cdot\boldsymbol{B}(\boldsymbol{r},t)=0 \tag{6.29}$$

以下では，電磁誘導の法則とアンペール-マクスウェルの法則の微分形を導く．

■ 電磁誘導の法則の微分形

4.6 節でアンペールの法則を微分形に表したときと同じ手順により，積分形の電磁誘導の法則から微分形の法則を導くことができる．ストークスの定理《☞ 付録 A.4》により，ベクトル場 $\boldsymbol{E}$ の閉曲線 C に沿った周積分は，C を縁とする曲面 S に関する $\boldsymbol{\nabla}\times\boldsymbol{E}$ の面積分に等しい．よって電磁誘導の法則 (6.4) は

$$\int_S \boldsymbol{\nabla}\times\boldsymbol{E}\cdot d\boldsymbol{S}=-\int_S\frac{\partial\boldsymbol{B}}{\partial t}\cdot d\boldsymbol{S}$$

と書くことができる．これが任意の曲面 S について成り立つためには，各点，各時刻で

$$\boldsymbol{\nabla}\times\boldsymbol{E}=-\frac{\partial\boldsymbol{B}}{\partial t}$$

が成り立たなくてはならない．これは電磁誘導の法則を電場と磁束密度が空間の各点で満たす微分法則の形に表した方程式である．

電磁誘導の法則 (微分形)

時間変化する電磁場中の各点，各時刻で，電場 $\boldsymbol{E}$ と磁束密度 $\boldsymbol{B}$ とは次の方程式を満たす．

$$\boldsymbol{\nabla}\times\boldsymbol{E}(\boldsymbol{r},t)+\frac{\partial\boldsymbol{B}(\boldsymbol{r},t)}{\partial t}=0 \tag{6.30}$$

時間変化する磁場についてもガウスの法則 (6.29) が成り立つが，付録 A.4 に記載したように，発散が 0 のベクトル場は一般にベクトル関数の回転で表される《☞ 定理 (A.41)》．したがって，磁束密度はベクトルポテンシャルを用いて

$$\boldsymbol{B}(\boldsymbol{r},t) = \boldsymbol{\nabla} \times \boldsymbol{A}(\boldsymbol{r},t) \tag{6.31}$$

と表すことができる．この関係を用いると，電磁誘導の法則 (6.30) は

$$\boldsymbol{\nabla} \times \left(\boldsymbol{E} + \frac{\partial}{\partial t}\boldsymbol{A}\right) = 0 \tag{6.32}$$

となるが，回転が 0 のベクトル場は一般にスカラー関数の勾配で表される《☞ 定理 (A.40)》ことから上式 ( ) 内のベクトルはスカラーポテンシャル ϕ を用いて

$$\boldsymbol{E} + \frac{\partial}{\partial t}\boldsymbol{A} = -\boldsymbol{\nabla}\phi \tag{6.33}$$

と表すことができる．したがって，時間変化する場合の電場はスカラーポテンシャルとベクトルポテンシャルを用いて

$$\boldsymbol{E}(\boldsymbol{r},t) = -\boldsymbol{\nabla}\phi(\boldsymbol{r},t) - \frac{\partial}{\partial t}\boldsymbol{A}(\boldsymbol{r},t) \tag{6.34}$$

で与えられる．これらのスカラーポテンシャルとベクトルポテンシャルも，静電磁場に対する式 (2.12), (4.35) のように電荷密度と電流密度を用いて表されるが，このとき，ある点での電荷や電流の変化の影響が離れた位置の電磁場に伝わるのに有限の時間がかかること (遅延効果) が導かれる．詳細はより専門的な電磁気学のテキストを参照されたい．

■ アンペール-マクスウェルの法則の微分形

アンペール-マクスウェルの法則 (6.21) の，左辺第 1 項にストークスの定理 (A.39) を適用すると

$$\int_S \left(\frac{1}{\mu_0}\boldsymbol{\nabla} \times \boldsymbol{B} - \varepsilon_0 \frac{\partial \boldsymbol{E}}{\partial t}\right) \cdot d\boldsymbol{S} = \int_S \boldsymbol{j} \cdot d\boldsymbol{S}$$

が得られるが，この式が任意の曲面 S について成り立つためには

$$\frac{1}{\mu_0}\boldsymbol{\nabla} \times \boldsymbol{B} - \varepsilon_0 \frac{\partial \boldsymbol{E}}{\partial t} = \boldsymbol{j}$$

でなくてはならない．同様に，物質中のアンペール-マクスウェルの法則 (6.27) からは

$$\nabla \times \boldsymbol{H} - \frac{\partial \boldsymbol{D}}{\partial t} = \boldsymbol{j}_{\mathrm{e}}$$

が導かれる．

アンペール-マクスウェルの法則 (微分形)

時間変化する電磁場と電流密度の間に，空間中の任意の点で

$$\frac{1}{\mu_0}\nabla \times \boldsymbol{B}(\boldsymbol{r}, t) - \varepsilon_0 \frac{\partial \boldsymbol{E}(\boldsymbol{r}, t)}{\partial t} = \boldsymbol{j}(\boldsymbol{r}, t) \tag{6.35}$$

が成り立つ．物質中では伝導電流密度を $\boldsymbol{j}_{\mathrm{e}}$ として

$$\nabla \times \boldsymbol{H}(\boldsymbol{r}, t) - \frac{\partial \boldsymbol{D}(\boldsymbol{r}, t)}{\partial t} = \boldsymbol{j}_{\mathrm{e}}(\boldsymbol{r}, t) \tag{6.36}$$

が成り立つ．

6.6 交流回路

起電力が時間とともに周期的に変化する電源を交流電源といい，交流電源を含む回路を交流回路という．交流回路には時間とともに周期的に変化する電流が流れる．起電力が $V(t) = V_0 \sin \omega t$ の交流電源に抵抗 R を接続すると，流れる電流は

$$I(t) = \frac{V(t)}{R} = I_0 \sin \omega t \qquad \left(I_0 \equiv \frac{V_0}{R}\right)$$

であり，抵抗で消費される電力は

$$P(t) = V(t)I(t) = P_0 \sin^2 \omega t, \quad P_0 = V_0 I_0 = \frac{V_0^2}{R} = RI_0^2, \tag{6.37}$$

その時間平均は

$$\bar{P} = P_0 \overline{\sin^2 \omega t} = P_0 \cdot \frac{1}{2}(1 - \overline{\cos 2\omega t}) = \frac{1}{2}P_0 \tag{6.38}$$

である．ここで，起電力および電流の**実効値** (effective value) を

$$V_{\mathrm{e}} = \frac{1}{\sqrt{2}}V_0, \quad I_{\mathrm{e}} = \frac{1}{\sqrt{2}}I_0 \tag{6.39}$$

により定義すると，電力の時間平均に関して直流回路に対するジュールの法則 (1.20), (1.21) と同じ形の関係式

$$\bar{P} = V_\mathrm{e} I_\mathrm{e} = \frac{V_\mathrm{e}^2}{R} = R I_\mathrm{e}^2 \tag{6.40}$$

が成り立つ.

次に交流電源に電気容量 C のコンデンサーを接続した場合を考える. 時刻 t にコンデンサーに蓄えられている電荷は $Q(t) = CV(t) = CV_0 \sin\omega t$ であるから, 回路を流れる電流は

$$I(t) = \frac{dQ(t)}{dt} = CV_0 \omega \cos\omega t = I_0 \sin\left(\omega t + \frac{\pi}{2}\right) \quad (I_0 = \omega C V_0) \tag{6.41}$$

と表される. この電圧の振幅と電流の振幅との比

$$X_C = \frac{V_0}{I_0} = \frac{1}{\omega C} \tag{6.42}$$

は交流回路における一種の抵抗を表す量であり, コンデンサーの**容量リアクタンス** (capacitive reactance) という. また, コンデンサーを流れる電流の位相は電圧の位相より $\pi/2$ 進んでいる.

続いて交流電源にインダクタンス L のコイルを接続した場合を考える. 回路を流れる電流を $I(t)$ とすると, 電流の時間変化によってコイルに生じる逆起電力が

$$V_0 \sin\omega t - L\frac{dI}{dt} = 0$$

を満たすことから

$$\begin{aligned} I(t) &= \frac{V_0}{L} \int \sin\omega t \, dt \\ &= -\frac{V_0}{\omega L} \cos\omega t = I_0 \sin\left(\omega t - \frac{\pi}{2}\right) \quad \left(I_0 = \frac{V_0}{\omega L}\right) \end{aligned} \tag{6.43}$$

となる. このときの電圧の振幅と電流の振幅の比

$$X_L = \frac{V_0}{I_0} = \omega L \tag{6.44}$$

をコイルの**誘導リアクタンス** (inductive reactance) という. コイルを流れる電流の位相は, 電圧の位相より $\pi/2$ 遅れている.

このようなリアクタンスの周波数特性は, さまざまな電子機器に利用されている《☞ 演習問題 6.6》.

問 6.2 60 Hz の交流電圧に対する次の装置のリアクタンスを求めよ.

(a) 電気容量 1 μF のコンデンサー [答：2.7×10^3 Ω]

(b) インダクタンス 1 H のコイル [答：3.8×10^2 Ω]

■ LCR 回路と共振

起電力 $V(t) = V_0 \sin \omega t$ の交流電源にコイル (インダクタンス L), コンデンサー (電気容量 C) および抵抗 (抵抗値 R) を直列に接続した図6.10 のような回路 (LCR 回路) を考える. 回路を流れる電流は, 電源電圧からの位相のずれを考慮すると一般に $I(t) = A \sin \omega t + B \cos \omega t$ と置くことができる. このときコンデンサーに蓄えられている電荷 $Q(t)$ は

$$I = \frac{dQ}{dt}, \quad Q(t) = \int I(t)dt = \frac{1}{\omega}(-A\cos\omega t + B\sin\omega t)$$

となる. これらを, 回路に沿った電位の変化から導かれる関係式

$$RI + \frac{Q}{C} + L\frac{dI}{dt} = V_0 \sin \omega t$$

に代入して $\sin \omega t$, $\cos \omega t$ の係数を比較することにより

$$RA + X_C B - X_L B = V_0, \quad RB - X_C A + X_L A = 0$$

$$\therefore \ A = \frac{R}{R^2 + (X_L - X_C)^2} V_0, \quad B = \frac{X_L - X_C}{R^2 + (X_L - X_C)^2} V_0$$

よって回路を流れる電流は

$$I(t) = I_0 \sin(\omega t + \phi),$$

$$I_0 = \frac{V_0}{\sqrt{R^2 + (X_L - X_C)^2}}, \quad \tan\phi = \frac{B}{A} = \frac{X_L - X_C}{R} \tag{6.45}$$

と表される. 電圧の振幅と電流の振幅の比

$$Z = \frac{V_0}{I_0} = \sqrt{R^2 + (X_L - X_C)^2} \tag{6.46}$$

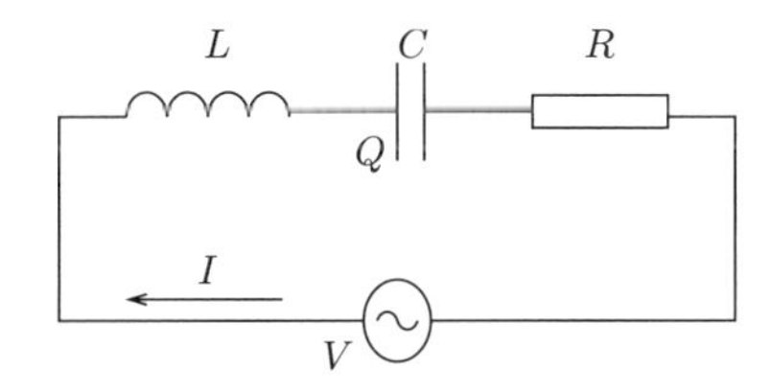

図 6.10 LCR 回路

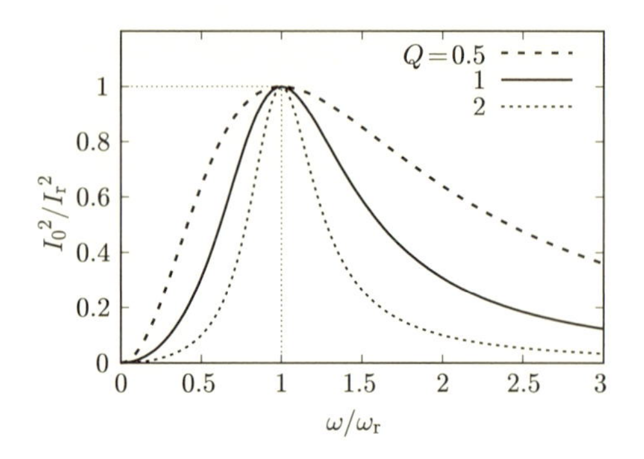

図 6.11　3 種類の Q 値に対する共振曲線．横軸は角周波数 ω の共振角周波数 $\omega_{\rm r}$ に対する比，縦軸は電流振幅 I_0 の共振角周波数での値 $I_{\rm r}$ に対する比．

は抵抗 R とリアクタンス $X_L - X_C$ を合成した回路全体の抵抗に相当する量で，回路の**インピーダンス** (impedance) という．ϕ は電圧に対する電流の位相差である．回路で消費される電力は

$$P(t) = V(t)I(t) = V_0 I_0 \sin\omega t \sin(\omega t + \phi)$$

で，その時間平均は

$$\bar{P} = V_0 I_0 \overline{\sin\omega t \sin(\omega t + \phi)} = \frac{1}{2} V_0 I_0 \cos\phi = V_{\rm e} I_{\rm e} \cos\phi \tag{6.47}$$

と表され，$\cos\phi$ を**力率** (power factor) という．

問 6.3　式 (6.47) で $\sin\omega t \sin(\omega t + \phi)$ の時間平均が $\dfrac{1}{2}\cos\phi$ に等しいことを示せ．

［答：$\sin(\omega t + \phi) = \sin\omega t \cos\phi + \cos\omega t \sin\phi$，および $\overline{\sin^2\omega t} = \dfrac{1}{2}(1 - \overline{\cos 2\omega t}) = \dfrac{1}{2}$，$\overline{\sin\omega t \cos\omega t} = \dfrac{1}{2}\overline{\sin 2\omega t} = 0$ を用いる．］

この回路で電源電圧の振幅 V_0 を保ったまま角周波数 ω を変化させたときの電流の振幅の変化について考える．インピーダンスは ω によって変化し，リアクタンスが 0，すなわち

$$X_L - X_C = \omega L - \frac{1}{\omega C} = 0, \quad \omega = \omega_{\rm r} \equiv \frac{1}{\sqrt{LC}} \tag{6.48}$$

のとき回路を流れる電流が最大となる．これを**共振** (resonance) といい，$\omega_{\rm r}$ を回路の**共振角周波数**という．図 6.11 は電流の振幅の 2 乗

$$I_0^2 = \frac{V_0^2}{R^2 + (\omega L - \frac{1}{\omega C})^2}$$
$$= \frac{I_{\rm r}^2}{1 + Q^2(\frac{\omega}{\omega_{\rm r}} - \frac{\omega_{\rm r}}{\omega})^2} \qquad \left(I_{\rm r} = \frac{V_0}{R}, \quad Q = \frac{\omega_{\rm r} L}{R}\right)$$

を角周波数 ω の関数として描いたグラフで，共振曲線という．共振の鋭さは Q-値 (quality factor) で決まる．共振条件が成り立つとき電圧と電流の位相差は $\phi = 0$ で，力率は 1 となる．共振角周波数は，LC 回路の固有角周波数 (6.19) に等しい．

問 6.4 電流振幅の 2 乗が共振時の 1/2 となる角周波数を ω_1, ω_2 とするとき $Q = \dfrac{\omega_{\rm r}}{\omega_2 - \omega_1}$ を示せ．[答：ω_1, ω_2 は方程式 $\dfrac{\omega}{\omega_{\rm r}} - \dfrac{\omega_{\rm r}}{\omega} = \pm\dfrac{1}{Q}$ の異なる正の 2 根，$\omega = \omega_{\rm r}\left(\sqrt{\left(\dfrac{1}{2Q}\right)^2 + 1} \pm \dfrac{1}{2Q}\right)$ であり，$\dfrac{\omega_2 - \omega_1}{\omega_{\rm r}} = \dfrac{1}{Q}$]

例題 6.7 並列共振

下図のように交流電源と抵抗にコイルとコンデンサーを並列に接続した回路を流れる電流の角周波数特性を調べよ．

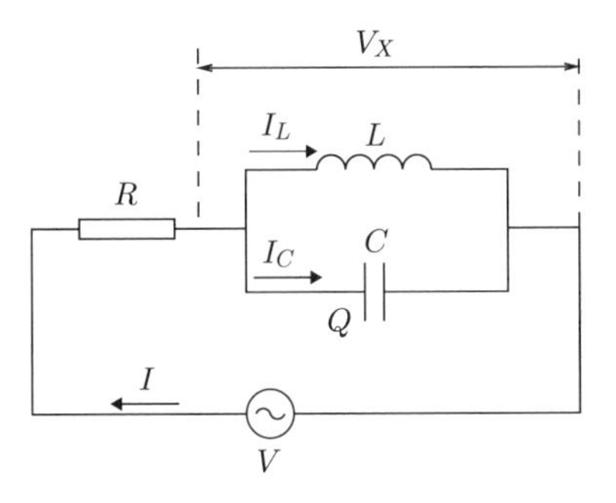

【解答】 交流電源の起電力を $V(t) = V_0 \sin\omega t$，抵抗を流れる電流を $I(t) = A\sin\omega t + B\cos\omega t$ と置くと，コイルおよびコンデンサーに加えられる電圧 V_X は

$$V_X(t) = V(t) - RI(t) = (V_0 - RA)\sin\omega t - RB\cos\omega t$$

であるから，コイルを流れる電流 I_L は

$$V_X = L\frac{dI_L}{dt},$$

$$I_L(t) = \frac{1}{L}\int V_X(t)dt = -\frac{1}{\omega L}\{(V_0 - RA)\cos\omega t + RB\sin\omega t\}$$

コンデンサーを流れる電流 I_C は

$$V_X = \frac{Q}{C} = \frac{1}{C}\int I_C dt,$$

$$I_C(t) = C\frac{dV_X}{dt} = \omega C\{(V_0 - RA)\cos\omega t + RB\sin\omega t\}$$

と表される．これらを $I = I_L + I_C$ に代入し，$\sin\omega t$ と $\cos\omega t$ の係数を比較することにより

$$A = \frac{R}{X}B, \quad B = \frac{V_0 - RA}{X} \qquad \left(\frac{1}{X} \equiv \frac{1}{X_C} - \frac{1}{X_R} = \omega C - \frac{1}{\omega L}\right)$$

$$\therefore\ A = \frac{RV_0}{R^2 + X^2}, \quad B = \frac{XV_0}{R^2 + X^2}$$

したがって

$$I = I_0\sin(\omega t + \phi),$$

$$I_0 = \sqrt{A^2 + B^2} = \frac{V_0}{\sqrt{R^2 + X^2}}, \quad \tan\phi = \frac{B}{A} = \frac{X}{R}$$

となる．共振周波数 $\omega = \omega_{\rm r} = \dfrac{1}{\sqrt{LC}}$ のとき $X = \infty$ で，抵抗を流れる電流は 0 となる．このときコイルとコンデンサーに流れる電流は，

$$I_C = -I_L = \sqrt{\frac{C}{L}}V_0\cos\omega t$$

□

演習問題 6

6.1 右図のように 1 辺の長さ a の正方形コイルが，点 $(R, 0, 0)$ を中心として xz 面上に置かれている．z 軸に沿って電流 I を流したとき，コイルを貫く磁束を求めよ．また，電流が $I(t) = I_0 \cos\omega t$ のように時間変化するときコイルに生じる誘導起電力を求めよ．ただし $R > a/2$ とし，コイルの自己誘導は無視する．

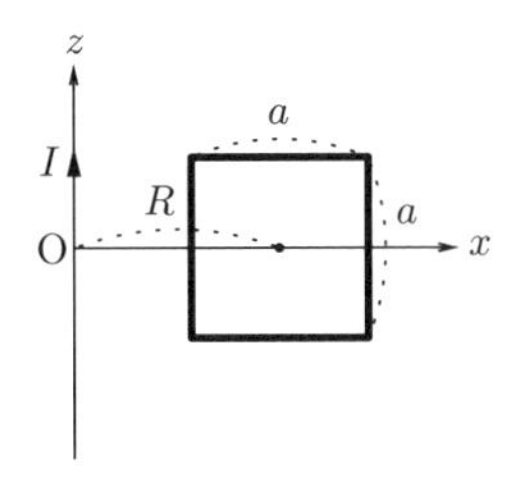

6.2 水平路を長さ a の区間に分割し，1 区間おきに磁束密度 B_0 の磁場を鉛直上向きに加える．下図はこの水平路を真上から見たものである．この水平路に沿って，1 辺の長さ a の正方形 N 巻きコイルを取りつけた質量 M の台車を走らせる．コイルの抵抗を R として，コイルの前方の辺が速度 v_0 で磁場領域に進入してから時間 t 後の台車の速度 $v(t)$ を求めよ．

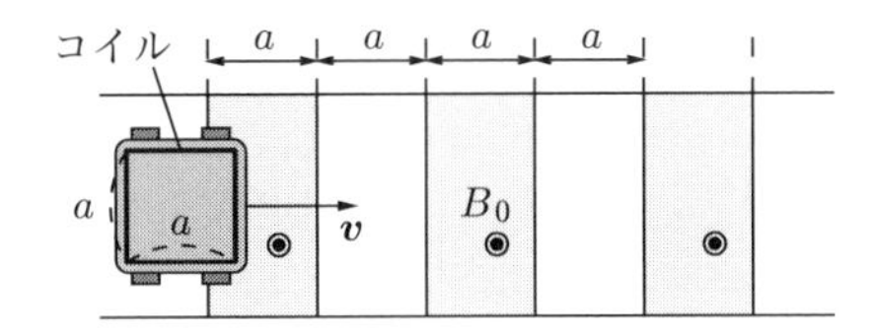

6.3 磁束密度 B_0 の一様磁場中で，右図のようにコイル面の面積 S の N 巻きコイルを，コイル面内の軸まわりに一定の角速度 ω で回転させる．磁場の向きは回転軸に垂直である．このコイルに抵抗 R を接続したとき，流れる電流の最大値を，コイルの自己誘導を考慮して求めよ．ただしコイルの自己インダクタンスを L とし，コイルの抵抗は無視する．

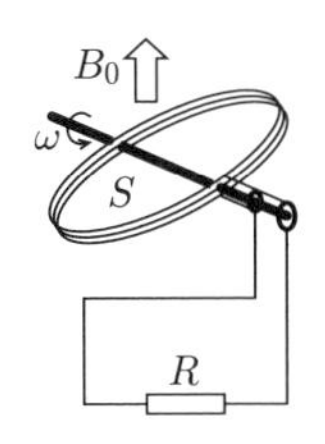

6.4 下図のように，原点を中心として長さ l，断面積 $S = \pi a^2$，単位長さあたりの巻き数 n のソレノイド A が z 軸に平行に置かれ，(x, y) 面上に原点を中心とする半径 b の円形 1 巻きコイル B が置かれている．ソレノイド A とコイル B の間の相互誘導を考えることにより，相互インダクタンスの相反性を確かめよ．ただし $l \gg b \gg a$ とする．

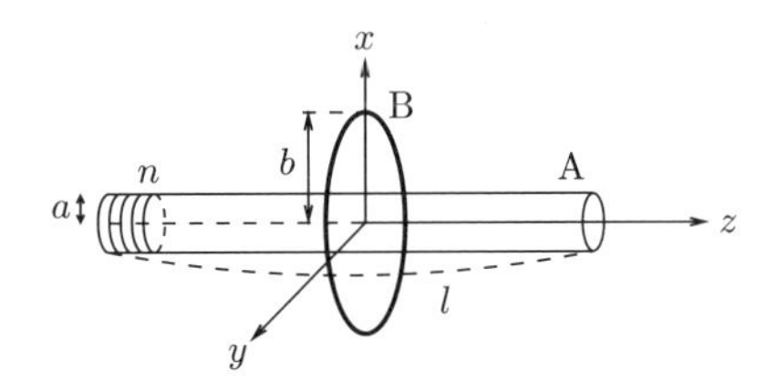

6.5 z 軸上を速度 v で運動する電荷 q の荷電粒子によって，原点 O を中心とする xy 面上の半径 r の円 C 上に生じる磁束密度 $B(r)$ を，アンペール-マクスウェルの法則を用いて求めよ．ただし $|z| \gg r$ とし，円 C の面内には原点 O に生じる電場に等しい一様な電場が生じているとしてよい．

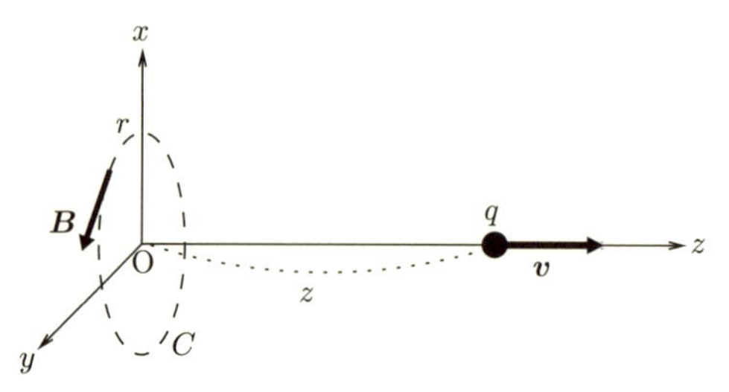

6.6 右図の回路で，端子 ab 間に電圧 $V_{\rm in}(t) = V_0 \sin \omega t$ (入力) を加えたとき，端子 a′b′ 間に生じる電圧 $V_{\rm out}(t)$ (出力) を求めよ．

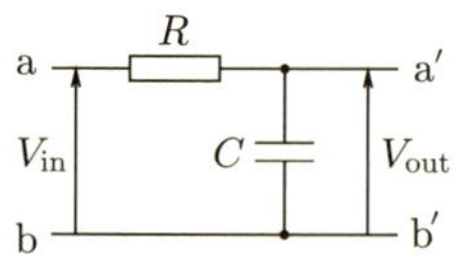

6.7 断面積 S，長さ l，単位長さあたりの巻き数 n のソレノイドに，図のように透磁率 μ の鉄芯を挿入する．電流を流したときソレノイド内に生じる磁束密度は真空中，鉄芯中でそれぞれ一様とし，端点の影響 (ソレノイドの端点，および鉄芯と真空の境界で磁束密度が連続的に変化している部分の磁気エネルギーへの影響) は無視できるとする．

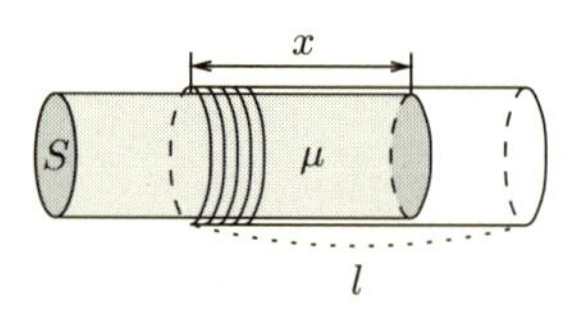

(a) 鉄芯をコイルの端点から長さ x $(0 < x < l)$ の位置まで挿入したときのコイルの自己インダクタンスを求めよ．

(b) このコイルに電流 I が流れているとき，鉄芯をコイルの外へ押し出そうとする力の強さを求めよ．

(c) 鉄芯の底面の単位面積あたりにはたらく力 (応力) を，ソレノイド内部の磁束密度 (鉄芯部分 B および真空部分 B_0) を用いて表せ．

7
マクスウェル方程式と電磁波*

この章では，電磁場の基本法則であるマクスウェル方程式をもとにして，空間を伝わる電磁場の波を導く．

7.1 マクスウェル方程式

ここまで電場 $\boldsymbol{E}$ と磁束密度 $\boldsymbol{B}$ の基本的な性質について説明してきた．これらは速度 $\boldsymbol{v}$ で運動する電荷 q にはたらくローレンツ力

$$\boldsymbol{f} = q(\boldsymbol{E} + \boldsymbol{v} \times \boldsymbol{B}) \tag{1.25}$$

を与える場として規定される．第2章では電荷間にはたらくクーロン力をもとにして，電荷がつくる静電場を表すガウスの法則を導いた．第4章では定常電流がつくる静磁場を表すビオ-サバールの法則からアンペールの法則を導いた．また磁場に関するガウスの法則が成り立つことを示した．第5章では物質中の電磁場を記述するための場として電束密度 $\boldsymbol{D}$ と磁場 $\boldsymbol{H}$ を導入した．さらに第6章では時間変化する磁場にともなう誘導電場を記述する電磁誘導の法則と，時間変化する電場による変位電流を導入してアンペールの法則を拡張したアンペール-マクスウェルの法則について述べた．

マクスウェルはこれらの法則をもとに，4つの方程式を電磁場の基本方程式とする電磁気学の体系を完成させた．この4つの基本方程式を総称して**マクスウェル方程式**という．

マクスウェル方程式

- 電場に関するガウスの法則：任意の閉曲面 S とその内部領域 V に対して

$$\oint_S \boldsymbol{D}\cdot d\boldsymbol{S} = \int_V \rho_{\mathrm{e}} dV,$$

$$\nabla\cdot\boldsymbol{D} = \rho_{\mathrm{e}} \quad (\rho_{\mathrm{e}}：真電荷密度) \tag{7.1}$$

- アンペール-マクスウェルの法則：任意の閉曲線 C とそれを周とする任意の曲面 S に対して

$$\oint_C \boldsymbol{H}\cdot d\boldsymbol{r} - \frac{d}{dt}\int_S \boldsymbol{D}\cdot d\boldsymbol{S} = \int_S \boldsymbol{j}_{\mathrm{e}}\cdot d\boldsymbol{S},$$

$$\nabla\times\boldsymbol{H} - \frac{\partial\boldsymbol{D}}{\partial t} = \boldsymbol{j}_{\mathrm{e}} \quad (\boldsymbol{j}_{\mathrm{e}}：伝導電流密度) \tag{7.2}$$

- 電磁誘導の法則：任意の閉曲線 C とそれを周とする任意の曲面 S に対して

$$\oint_C \boldsymbol{E}\cdot d\boldsymbol{r} + \frac{d}{dt}\int_S \boldsymbol{B}\cdot d\boldsymbol{S} = 0,$$

$$\nabla\times\boldsymbol{E} + \frac{\partial\boldsymbol{B}}{\partial t} = 0 \tag{7.3}$$

- 磁束密度に関するガウスの法則：任意の閉曲面 S に対して

$$\oint_S \boldsymbol{B}\cdot d\boldsymbol{S} = 0,$$

$$\nabla\cdot\boldsymbol{B} = 0 \tag{7.4}$$

物質中の電場 $\boldsymbol{E}$ と電束密度 $\boldsymbol{D}$，および磁束密度 $\boldsymbol{B}$ と磁場 $\boldsymbol{H}$ の間の関係式は，分極 $\boldsymbol{P}$ と磁化 $\boldsymbol{M}$ を用いてそれぞれ

$$\boldsymbol{D} = \varepsilon\boldsymbol{E} = \varepsilon_0\boldsymbol{E} + \boldsymbol{P} \tag{5.7}$$

$$\boldsymbol{H} = \frac{1}{\mu}\boldsymbol{B} = \frac{1}{\mu_0}\boldsymbol{B} - \boldsymbol{M} \tag{5.16}$$

と表される．また，電荷密度 ρ_{e} と電流密度 $\boldsymbol{j}_{\mathrm{e}}$ の間には電荷の保存則

$$\frac{\partial\rho_{\mathrm{e}}}{\partial t} + \nabla\cdot\boldsymbol{j}_{\mathrm{e}} = 0 \tag{1.10}$$

が成り立つ．

問 7.1 マクスウェル方程式から電荷の保存則 (1.10) が導かれることを示せ．

[答： 式 (7.1) の両辺を時間で微分し，式 (7.2) および $\boldsymbol{\nabla}\cdot(\boldsymbol{\nabla}\times\boldsymbol{H})=0$ 《☞ 公式 (A.34)》を用いる．]

7.2　電磁場の波

真空中では $\boldsymbol{D}=\varepsilon_0\boldsymbol{E}$, $\boldsymbol{H}=\dfrac{1}{\mu_0}\boldsymbol{B}$ が成り立ち，$\rho=0$, $\boldsymbol{j}=0$ であるから，微分形のマクスウェル方程式を $\boldsymbol{E}$, $\boldsymbol{B}$ について書くと

$$\boldsymbol{\nabla}\cdot\boldsymbol{E}=0, \tag{7.5a}$$

$$\boldsymbol{\nabla}\times\boldsymbol{B}-\frac{1}{c^2}\frac{\partial\boldsymbol{E}}{\partial t}=0, \quad \left(c^2=\frac{1}{\varepsilon_0\mu_0}\right) \tag{7.5b}$$

$$\boldsymbol{\nabla}\times\boldsymbol{E}+\frac{\partial\boldsymbol{B}}{\partial t}=0, \tag{7.5c}$$

$$\boldsymbol{\nabla}\cdot\boldsymbol{B}=0 \tag{7.5d}$$

となる．これらを満たす電磁場 $\boldsymbol{E}$, $\boldsymbol{B}$ が，空間を伝わる波動の形の解をもつことを示そう．

■ 波動方程式

ここではまず，真空中のマクスウェル方程式 (7.5) をもとにして，位置 $\boldsymbol{r}$ と時間 t の関数で表される電場 $\boldsymbol{E}(\boldsymbol{r},t)$ および磁束密度 $\boldsymbol{B}(\boldsymbol{r},t)$ が波動方程式とよばれる微分方程式に従うことを示す．

式 (7.5c) の回転をとると，

$$\boldsymbol{\nabla}\times(\boldsymbol{\nabla}\times\boldsymbol{E})+\boldsymbol{\nabla}\times\frac{\partial\boldsymbol{B}}{\partial t}=0$$

となる．第 1 項は公式 (A.37) および式 (7.5a) を用いて

$$\boldsymbol{\nabla}\times(\boldsymbol{\nabla}\times\boldsymbol{E})=\boldsymbol{\nabla}(\boldsymbol{\nabla}\cdot\boldsymbol{E})-\boldsymbol{\nabla}^2\boldsymbol{E}=-\boldsymbol{\nabla}^2\boldsymbol{E},$$

第 2 項は空間微分 (回転) と時間微分の順序を交換して式 (7.5b) を用いると

$$\frac{\partial}{\partial t}(\boldsymbol{\nabla}\times\boldsymbol{B})=\frac{1}{c^2}\frac{\partial^2\boldsymbol{E}}{\partial t^2}$$

であることから，$\boldsymbol{E}$ の従う微分方程式

$$\nabla^2 \boldsymbol{E} - \frac{1}{c^2}\frac{\partial^2 \boldsymbol{E}}{\partial t^2} = 0 \tag{7.6}$$

が導かれる．この式を**波動方程式** (wave equation) という．波動方程式に従う関数は波の性質を示す解をもつことを一般的に示すことができる．

問 7.2 マクスウェル方程式より，磁束密度 $\boldsymbol{B}$ も波動方程式に従うことを示せ．

[答：式 (7.5b) の回転に公式 (A.37) および (7.5d), (7.5c) を用いる．]

■ 波動方程式の平面波解

次に，上で導いた波動方程式を満たす特殊な形の解を導く．そのために，長さの逆数の次元をもつ定ベクトル $\boldsymbol{k}$ と時間の逆数の次元をもつ定数 $\omega = c|\boldsymbol{k}|$ を定義し，電場の i 成分 E_i に対する波動方程式を

$$\left(\nabla^2 - \frac{|\boldsymbol{k}|^2}{\omega^2}\frac{\partial^2}{\partial t^2}\right)E_i = \left(\nabla - \frac{\boldsymbol{k}}{\omega}\frac{\partial}{\partial t}\right)\cdot\left(\nabla + \frac{\boldsymbol{k}}{\omega}\frac{\partial}{\partial t}\right)E_i = 0 \tag{7.7}$$

の形に書き直す．するとこの方程式は，$f(u)$ を u の任意関数として

$$E_i(\boldsymbol{r}, t) = f(\boldsymbol{k}\cdot\boldsymbol{r} - \omega t) \tag{7.8}$$

の形の解をもつことがわかる．実際，$u = \boldsymbol{k}\cdot\boldsymbol{r} - \omega t$ と置くと

$$\left(\nabla + \frac{\boldsymbol{k}}{\omega}\frac{\partial}{\partial t}\right)f(u) = f'(u)\left(\nabla u + \frac{\boldsymbol{k}}{\omega}\frac{\partial u}{\partial t}\right) = f'(u)\left(\boldsymbol{k} + \frac{\boldsymbol{k}}{\omega}(-\omega)\right) = 0$$

より $E_i = f(u)$ が方程式 (7.7) を満たすことが確かめられる[1]．

いま，ベクトル $\boldsymbol{k}$ の向きに z 軸を選び $\boldsymbol{k} = (0, 0, k)$ と置くと，$\omega = c|\boldsymbol{k}| = \pm ck$ より

$$f(u) = f(kz - \omega t) = f(k(z \mp ct)) \tag{7.9}$$

となる．ここで $f(k(z \mp ct))$ を t をパラメータとする z の関数と考えると，これは関数 $f(kz)$ を z 方向に $\pm ct$ だけ平行移動したものである．したがって，この関数は初期 $(t = 0)$ の波形 $f(kz)$ を保ったまま時間とともに z 方向に伝わる波動を表しており，図 7.1 のように z 軸の向きに速さ c で進む．磁束密度 $\boldsymbol{B}$ に対しても同様の解が得られる．このような電磁場の波を**電磁波** (electromagnetic wave) という．

1) 方程式 (7.7) には $f(\boldsymbol{k}\cdot\boldsymbol{r} + \omega t)$ の形の解もあるが，これは式 (7.8) の $\boldsymbol{k}$ を $-\boldsymbol{k}$ に置き換えたもので，$\boldsymbol{k}$ の選び方は自由であるから式 (7.8) の形の解だけを考えればよい．

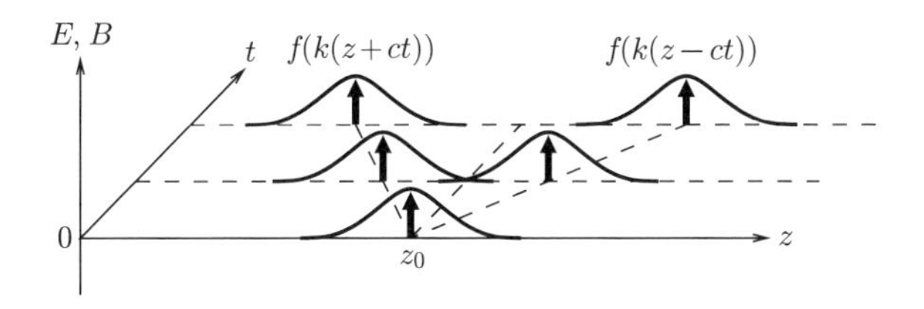

図 7.1 電磁場の波動

電磁波はマクスウェル方程式により理論的に予言され，c の値

$$c = \frac{1}{\sqrt{\varepsilon_0 \mu_0}} = 2.998 \times 10^8 \text{ m/s} \tag{7.10}$$

が真空中を進む光の速さの測定値によく一致することから，マクスウェルは光の電磁波説 (1864 年) を提唱した．その 20 年あまり後の 1888 年，ヘルツ (H. Hertz，ドイツ) が火花放電により発せられる電気的な信号を共振器という装置で受信する実験を行い，これによって電磁波の存在が実証された．

各時刻 t での波の状態が等しい点を結んだ面を波面というが，波動 (7.9) における波面は

$$f(k(z \mp ct)) = f(kz_0), \quad z = z_0 \pm ct$$

すなわち z 軸に垂直な平面となっている．このような，波面が進行方向に垂直な平面である波動を**平面波** (plane wave) という．

平面波の解のうち，特に電場が正弦関数 $f(u) = \sin u$ に比例するものを正弦波といい，振幅を $\boldsymbol{E}_0$ として

$$\boldsymbol{E}(\boldsymbol{r}, t) = \boldsymbol{E}_0 \sin(\boldsymbol{k} \cdot \boldsymbol{r} - \omega t) = \boldsymbol{E}_0 \sin(kz - \omega t) \tag{7.11}$$

の形で表される．この波は位置 z についても時間 t についても周期関数であり，位置の周期 $\lambda = 2\pi/k$ は**波長** (wave length)，時間の周期 $T = 2\pi/\omega$ は単に**周期** (period) とよばれる．また，単位時間あたりの振動の回数 $\nu = \omega/(2\pi)$ を**周波数** (frequency) といい，単位 Hz (ヘルツ) ($1 \text{ Hz} = 1 \text{ s}^{-1}$) で表す．$\boldsymbol{k}$ はその大きさが単位長さあたりに含まれる波の数の 2π 倍に相当し，**波数** (wave number) とよばれている．

上ではマクスウェル方程式から電磁場が波動方程式に従うことを導いた．したがって波動方程式を満たすことは電磁場の必要条件であるが，その解がすべ

てマクスウェル方程式を満足するわけではない．そこで，正弦波 (7.11) がマクスウェル方程式を満足するための条件について調べてみよう．電場 (7.11) を式 (7.5a) に代入すると

$$\boldsymbol{\nabla}\cdot\boldsymbol{E}=\boldsymbol{E}_0\cdot\boldsymbol{k}\cos(\boldsymbol{k}\cdot\boldsymbol{r}-\omega t)=0,\quad \therefore\ \boldsymbol{E}_0\cdot\boldsymbol{k}=0$$

となる．したがって，電場は波の進む向き $\boldsymbol{k}$ に垂直な**横波** (transverse wave) であることがわかる．また，式 (7.5c) により

$$\begin{aligned}\frac{\partial\boldsymbol{B}}{\partial t}&=-\boldsymbol{\nabla}\times\boldsymbol{E}=-(\boldsymbol{k}\times\boldsymbol{E}_0)\cos(\boldsymbol{k}\cdot\boldsymbol{r}-\omega t),\\ \boldsymbol{B}(\boldsymbol{r},t)&=-(\boldsymbol{k}\times\boldsymbol{E}_0)\int\cos(\boldsymbol{k}\cdot\boldsymbol{r}-\omega t)dt\\ &=\frac{\boldsymbol{k}\times\boldsymbol{E}_0}{\omega}\sin(\boldsymbol{k}\cdot\boldsymbol{r}-\omega t)=\boldsymbol{B}_0\sin(kz-\omega t)\end{aligned}\tag{7.12}$$

となり，磁場は電場 (7.11) と同じ位相で振動する．磁束密度の振幅は

$$\boldsymbol{B}_0=\frac{\boldsymbol{k}\times\boldsymbol{E}_0}{\omega}$$

であり，波の進行方向に対して垂直な横波であると同時に，電場の向きに対しても垂直である．その大きさは

$$|\boldsymbol{B}_0|=\left|\frac{\boldsymbol{k}\times\boldsymbol{E}_0}{\omega}\right|=\frac{|\boldsymbol{k}||\boldsymbol{E}_0|}{|\omega|}=\frac{|\boldsymbol{E}_0|}{c}$$

に等しい．このように電磁波は，電場と磁場とが上記のような一定の関係を保ちながら空間を伝播する波動となっている．波数ベクトル $\boldsymbol{k}$ は任意であるから，一般の波動方程式の解はさまざまな波数をもつ正弦波の重ね合わせで表される．

式 (7.11), (7.12) のような電場と磁場が一定の方向をもつ波を**直線偏波**という．電場が x 方向を向いた直線偏波と y 方向を向いた直線偏波とを，位相を $\pm\pi/2$ ずらして重ね合わせた解

$$\boldsymbol{E}^{\mathrm{L}}(z,t)=E_0\begin{pmatrix}\cos(\omega t-kz)\\ \sin(\omega t-kz)\\ 0\end{pmatrix},\quad \boldsymbol{E}^{\mathrm{R}}(z,t)=E_0\begin{pmatrix}\cos(\omega t-kz)\\ -\sin(\omega t-kz)\\ 0\end{pmatrix}$$

を考えると，各点 z での電場の向きが z 軸に垂直な面内を角速度 $\pm\omega$ で回転する．このような解を**円偏波**という[2)]．回転の向きに応じて $\boldsymbol{E}^{\mathrm{L}}$, $\boldsymbol{E}^{\mathrm{R}}$ をそ

2) x 成分と y 成分の振幅が異なる場合を楕円偏波という．

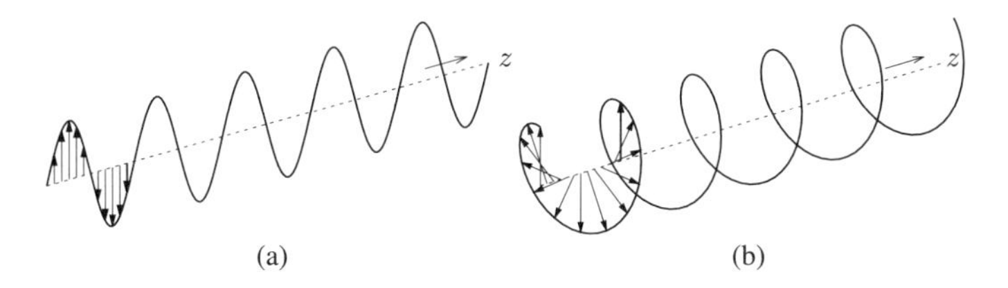

図 7.2 直線偏波 (a) と円偏波 (b) における電場ベクトル

れぞれ左円偏波，右円偏波という．ある時刻における電場 $\boldsymbol{E}^{\mathrm{L}}$ の空間分布は図 7.2 (b) のようになる．光を円偏波にした円偏光は立体映像 (3D シアター) に利用されているほか，光通信等への応用も期待されている．

7.3 電磁場のエネルギー

電気や磁気のエネルギーは，電場や磁場の生じている空間の中に電磁場のエネルギーとして蓄えられていると解釈することができる．この電磁場のエネルギーは電磁波にのって空間中を伝播する．

このことを調べるため，まず最初に平行板コンデンサーの静電エネルギーとソレノイドの磁気エネルギーをもとにして電磁場のエネルギーの表式を導く．

■ 電場のエネルギー

面積 S の極板を間隔 d で配置した平行板コンデンサーを考える．極板間の空間 (媒質) の誘電率を ε とすると，電気容量は $C = \dfrac{\varepsilon S}{d}$ である．このコンデンサーに電荷 Q が蓄えられているとき，極板端部の影響が無視できるとすると，極板間の空間に一様な電場

$$E = \frac{Q}{\varepsilon S}$$

が生じているとみなせる．ここで，このコンデンサーに蓄えられている静電エネルギー

$$U_{\mathrm{e}} = \frac{Q^2}{2C} = \frac{Q^2 d}{2\varepsilon S}$$

が，電場の生じている極板間の体積 Sd の空間内に電場のエネルギーとして蓄えられていると考えよう．すると，この空間内の単位体積あたりの電場のエネルギー，すなわちエネルギー密度は

$$u_{\mathrm{e}} = \frac{U_{\mathrm{e}}}{Sd} = \frac{Q^2}{2\varepsilon S^2} = \frac{1}{2}\varepsilon E^2$$

と表される．一般に電場 $\boldsymbol{E}(\boldsymbol{r})$ が生じている空間にはエネルギー密度

$$u_{\mathrm{e}}(\boldsymbol{r}) = \frac{1}{2}\varepsilon|\boldsymbol{E}(\boldsymbol{r})|^2 \tag{7.13}$$

が蓄えられているとみなすことができる．

例題 7.1 導体球のまわりの電場のエネルギー

電荷 Q を与えた半径 a の導体球の静電エネルギー《☞ 例題3.2》 $U_{\mathrm{e}} = \dfrac{Q^2}{8\pi\varepsilon_0 a}$ が，導体球のまわりに生じる電場のエネルギーに等しいことを示せ．

【解答】 導体球の中心から距離 r $(r \geq a)$ の位置に生じる電場は，ガウスの法則より

$$E(r) = \frac{Q}{4\pi\varepsilon_0 r^2}$$

で与えられる．電場のエネルギー密度 (7.13) にこの式を代入し，付録 B の公式 (B.2) を用いて体積積分を計算することにより，導体球のまわりの空間 $(r \geq a)$ に蓄えられている電場のエネルギーは

$$\begin{aligned} U_{\mathrm{e}} &= \int u_{\mathrm{e}} dV = 4\pi \int_a^\infty \left[\frac{1}{2}\varepsilon_0 \left(\frac{Q}{4\pi\varepsilon_0 r^2}\right)^2\right] r^2 dr \\ &= \int_a^\infty \frac{Q^2}{8\pi\varepsilon_0 r^2} dr = \frac{Q^2}{8\pi\varepsilon_0 a} \end{aligned}$$

□

■ 磁場のエネルギー

断面の半径 S，長さ l の円筒側面に導線を単位長さあたりの巻き数 n で密に巻いたソレノイドを考える．ソレノイド内部の空間 (媒質) の透磁率を μ とし，ソレノイド端部の影響が無視できるとすると，このソレノイドの自己インダクタンスは $L = \mu l n^2 S$ であり《☞ 例題6.3》，このソレノイドに電流 I を

流したとき，ソレノイド内には一様な磁束密度

$$B = \mu n I$$

が生じているとみなせる．ここで，上の電場のときと同様に，このソレノイドに蓄えられている磁気エネルギー (6.18)

$$U_{\mathrm{m}} = \frac{1}{2}LI^2 = \frac{1}{2}\mu l n^2 S I^2$$

が，磁場の生じているソレノイド内部の体積 Sl の空間内に磁場のエネルギーとして蓄えられていると考える．すると，磁場のエネルギー密度は

$$u_{\mathrm{m}} = \frac{U_{\mathrm{m}}}{Sl} = \frac{1}{2}\mu n^2 I^2 = \frac{1}{2\mu}B^2$$

と表される．一般に磁束密度 $\boldsymbol{B}(\boldsymbol{r})$ が生じている空間にはエネルギー密度

$$u_{\mathrm{m}}(\boldsymbol{r}) = \frac{1}{2\mu}|\boldsymbol{B}(\boldsymbol{r})|^2 \tag{7.14}$$

が蓄えられているとみなせる．

電場のエネルギーと磁場のエネルギーを合わせて，電磁場のエネルギー密度は

$$u_{\mathrm{em}}(\boldsymbol{r}) = \frac{1}{2}\varepsilon|\boldsymbol{E}(\boldsymbol{r})|^2 + \frac{1}{2\mu}|\boldsymbol{B}(\boldsymbol{r})|^2 = \frac{1}{2}(\boldsymbol{E}\cdot\boldsymbol{D} + \boldsymbol{B}\cdot\boldsymbol{H}) \tag{7.15}$$

と表される．

■ 時間変化する電磁場からのエネルギーの流れ

電磁場が時間変化すると，空間に蓄えられている電磁場のエネルギーは時間的に変動する．エネルギーが保存するならば，空間のある領域に蓄えられている電磁場のエネルギーの時間変化は，その境界を通して外部から出入りするエネルギーで表されなくてはならない．いま，ある閉曲面 S で囲まれた領域 V を考えると，この領域内の電磁場のエネルギーの時間変化率は

$$\begin{aligned}
\frac{dU_{\mathrm{em}}}{dt} &= \int_V \frac{\partial u_{\mathrm{em}}}{\partial t}dV = \int_V \left(\varepsilon\boldsymbol{E}\cdot\frac{\partial\boldsymbol{E}}{\partial t} + \frac{1}{\mu}\boldsymbol{B}\cdot\frac{\partial\boldsymbol{B}}{\partial t}\right)dV \\
&= \int_V \left(\boldsymbol{E}\cdot\frac{\partial\boldsymbol{D}}{\partial t} + \boldsymbol{H}\cdot\frac{\partial\boldsymbol{B}}{\partial t}\right)dV
\end{aligned}$$

と表される．さらにマクスウェル方程式 (7.2), (7.3) より

$$\frac{\partial \boldsymbol{D}}{\partial t} = \boldsymbol{\nabla} \times \boldsymbol{H} - \boldsymbol{j}, \quad \frac{\partial \boldsymbol{B}}{\partial t} = -\boldsymbol{\nabla} \times \boldsymbol{E}$$

および公式 (A.35) を用いると，

$$\begin{aligned} \int_V \frac{\partial u_{\text{em}}}{\partial t} dV &= \int_V \{\boldsymbol{E} \cdot (\boldsymbol{\nabla} \times \boldsymbol{H}) - \boldsymbol{H} \cdot (\boldsymbol{\nabla} \times \boldsymbol{E}) - \boldsymbol{E} \cdot \boldsymbol{j}\} dV \\ &= -\int_V \boldsymbol{\nabla} \cdot (\boldsymbol{E} \times \boldsymbol{H}) dV - \int_V (\boldsymbol{E} \cdot \boldsymbol{j}) dV \end{aligned} \tag{7.16}$$

となり，右辺第 1 項にガウスの定理 (A.38) を用いると

$$\int_V \frac{\partial u_{\text{em}}}{\partial t} dV = -\oint_S (\boldsymbol{E} \times \boldsymbol{H}) \cdot d\boldsymbol{S} - \int_V (\boldsymbol{E} \cdot \boldsymbol{j}) dV \tag{7.17}$$

が得られる．ここで

$$\boldsymbol{S}_{\text{em}} = \boldsymbol{E} \times \boldsymbol{H} = \frac{1}{\mu} \boldsymbol{E} \times \boldsymbol{B} \tag{7.18}$$

を，単位時間あたりに単位面積あたりを通過するエネルギーの流れを表すベクトルと考えれば，式 (7.17) 右辺第 1 項の面積分は表面 S を通って単位時間あたりに領域 V から流出するエネルギーを表す．このベクトル $\boldsymbol{S}_{\text{em}}$ を，提唱者ポインティング (J. Poynting, イギリス) に因んで**ポインティングベクトル** (Poynting vector) という (図 7.3)．式 (7.17) の右辺第 2 項は，領域内で電場が電荷にする仕事により電荷に与えられるエネルギー (媒質内では消費されてジュール熱となる) を表しており，式 (7.17) がエネルギーの保存を記述する式であることがわかる．また式 (7.16) より，エネルギー保存則を表す局所的な微分形の方程式は，ポインティングベクトル $\boldsymbol{S}_{\text{em}}$ を用いて

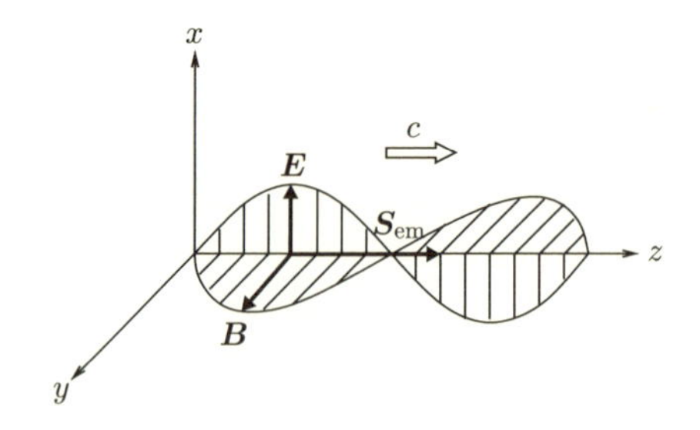

図 7.3 電磁波の平面正弦波解とポインティングベクトル

$$\frac{\partial u_{\mathrm{em}}}{\partial t} = -\boldsymbol{\nabla}\cdot\boldsymbol{S}_{\mathrm{em}} - \boldsymbol{E}\cdot\boldsymbol{j}$$

と表される．

電磁場のエネルギー保存則

任意の閉曲面 S で囲まれる領域 V に対して

$$\frac{d}{dt}\int_V u_{\mathrm{em}} dV = -\oint_S \boldsymbol{S}_{\mathrm{em}}\cdot d\boldsymbol{S} - \int_V (\boldsymbol{E}\cdot\boldsymbol{j})dV \tag{7.19}$$

空間の各点で

$$\frac{\partial u_{\mathrm{em}}}{\partial t} = -\boldsymbol{\nabla}\cdot\boldsymbol{S}_{\mathrm{em}} - \boldsymbol{E}\cdot\boldsymbol{j} \tag{7.20}$$

例題 7.2 平行板コンデンサーからの電磁場のエネルギーの流れ

半径 a の円形極板 2 つを間隔 d で平行に配置した平行板コンデンサーにおいて，2 つの極板を底面とする円柱領域内部の電磁場のエネルギーを考える．このコンデンサーに蓄えられる電荷が $Q(t) = Q_0 \cos\omega t$ のように時間変化するとき，円柱側面を通して単位時間あたりに流出する電磁場のエネルギーを，ポインティングベクトルを用いて求めよ．またそれが極板間の電磁場のエネルギーの時間変化率に等しいことを確かめよ．ただし電荷の時間変化は十分ゆるやか (ω が十分小さい) とし，このとき磁場のエネルギーが電場のエネルギーに対して無視できることを用いてよい．また磁場の時間変化にともなう誘導電場も無視でき，極板間の電場は一様とみなせるものとする[3]．

【解答】 図 7.4 のように，極板の中心を通り極板に垂直に z 軸を選び，円柱座標で考える．極板間には z 方向の一様な電場が生じるとみなせることから，ガウスの法則 (クーロンの定理) より

$$\boldsymbol{E}(t) = -\frac{Q_0\cos\omega t}{\pi a^2 \varepsilon_0}\boldsymbol{e}_z$$

3) アンペール-マクスウェルの法則および電磁誘導の法則を用いた簡単な計算により，磁場のエネルギーが電場のエネルギーの $(a\omega/c)^2$ 倍程度の大きさであること，また誘導電場が極板電荷による電場の $(a\omega/c)^2$ 倍程度の大きさであることを示すことができる．

このとき極板間には変位電流

$$I_{\mathrm{d}} = \pi a^2 \varepsilon_0 \frac{dE}{dt} = Q_0 \omega \sin \omega t$$

が生じるので，円柱側面上に生じる磁束密度を $\boldsymbol{B} = B(t)\boldsymbol{e}_\varphi$ とすると，アンペール-マクスウェルの法則により

$$2\pi a B(t) = \mu_0 I_{\mathrm{d}} = \mu_0 Q_0 \omega \sin \omega t,$$

$$B(t) = \frac{\mu_0 Q_0 \omega \sin \omega t}{2\pi a}$$

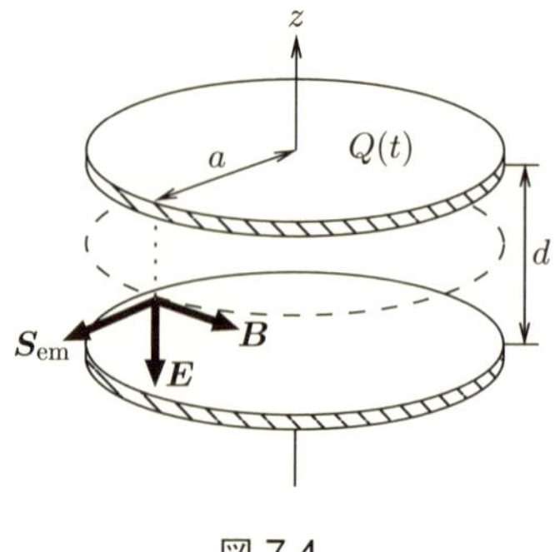

図 7.4

よって，円柱側面上のポインティングベクトルが

$$\boldsymbol{S}_{\mathrm{em}} = -\frac{1}{\mu_0} \cdot \frac{Q_0 \cos \omega t}{\pi \varepsilon_0 a^2} \boldsymbol{e}_z \times \frac{\mu_0 Q_0 \omega \sin \omega t}{2\pi a} \boldsymbol{e}_\varphi = \frac{Q_0^2 \omega \sin \omega t \cos \omega t}{2\pi^2 \varepsilon_0 a^3} \boldsymbol{e}_R$$

と求められるので，側面から流出する電磁場のエネルギーは

$$\oint \boldsymbol{S}_{\mathrm{em}} \cdot d\boldsymbol{S} = 2\pi a d S_{\mathrm{em}}(t) = \frac{Q_0^2 \omega d \sin \omega t \cos \omega t}{\pi \varepsilon_0 a^2} \tag{7.21}$$

となる．磁場のエネルギーが無視できることから，円柱内の電磁場のエネルギーは

$$U_{\mathrm{em}} \simeq \frac{1}{2} \varepsilon_0 |\boldsymbol{E}(t)|^2 \pi a^2 d = \frac{Q_0^2 d \cos^2 \omega t}{2\pi \varepsilon_0 a^2}$$

で与えられ，式 (7.21) より

$$\frac{dU_{\mathrm{em}}}{dt} = -\oint \boldsymbol{S}_{\mathrm{em}} \cdot d\boldsymbol{S}$$

が成り立つ．　□

■ 電磁波のエネルギー

前節で得られた平面正弦波の電磁波

$$\boldsymbol{E} = \boldsymbol{E}_0 \sin(\boldsymbol{k} \cdot \boldsymbol{r} - \omega t), \quad \boldsymbol{B} = \frac{\boldsymbol{k} \times \boldsymbol{E}_0}{\omega} \sin(\boldsymbol{k} \cdot \boldsymbol{r} - \omega t)$$

が生じている空間中で，電磁場のエネルギー密度は

$$u_{\mathrm{em}}(z,t) = \frac{1}{2} \varepsilon_0 |\boldsymbol{E}|^2 + \frac{1}{2\mu_0} |\boldsymbol{B}|^2 = \varepsilon_0 E_0^2 \sin^2(kz - \omega t) \tag{7.22}$$

と表される．この平面波に対するポインティングベクトルは

$$\boldsymbol{S}_{\mathrm{em}} = \frac{\boldsymbol{E}_0 \times (\boldsymbol{k} \times \boldsymbol{E}_0)}{\mu_0 \omega} \sin^2(\boldsymbol{k} \cdot \boldsymbol{r} - \omega t) = \frac{|\boldsymbol{E}_0|^2 \boldsymbol{k}}{\mu_0 \omega} \sin^2(\boldsymbol{k} \cdot \boldsymbol{r} - \omega t)$$
$$= c\varepsilon_0 E_0^2 \boldsymbol{e}_k \sin^2(\boldsymbol{k} \cdot \boldsymbol{r} - \omega t) = u_{\mathrm{em}} c \boldsymbol{e}_k \quad \left(\boldsymbol{e}_k = \frac{\boldsymbol{k}}{|\boldsymbol{k}|} \right) \tag{7.23}$$

と表される．この式は，ポインティングベクトルが速度 $\boldsymbol{c} = c\boldsymbol{e}_k$ でエネルギーを伝播する流れ密度であることを表している．このことは，電磁波におけるエネルギー密度 u_{em} とポインティングベクトル $\boldsymbol{S}_{\mathrm{em}} = u_{\mathrm{em}}\boldsymbol{c}$ の関係が，1.5 節で述べた電荷密度 ρ と電流密度 $\boldsymbol{j} = \rho \boldsymbol{u}$ の関係にちょうど対応していることからも理解されるだろう．

電磁波のエネルギーの流れを表すポインティングベクトルには電場と磁場が対等に寄与していなくてはならないが，式 (7.18) は係数 $1/\mu$ のため電場と磁場について対称な形になっていない．これを改めるため，エネルギー密度 (7.15) の平方根の次元をもつ量 $\sqrt{\varepsilon_0}\boldsymbol{E}$, $\boldsymbol{B}/\sqrt{\mu_0}$ を用いてポインティングベクトル (7.18) を書き直すと

$$\boldsymbol{S}_{\mathrm{em}} = c \cdot \sqrt{\varepsilon_0}\boldsymbol{E} \times \frac{1}{\sqrt{\mu_0}}\boldsymbol{B} \tag{7.24}$$

のように電場と磁場とが対等に寄与する形に表される．

演習問題 7

7.1 電磁波の平面波解において，電場ベクトルがガウス関数型の波束

$$\boldsymbol{E}(\boldsymbol{r},t)=\left(E_0e^{-\{k(z-z_0)-\omega t\}^2/2a^2},\ 0,\ 0\right),\quad \omega=ck$$

で与えられるとき，この電磁波の磁束密度 $\boldsymbol{B}(\boldsymbol{r},t)$ を求めよ．

7.2 断面の半径 a の円柱導体芯のまわりに内径 b の導体円筒を配置した長さ l の円筒形コンデンサーに電荷 Q が蓄えられているとき，電極間の電場のエネルギーがコンデンサーの静電エネルギーに等しいことを示せ．

7.3 半径 a の円形極板 2 枚を間隔 d で平行に配置した平行板コンデンサーに電荷 Q_0 が蓄えられている．$d \ll a$ であり，極板間の電場は一様とみなせる．このコンデンサーを，時刻 $t=0$ に抵抗 R の回路につないで放電させたとき，コンデンサーの極板間から放出される電磁場のエネルギーについて以下の設問に答えよ．

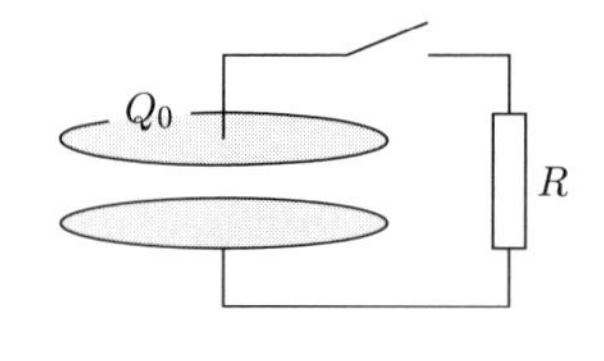

(a) 時刻 $t>0$ におけるコンデンサーの電荷 $Q(t)$ を求めよ．

(b) 時刻 $t>0$ に極板間に生じている磁束密度を，中心軸からの距離 $r\,(r \leq a)$ の関数で表せ．

(c) $r=a$ におけるポインティングベクトルを求め，極板で挟まれた円柱形領域の側面から単位時間あたりに放出される電磁場のエネルギーを t の関数で表せ．

(d) 放電の過程でコンデンサーの極板間の領域から放出された電磁場のエネルギーが，最初コンデンサーに蓄えられていた静電エネルギーに一致することを確かめよ．

7.4 断面の半径 a，単位長さあたりの抵抗 r の無限に長い円柱形導線内を一様な電流 I が流れている．この導線の側面におけるポインティングベクトルを用いて，単位長さあたりの導線に単位時間あたりに流入する電磁場のエネルギーを求めよ．

7.5 電磁波の強度 I は単位時間あたりに電磁波に垂直な単位面積あたりを通過する電磁場のエネルギーで定義され，ポインティングベクトルの大きさの時間平均により $I=\overline{|\boldsymbol{S}_{\mathrm{em}}|}=\overline{u}_{\mathrm{em}}c$ と表される．出力 (単位時間あたりに放出される平均のエネルギー) 1 mW のレーザーポインターからの断面積 25 mm^2 の光線の強度を地球上空での太陽光の強度 (約 1 kW/m^2) と比較せよ．またこの光線における電場の振幅および磁束密度の振幅を求めよ．

付　　録

A　ベクトル解析

A.1　デカルト座標と極座標

デカルト座標 (直交直線座標) と主な曲線座標の間の関係式をまとめておく.

■ 円柱座標 (R, φ, z)

円柱座標系の動径座標には記号 ρ がよく用いられるが, 本書では電荷密度との記号の衝突を避けるため R を用いる.

デカルト座標との関係：

$$x = R\cos\varphi, \quad y = R\sin\varphi \qquad (0 \leq \varphi < 2\pi) \tag{A.1}$$

$$R = \sqrt{x^2 + y^2}, \quad \tan\varphi = \frac{y}{x} \tag{A.2}$$

基本ベクトル：

$$\boldsymbol{e}_R = \begin{pmatrix} \cos\varphi \\ \sin\varphi \\ 0 \end{pmatrix}, \quad \boldsymbol{e}_\varphi = \begin{pmatrix} -\sin\varphi \\ \cos\varphi \\ 0 \end{pmatrix}, \quad \boldsymbol{e}_z = \begin{pmatrix} 0 \\ 0 \\ 1 \end{pmatrix} \tag{A.3}$$

これらはこの順に右手系を成し,

$$\boldsymbol{e}_R \times \boldsymbol{e}_\varphi = \boldsymbol{e}_z, \quad \boldsymbol{e}_\varphi \times \boldsymbol{e}_z = \boldsymbol{e}_R, \quad \boldsymbol{e}_z \times \boldsymbol{e}_R = \boldsymbol{e}_\varphi \tag{A.4}$$

が成り立つ.

上の基本ベクトルのうち $\boldsymbol{e}_R, \boldsymbol{e}_\varphi$ は角度座標 φ の関数であり, 位置によってこれらの基本ベクトルは変化する. したがって同じベクトルであっても位置によってその成分は異なる. 運動する物体のもつベクトル量の変化を円柱座標表示

$$\boldsymbol{A} = A_R\boldsymbol{e}_R + A_\varphi\boldsymbol{e}_\varphi + A_z\boldsymbol{e}_z$$

で考えるときは, その成分だけでなく, 基本ベクトルの変化も考慮しなくては

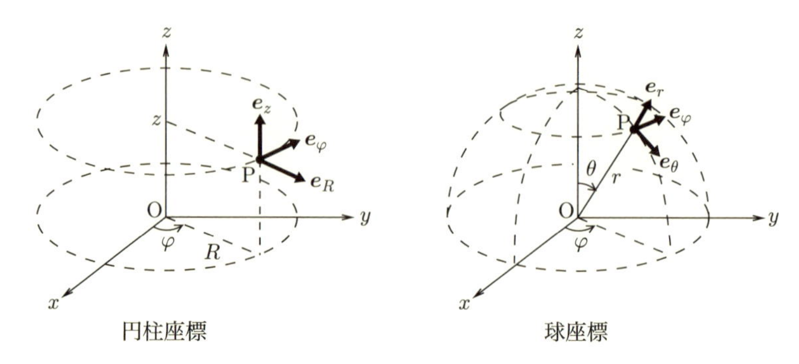

図 A.1　曲線座標と基本ベクトル

ならない．基本ベクトルの変化は以下の微分公式により与えられる：

$$d\boldsymbol{e}_i \equiv \boldsymbol{e}_i(\varphi + d\varphi) - \boldsymbol{e}_i(\varphi) = \frac{d\boldsymbol{e}_i}{d\varphi}\,d\varphi \quad (i = R,\, \varphi),$$

$$d\boldsymbol{e}_R = \boldsymbol{e}_\varphi\,d\varphi, \quad d\boldsymbol{e}_\varphi = -\boldsymbol{e}_R\,d\varphi \tag{A.5}$$

これを用いて位置ベクトル $\boldsymbol{r} = R\boldsymbol{e}_R + z\boldsymbol{e}_z$ から速度ベクトル $\boldsymbol{v}$ および加速度ベクトル $\boldsymbol{a}$ が以下のように求められる．

$$\boldsymbol{v} = \dot{\boldsymbol{r}} = \dot{R}\boldsymbol{e}_R + R\dot{\boldsymbol{e}}_R + \dot{z}\boldsymbol{e}_z = \dot{R}\boldsymbol{e}_R + R\dot{\varphi}\boldsymbol{e}_\varphi + \dot{z}\boldsymbol{e}_z,$$

$$\begin{aligned}\boldsymbol{a} = \dot{\boldsymbol{v}} &= \ddot{R}\boldsymbol{e}_R + \dot{R}\dot{\boldsymbol{e}}_R + (\dot{R}\dot{\varphi} + R\ddot{\varphi})\boldsymbol{e}_\varphi + R\dot{\varphi}\dot{\boldsymbol{e}}_\varphi + \ddot{z}\boldsymbol{e}_z \\ &= (\ddot{R} - R\dot{\varphi}^2)\boldsymbol{e}_R + (2\dot{R}\dot{\varphi} + R\ddot{\varphi})\boldsymbol{e}_\varphi + \ddot{z}\boldsymbol{e}_z\end{aligned}$$

■ 球座標 (r, θ, φ)

2つの角度変数のうち θ を極角 (polar angle)，φ を方位角 (azimuthal angle) という．

デカルト座標との関係：

$$x = r\sin\theta\cos\varphi, \quad y = r\sin\theta\sin\varphi, \quad z = r\cos\theta \tag{A.6}$$
$$(0 \le \theta \le \pi, \quad 0 \le \varphi < 2\pi)$$

$$r = \sqrt{x^2 + y^2 + z^2}, \quad \tan\theta = \frac{z}{\sqrt{x^2 + y^2}}, \quad \tan\varphi = \frac{y}{x} \tag{A.7}$$

基本ベクトル：

$$\boldsymbol{e}_r = \begin{pmatrix} \sin\theta\cos\varphi \\ \sin\theta\sin\varphi \\ \cos\theta \end{pmatrix}, \quad \boldsymbol{e}_\theta = \begin{pmatrix} \cos\theta\cos\varphi \\ \cos\theta\sin\varphi \\ -\sin\theta \end{pmatrix}, \quad \boldsymbol{e}_\varphi = \begin{pmatrix} -\sin\varphi \\ \cos\varphi \\ 0 \end{pmatrix} \tag{A.8}$$

$$\boldsymbol{e}_r \times \boldsymbol{e}_\theta = \boldsymbol{e}_\varphi, \quad \boldsymbol{e}_\theta \times \boldsymbol{e}_\varphi = \boldsymbol{e}_r, \quad \boldsymbol{e}_\varphi \times \boldsymbol{e}_r = \boldsymbol{e}_\theta \tag{A.9}$$

これらは角度座標 θ, φ の関数であり，その変化は以下の微分公式により与えられる：

$$\begin{aligned} d\boldsymbol{e}_i &\equiv \boldsymbol{e}_i(\theta + d\theta, \varphi + d\varphi) - \boldsymbol{e}_i(\theta, \varphi) = \frac{\partial \boldsymbol{e}_i}{\partial \theta} d\theta + \frac{\partial \boldsymbol{e}_i}{\partial \varphi} d\varphi, \quad (i = r, \theta, \varphi) \\ d\boldsymbol{e}_r &= \boldsymbol{e}_\theta \, d\theta + \boldsymbol{e}_\varphi \sin\theta \, d\varphi, \quad d\boldsymbol{e}_\theta = -\boldsymbol{e}_r \, d\theta + \boldsymbol{e}_\varphi \cos\theta \, d\varphi, \\ d\boldsymbol{e}_\varphi &= -(\boldsymbol{e}_r \sin\theta + \boldsymbol{e}_\theta \cos\theta) d\varphi \end{aligned} \tag{A.10}$$

A.2　ベクトルの内積と外積

■ アインシュタインの規約

ベクトルや行列の積を，それらの成分を用いて表す場合，

$$b_i = \sum_{j=1}^{3} \sum_{k=1}^{3} L_{ij} M_{jk} a_k$$

のように同じ添字 (上の例では j と k) についての和が現れる．ここで，同一の項に現れる 2 つの同じ添字については和をとるという規則を設けて和の記号を省略すると，上の式を $b_i = L_{ij} M_{jk} a_k$ のように簡潔に表すことができる．この記法は相対性理論を定式化する際にアインシュタイン (A. Einstein, ドイツ) によって提唱されたことから「**アインシュタインの規約**」とよばれている．デカルト座標での成分を表す場合は x, y, z をそれぞれ数字 1, 2, 3 に対応させて

$$\boldsymbol{a} = a_x \boldsymbol{e}_x + a_y \boldsymbol{e}_y + a_z \boldsymbol{e}_z = a_i \boldsymbol{e}_i$$

のように表す．

■ クロネッカーのデルタとエディントンのイプシロン

整数 i, j に対して「**クロネッカーのデルタ**」とよばれる記号 δ_{ij} を以下のように定義する．

$$\delta_{ij} = \begin{cases} 1 & (i = j) \\ 0 & (i \neq j) \end{cases} \tag{A.11}$$

これは単位行列の $i,\ j$ 成分を表す記号である．

また，1 から 3 までの整数 $i,\ j,\ k$ に対して「エディントンのイプシロン」とよばれる記号 ε_{ijk} を以下で定義する．

$$\varepsilon_{ijk} = \begin{cases} 1 & (\text{順列「}i,\ j,\ k\text{」が順列「}1,\ 2,\ 3\text{」の偶置換}) \\ -1 & (\text{順列「}i,\ j,\ k\text{」が順列「}1,\ 2,\ 3\text{」の奇置換}) \\ 0 & (\text{上記以外}) \end{cases} \tag{A.12}$$

偶置換 (奇置換) とは順列の中の 2 つを交換する操作を偶数回 (奇数回) 行ってできる順列をいう．「$1,3,2$」は「$1,2,3$」の 2 と 3 の 1 回の交換でできるので奇置換であり，$\varepsilon_{132} = -1$ となる．$i,\ j,\ k$ のうち 2 つが一致するものは「$1,2,3$」の置換ではないので，たとえば $\varepsilon_{112} = 0$ などとなる．ε_{ijk} は添字 $i,\ j,\ k$ のうち任意の 2 つの交換に対して符号が反転する (このことを添字の交換について「反対称」という) 性質をもち，3 階完全反対称単位テンソルともいう．また ε_{ijk} は添字の巡回置換に対して対称である，すなわち

$$\varepsilon_{ijk} = \varepsilon_{jki} = \varepsilon_{kij} \tag{A.13}$$

が成り立つ．

δ_{ij} と ε_{ijk} について以下の和の公式が成り立つ (ただしアインシュタインの規約に従い，同一の添字については 1 から 3 まで和をとる)．

$$\delta_{ij}\delta_{jk} = \delta_{ik} \tag{A.14}$$

$$\varepsilon_{ijk}\varepsilon_{ijk'} = 2\delta_{kk'} \tag{A.15}$$

$$\varepsilon_{ijk}\varepsilon_{ij'k'} = \delta_{jj'}\delta_{kk'} - \delta_{jk'}\delta_{kj'} \tag{A.16}$$

特に式 (A.16) はベクトル 3 重積の公式を導く際に有用であるので，ぜひ覚えておこう．

■ 内積と外積

2 つのベクトル $\boldsymbol{A} = (A_x, A_y, A_z)$ と $\boldsymbol{B} = (B_x, B_y, B_z)$ の**内積** (スカラー積) とは，$\boldsymbol{A}$ と $\boldsymbol{B}$ のなす角を θ とするとき，ベクトル $\boldsymbol{A}$ の大きさ $|\boldsymbol{A}|$ と，ベクトル $\boldsymbol{B}$ のベクトル $\boldsymbol{A}$ の向きへの成分 $B_A = |\boldsymbol{B}|\cos\theta$ との積 (図 A.2 (a), $\boldsymbol{A}$ と $\boldsymbol{B}$ を交換してもよい) により定義されるスカラー量で $\boldsymbol{A}\cdot\boldsymbol{B}$ と表記する．

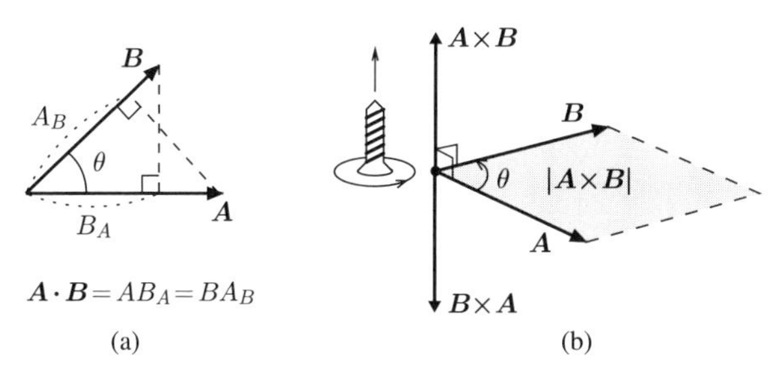

図 A.2　ベクトルの内積と外積

$$\boldsymbol{A}\cdot\boldsymbol{B} = |\boldsymbol{A}||\boldsymbol{B}|\cos\theta \tag{A.17}$$

$\boldsymbol{A}$ と $\boldsymbol{B}$ とが直交していれば $\boldsymbol{A}\cdot\boldsymbol{B} = 0$ である．また，自分自身との内積は，そのベクトルの大きさの 2 乗に等しい．

$$\boldsymbol{A}\cdot\boldsymbol{A} = |\boldsymbol{A}|^2 \tag{A.18}$$

ベクトル $\boldsymbol{A}$ と $\boldsymbol{B}$ の**外積** (ベクトル積) とは，両ベクトルに直交するベクトルで，その大きさがこれらを 2 辺とする平行四辺形の面積に等しく，その向きが，$\boldsymbol{A}$ を $\boldsymbol{B}$ の向きに重なるように回転させた右ネジの進む向きに一致するように定義されたものをいい，$\boldsymbol{A}\times\boldsymbol{B}$ と表記する．$\boldsymbol{B}\times\boldsymbol{A}$ は $\boldsymbol{A}\times\boldsymbol{B}$ と逆向きのベクトルとなる (図 A.2 (b))．

$$(\boldsymbol{A}\times\boldsymbol{B})\cdot\boldsymbol{A} = (\boldsymbol{A}\times\boldsymbol{B})\cdot\boldsymbol{B} = 0, \quad |\boldsymbol{A}\times\boldsymbol{B}| = |\boldsymbol{A}||\boldsymbol{B}|\sin\theta, \tag{A.19}$$

$$\boldsymbol{A}\times\boldsymbol{B} = -\boldsymbol{B}\times\boldsymbol{A} \tag{A.20}$$

デカルト座標の基本ベクトル $\boldsymbol{e}_x, \boldsymbol{e}_y, \boldsymbol{e}_z$ の間に，以下の関係式が成り立つ．ただし x, y, z はそれぞれ数字 1, 2, 3 に置き換え，アインシュタインの規約をとる．

$$\boldsymbol{e}_i\cdot\boldsymbol{e}_j = \delta_{ij},$$
$$\boldsymbol{e}_i\times\boldsymbol{e}_j = \varepsilon_{ijk}\boldsymbol{e}_k$$

これらにより，内積と外積は成分を用いて以下のように表される．

$$\begin{aligned}\boldsymbol{A}\cdot\boldsymbol{B} &= A_i\boldsymbol{e}_i\cdot B_j\boldsymbol{e}_j = A_iB_j\delta_{ij} = A_iB_i \\ &= A_xB_x + A_yB_y + A_zB_z\end{aligned} \tag{A.21}$$

$$\begin{aligned}\boldsymbol{A}\times\boldsymbol{B} &= A_i\boldsymbol{e}_i\times B_j\boldsymbol{e}_j = A_iB_j\varepsilon_{ijk}\boldsymbol{e}_k \\ &= (A_yB_z - A_zB_y,\ A_zB_x - A_xB_z,\ A_xB_y - A_yB_x)\end{aligned} \tag{A.22}$$

ベクトルの内積と外積について，以下の公式が成り立つ．

分配則

$$(\boldsymbol{A}+\boldsymbol{B})\cdot\boldsymbol{C}=\boldsymbol{A}\cdot\boldsymbol{C}+\boldsymbol{B}\cdot\boldsymbol{C} \tag{A.23}$$

$$(\boldsymbol{A}+\boldsymbol{B})\times\boldsymbol{C}=\boldsymbol{A}\times\boldsymbol{C}+\boldsymbol{B}\times\boldsymbol{C} \tag{A.24}$$

スカラー三重積

$$(\boldsymbol{A}\times\boldsymbol{B})\cdot\boldsymbol{C}=(\boldsymbol{B}\times\boldsymbol{C})\cdot\boldsymbol{A}=(\boldsymbol{C}\times\boldsymbol{A})\cdot\boldsymbol{B} \tag{A.25}$$

ベクトル三重積

$$(\boldsymbol{A}\times\boldsymbol{B})\times\boldsymbol{C}=(\boldsymbol{A}\cdot\boldsymbol{C})\boldsymbol{B}-(\boldsymbol{B}\cdot\boldsymbol{C})\boldsymbol{A} \tag{A.26}$$

ヤコビの恒等式

$$(\boldsymbol{A}\times\boldsymbol{B})\times\boldsymbol{C}+(\boldsymbol{B}\times\boldsymbol{C})\times\boldsymbol{A}+(\boldsymbol{C}\times\boldsymbol{A})\times\boldsymbol{B}=0 \tag{A.27}$$

ベクトル三重積の展開公式 (A.26) は公式 (A.16) を用いて以下のように簡単に導くことができる：

$$\begin{aligned}[(\boldsymbol{A}\times\boldsymbol{B})\times\boldsymbol{C}]_i &= \varepsilon_{ijk}(\boldsymbol{A}\times\boldsymbol{B})_j C_k = \varepsilon_{jki}\varepsilon_{jk'i'}A_{k'}B_{i'}C_k \\ &= (\delta_{kk'}\delta_{ii'}-\delta_{ki'}\delta_{ik'})A_{k'}B_{i'}C_k = B_iA_kC_k - A_iB_kC_k \\ &= [(\boldsymbol{A}\cdot\boldsymbol{C})\boldsymbol{B}-(\boldsymbol{B}\cdot\boldsymbol{C})\boldsymbol{A}]_i\end{aligned}$$

この公式はよく用いる公式であるが，括弧の位置やベクトルの順序が覚えにくい．公式 (A.16) を覚えておいて上のような手順でいつでも導けるようにしておきたい．

ヤコビの恒等式より，一般には $(\boldsymbol{A}\times\boldsymbol{B})\times\boldsymbol{C}\neq\boldsymbol{A}\times(\boldsymbol{B}\times\boldsymbol{C})$ である．すなわち外積には結合則は成り立たない．

A.3　場の微分・積分

位置 $\boldsymbol{r}$ の関数として与えられる量を「場」(field) といい，それがスカラー量であるものをスカラー場，ベクトル量であるものをベクトル場という．

■ スカラー場の勾配

スカラー場 $\phi(\boldsymbol{r})$ の**勾配** (gradient) とは，$\phi(\boldsymbol{r})$ の x, y, z についての偏微分係数をそれぞれ x, y, z 成分としてもつようなベクトル量であり，

$$\mathrm{grad}\,\phi(\boldsymbol{r}) \equiv \left(\frac{\partial\phi}{\partial x}, \frac{\partial\phi}{\partial y}, \frac{\partial\phi}{\partial z}\right) = \boldsymbol{\nabla}\phi(\boldsymbol{r}) \tag{A.28}$$

と定義される．ここで $\boldsymbol{\nabla}$ は「ナブラ」とよばれるベクトル型微分演算子

$$\boldsymbol{\nabla} = \left(\frac{\partial}{\partial x},\ \frac{\partial}{\partial y},\ \frac{\partial}{\partial z}\right) = \boldsymbol{e}_x\frac{\partial}{\partial x} + \boldsymbol{e}_y\frac{\partial}{\partial y} + \boldsymbol{e}_z\frac{\partial}{\partial z} \tag{A.29}$$

を表す．特に $r = |\boldsymbol{r}| = \sqrt{x^2+y^2+z^2}$ の関数の勾配は

$$\boldsymbol{\nabla}\phi(r) = \phi'(r)\boldsymbol{e}_r \quad \left(\boldsymbol{e}_r = \frac{\boldsymbol{r}}{r}\ \text{は}\ \boldsymbol{r}\ \text{の向きの単位ベクトル}\right) \tag{A.30}$$

となる．勾配は，スカラー量の変化が最大となる向きと，その向きへの単位長さあたりの変化量 (傾き) に等しい大きさをもつベクトルである．

■ ベクトル場の発散

ベクトル場 $\boldsymbol{A}(\boldsymbol{r})$ の**発散** (divergence) とは，A_x の x についての偏微分，A_y の y についての偏微分および A_z の z についての偏微分を加えたスカラー量であり，

$$\mathrm{div}\,\boldsymbol{A}(\boldsymbol{r}) \equiv \frac{\partial A_x}{\partial x} + \frac{\partial A_y}{\partial y} + \frac{\partial A_z}{\partial z} = \boldsymbol{\nabla}\cdot\boldsymbol{A} \tag{A.31}$$

と定義される．流れを表すベクトル場の発散は，各点からの単位時間あたりの湧き出し (負のときは吸い込み) の大きさを表している《☞ 1.5 節》．

■ ベクトル場の回転

ベクトル場 $\boldsymbol{A}(\boldsymbol{r})$ の**回転** (rotation) とは，$\boldsymbol{A}(\boldsymbol{r})$ の位置に関する偏微分係数の組み合わせにより

$$\begin{aligned}\mathrm{rot}\,\boldsymbol{A}(\boldsymbol{r}) &= \left(\frac{\partial A_z}{\partial y} - \frac{\partial A_y}{\partial z},\ \frac{\partial A_x}{\partial z} - \frac{\partial A_z}{\partial x},\ \frac{\partial A_y}{\partial x} - \frac{\partial A_x}{\partial y}\right)\\ &= \boldsymbol{\nabla}\times\boldsymbol{A}\end{aligned} \tag{A.32}$$

のように定義されるベクトル量である．流れを表すベクトル場に対する回転の i 成分 ($i = x, y, z$) は i 軸まわりの渦の強さを表す量で，i 軸の向きの面素片の周に沿ったベクトル場の線積分 (周積分，次々項参照) を面素片の面積で除した量として求められる《☞ 4.6 節》．

■ 場の微分公式

- スカラー場の勾配は渦なしである：

$$\nabla \times (\nabla \phi) = 0 \tag{A.33}$$

【証明】 x_i についての偏微分演算子を表す記号 $\partial_i \equiv \dfrac{\partial}{\partial x_i}$ を用いて

$$[\nabla \times (\nabla \phi)]_i = \varepsilon_{ijk}\partial_j\partial_k\phi = -\varepsilon_{ikj}\partial_k\partial_j\phi = -[\nabla \times (\nabla \phi)]_i$$

ただし 2 番目の等式で，ε_{ijk} の反対称性と，微分の順序が交換可能であること $(\partial_j\partial_k = \partial_k\partial_j)$ を用いた.

- ベクトル場の回転は発散をもたない：

$$\nabla \cdot (\nabla \times \boldsymbol{A}) = 0 \tag{A.34}$$

【証明】 上と同様に

$$\nabla \cdot (\nabla \times \boldsymbol{A}) = \varepsilon_{ijk}\partial_i\partial_j A_k = -\varepsilon_{jik}\partial_j\partial_i A_k = -\nabla \cdot (\nabla \times \boldsymbol{A})$$

- ベクトル場の外積の発散

$$\nabla \cdot (\boldsymbol{A} \times \boldsymbol{B}) = (\nabla \times \boldsymbol{A}) \cdot \boldsymbol{B} - \boldsymbol{A} \cdot (\nabla \times \boldsymbol{B}) \tag{A.35}$$

【証明】 積の微分の公式より

$$\begin{aligned}\nabla \cdot (\boldsymbol{A} \times \boldsymbol{B}) &= \varepsilon_{ijk}\partial_i(A_j B_k) = \varepsilon_{kij}(\partial_i A_j)B_k - A_j\varepsilon_{jik}(\partial_i B_k) \\ &= (\nabla \times \boldsymbol{A})_k B_k - A_j(\nabla \times \boldsymbol{B})_j\end{aligned}$$

- ベクトル場の外積の回転

$$\begin{aligned}\nabla \times (\boldsymbol{A} \times \boldsymbol{B}) = \boldsymbol{A}(\nabla \cdot \boldsymbol{B}) - (\boldsymbol{A} \cdot \nabla)\boldsymbol{B} \\ - \boldsymbol{B}(\nabla \cdot \boldsymbol{A}) + (\boldsymbol{B} \cdot \nabla)\boldsymbol{A}\end{aligned} \tag{A.36}$$

【証明】 ベクトル 3 重積の展開公式 (A.26) を示したときと同様に公式 (A.16) を用いて

$$\begin{aligned}[\nabla \times (\boldsymbol{A} \times \boldsymbol{B})]_i &= \varepsilon_{ijk}\partial_j(\boldsymbol{A} \times \boldsymbol{B})_k = \varepsilon_{ijk}\partial_j\varepsilon_{ki'j'}A_{i'}B_{j'} \\ &= (\delta_{ii'}\delta_{jj'} - \delta_{ij'}\delta_{ji'})(A_{i'}\partial_j B_{j'} + B_{j'}\partial_j A_{i'}) \\ &= A_i\partial_j B_j - A_j\partial_j B_i - B_i\partial_j A_j + B_j\partial_j A_i \\ &= A_i(\nabla \cdot \boldsymbol{B}) - (\boldsymbol{A} \cdot \nabla)B_i - B_i(\nabla \cdot \boldsymbol{A}) + (\boldsymbol{B} \cdot \nabla)A_i\end{aligned}$$

- ベクトル場の回転の回転

$$\nabla \times (\nabla \times \boldsymbol{A}) = \nabla(\nabla \cdot \boldsymbol{A}) - \nabla^2 \boldsymbol{A} \tag{A.37}$$

【証明】上と同様に公式 (A.16) を用いて

$$
\begin{aligned}
[\boldsymbol{\nabla} \times (\boldsymbol{\nabla} \times \boldsymbol{A})]_i &= \varepsilon_{ijk}\partial_j(\boldsymbol{\nabla} \times \boldsymbol{A})_k = \varepsilon_{ijk}\partial_j\varepsilon_{ki'j'}\partial_{i'}A_{j'} \\
&= (\delta_{ii'}\delta_{jj'} - \delta_{ij'}\delta_{ji'})\partial_j\partial_{i'}A_{j'} = \partial_i\partial_j A_j - \partial_j\partial_j A_i \\
&= \partial_i(\boldsymbol{\nabla} \cdot \boldsymbol{A}) - \boldsymbol{\nabla}^2 A_i
\end{aligned}
$$

■ ベクトル場の線積分

ベクトル場 $\boldsymbol{A}(\boldsymbol{r})$ が分布した空間中に，ある経路 Γ を考える．この経路を図 A.3 (a) のように微小区間 (**線素片**，line element) に分割して番号づけする．分割が十分に細かければ，各区間は直線とみなすことができ，その区間上でのベクトル場は一様とみなすことができる．区間 i の経路に沿ったベクトル (線素片ベクトル) を $\Delta\boldsymbol{r}_i$，その区間上でのベクトル場を $\boldsymbol{A}_i$ としたとき，$\boldsymbol{A}_i$ と $\Delta\boldsymbol{r}_i$ の内積をすべての区間について足し合わせた量を経路 Γ に沿ったベクトル場 $\boldsymbol{A}(\boldsymbol{r})$ の**線積分** (line integral) といい，

$$
\int_\Gamma \boldsymbol{A} \cdot d\boldsymbol{r} = \sum_i \boldsymbol{A}_i \cdot \Delta\boldsymbol{r}_i
$$

と表す．ベクトル場として，物体にはたらく力 $\boldsymbol{f}(\boldsymbol{r})$ を考えると，その経路に沿った線積分は，力が物体にする仕事を表す．特に，閉じた経路 C に沿った線積分は**周積分**または周回積分とよばれ，$\oint_C \boldsymbol{A} \cdot d\boldsymbol{r}$ という積分記号が用いられる．

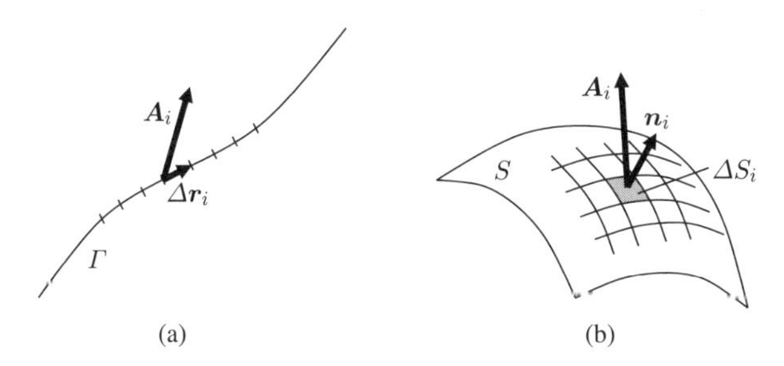

図 A.3　ベクトル場 $\boldsymbol{A}$ を (a) 曲線 Γ に沿って線積分するときの曲線の分割，(b) 曲面 S について面積分するときの曲面の分割

■ ベクトル場の面積分

同じくベクトル場 $\boldsymbol{A}(\boldsymbol{r})$ の分布する空間中に，ある曲面 S を考える．この曲面を図 A.3 (b) のように微小面積の部分 (**面素片**，surface elemet) に分割して番号づけする．分割が十分に細かければ，各面素片は平面とみなすことができ，その面上でのベクトル場は一様とみなすことができる．面素片 i の面積を $\varDelta S_i$，その面に垂直な単位ベクトル (法線ベクトル) を $\boldsymbol{n}_i$ とし，面素片ベクトルを $\boldsymbol{\varDelta S}_i = \boldsymbol{n}_i \varDelta S_i$ で定義する．その領域上でのベクトル場を $\boldsymbol{A}_i$ としたとき，$\boldsymbol{A}_i$ と $\boldsymbol{\varDelta S}_i$ の内積をすべての面素片について足し合わせた量を曲面 S に関するベクトル場 $\boldsymbol{A}(\boldsymbol{r})$ の**面積分** (surface integral) といい，

$$\int_S \boldsymbol{A} \cdot d\boldsymbol{S} = \sum_i \boldsymbol{A}_i \cdot \boldsymbol{\varDelta S}_i$$

と表す．曲面 S を流れる電流は，この曲面に関する電流密度ベクトルの面積分で表される．また，曲面 S を貫く電束 (磁束) は，この曲面に関する電束密度 (磁束密度) の面積分で表される．閉曲面における面素片ベクトルは一般に外向きのベクトルで定義され，閉曲面 S に関する面積分を $\oint_S \boldsymbol{A} \cdot d\boldsymbol{S}$ という積分記号を用いて表す．

A.4　ベクトル場に関する諸定理

■ ガウスの定理

1.5 節で導いた電荷密度 ρ と電流密度 $\boldsymbol{j}$ の間に成り立つ電荷保存則は，任意の領域 V とその表面 S に対して

$$\int_V \frac{\partial \rho}{\partial t}\, dV = -\oint_S \boldsymbol{j} \cdot d\boldsymbol{S}$$

と表された．この式の左辺に，電荷保存則の微分形

$$\frac{\partial \rho}{\partial t} = -\boldsymbol{\nabla} \cdot \boldsymbol{j}$$

を用いると，ベクトル場 $\boldsymbol{j}$ が満たす式

$$\oint_S \boldsymbol{j} \cdot d\boldsymbol{S} = \int_V (\boldsymbol{\nabla} \cdot \boldsymbol{j}) dV$$

が得られる．この式は電流密度 $\boldsymbol{j}$ に限らず任意のベクトル場に対して成り立つ数学的な関係式であり，**ガウスの定理**という．

ガウスの定理

ベクトル場 $\boldsymbol{A}$ の分布する空間中の任意の閉曲面 S と S で囲まれる領域 V に対して，一般に

$$\oint_S \boldsymbol{A} \cdot d\boldsymbol{S} = \int_V (\boldsymbol{\nabla} \cdot \boldsymbol{A}) dV \tag{A.38}$$

が成り立つ．

■ ストークスの定理

4.6 節で導いた磁束密度 $\boldsymbol{B}$ と電流密度 $\boldsymbol{j}$ を関係づけるアンペールの法則は，任意の閉曲線 C と，C を周とする任意の曲面 S に対して

$$\oint_C \boldsymbol{B} \cdot d\boldsymbol{r} = \mu_0 \int_S \boldsymbol{j} \cdot d\boldsymbol{S}$$

と表された．この式の右辺に微分形の式

$$\mu_0 \boldsymbol{j} = \boldsymbol{\nabla} \times \boldsymbol{B}$$

を用いると，磁束密度 $\boldsymbol{B}$ が満たす式

$$\oint_C \boldsymbol{B} \cdot d\boldsymbol{r} = \int_S (\boldsymbol{\nabla} \times \boldsymbol{B}) \cdot d\boldsymbol{S}$$

が得られる．これも磁束密度に限らず任意のベクトル場に対して成り立つ関係式で，**ストークスの定理**という．

ストークスの定理

ベクトル場 $\boldsymbol{A}$ の分布する空間中の任意の閉曲線 C と C を周とする任意の曲面 S に対して，一般に

$$\oint_C \boldsymbol{A} \cdot d\boldsymbol{r} = \int_S (\boldsymbol{\nabla} \times \boldsymbol{A}) \cdot d\boldsymbol{S} \tag{A.39}$$

が成り立つ．

■ 保存場とソレノイダル場

スカラー関数 $U(\boldsymbol{r})$ の勾配で表されるベクトル場 $\boldsymbol{F}(\boldsymbol{r}) = -\boldsymbol{\nabla}U(\boldsymbol{r})$ を保存場 (conservative field) という.

定理：保存場の条件

保存場 $\boldsymbol{F}(\boldsymbol{r})$ に対して以下の 3 つの条件は互いに同値 (必要十分) である.

$$\begin{cases} ① \text{ あるスカラー場 } U(\boldsymbol{r}) \text{ が存在し, } \boldsymbol{F}(\boldsymbol{r}) = -\boldsymbol{\nabla}U(\boldsymbol{r}) \\ ② \text{ 各点で } \boldsymbol{\nabla}\times\boldsymbol{F}(\boldsymbol{r}) = 0 \\ ③ \text{ 任意の閉曲線 } C \text{ に対して } \displaystyle\oint_C \boldsymbol{F}\cdot d\boldsymbol{r} = 0 \end{cases} \tag{A.40}$$

【証明】

① が成り立つとき式 (A.33) より

$$\boldsymbol{\nabla}\times\boldsymbol{F} = -\boldsymbol{\nabla}\times(\boldsymbol{\nabla}U) = 0$$

で ① ⇒ ② が成り立つ. また ② が成り立つとき, ストークスの定理 (A.39) により

$$\oint_C \boldsymbol{F}\cdot d\boldsymbol{r} = \int_S (\boldsymbol{\nabla}\times\boldsymbol{F})\cdot d\boldsymbol{S} = 0$$

で ② ⇒ ③ が成り立つ. ③ が成り立つとき, 2 点を結ぶ経路に沿った $\boldsymbol{F}$ の線積分は経路によらず一定であるから, $\boldsymbol{r}_0$ を定点とする線積分

$$U(\boldsymbol{r}) = \int_{\boldsymbol{r}}^{\boldsymbol{r}_0} \boldsymbol{F}\cdot d\boldsymbol{r}$$

は $\boldsymbol{r}$ の関数となる. このとき任意の微小変位 $\Delta\boldsymbol{r}$ に対して

$$\begin{aligned} U(\boldsymbol{r}) - U(\boldsymbol{r}+\Delta\boldsymbol{r}) &= -\boldsymbol{\nabla}U(\boldsymbol{r})\cdot\Delta\boldsymbol{r} \\ &= \int_{\boldsymbol{r}}^{\boldsymbol{r}_0} \boldsymbol{F}\cdot d\boldsymbol{r} - \int_{\boldsymbol{r}+\Delta\boldsymbol{r}}^{\boldsymbol{r}_0} \boldsymbol{F}\cdot d\boldsymbol{r} = \int_{\boldsymbol{r}}^{\boldsymbol{r}_0} \boldsymbol{F}\cdot d\boldsymbol{r} + \int_{\boldsymbol{r}_0}^{\boldsymbol{r}+\Delta\boldsymbol{r}} \boldsymbol{F}\cdot d\boldsymbol{r} \\ &= \int_{\boldsymbol{r}}^{\boldsymbol{r}+\Delta\boldsymbol{r}} \boldsymbol{F}\cdot d\boldsymbol{r} = \boldsymbol{F}(\boldsymbol{r})\cdot\Delta\boldsymbol{r}, \qquad \therefore\ \boldsymbol{F}(\boldsymbol{r}) = -\boldsymbol{\nabla}U(\boldsymbol{r}) \end{aligned}$$

で ③ ⇒ ① が成り立つ. 以上により 3 つの条件 ① ～ ③ が互いに同値であることが示された.

ベクトル場 $\boldsymbol{A}(\boldsymbol{r})$ の回転で表されるベクトル場 $\boldsymbol{F}(\boldsymbol{r}) = \nabla \times \boldsymbol{A}(\boldsymbol{r})$ を**ソレノイダル場** (solenoidal field) という．

定理：ソレノイダル場の条件

ソレノイダル場 $\boldsymbol{F}(\boldsymbol{r})$ に対して以下の 3 つの条件は互いに同値である．

$$\begin{cases} \text{ⓘ あるベクトル場 } \boldsymbol{A}(\boldsymbol{r}) \text{ が存在し，} \boldsymbol{F}(\boldsymbol{r}) = \nabla \times \boldsymbol{A}(\boldsymbol{r}) \\ \text{ⓘⓘ 各点で } \nabla \cdot \boldsymbol{F}(\boldsymbol{r}) = 0 \\ \text{ⓘⓘⓘ 任意の閉曲面 } S \text{ に対して } \oint_S \boldsymbol{F} \cdot d\boldsymbol{S} = 0 \end{cases} \tag{A.41}$$

【証明】

ⓘ が成り立つとき式 (A.34) より

$$\nabla \cdot \boldsymbol{F} = \nabla \cdot (\nabla \times \boldsymbol{A}) = 0$$

で ⓘ ⇒ ⓘⓘ が成り立つ．また，ⓘⓘ が成り立つときガウスの定理 (A.38) により任意の閉曲面 S に対して

$$\oint_S \boldsymbol{F} \cdot d\boldsymbol{S} = \int_V (\nabla \cdot \boldsymbol{F}) dV = 0$$

で ⓘⓘ ⇒ ⓘⓘⓘ が成り立つ．あとは ⓘⓘⓘ ⇒ ⓘ を示せばよいが，これを直接示す代わりに ⓘⓘⓘ ⇒ ⓘⓘ と ⓘⓘ ⇒ ⓘ を示そう．まず ⓘⓘ ⇒ ⓘ は ⓘⓘ のとき $\boldsymbol{F} = \nabla \times \boldsymbol{A}$ を満たす $\boldsymbol{A}$ が存在することを示せばよい．仮にこの式を満たす $\boldsymbol{A}$ が見つかったとすると，式 (A.33) より任意のスカラー場 ϕ に対して $\boldsymbol{A}' = \boldsymbol{A} + \nabla\phi$ も $\boldsymbol{F} = \nabla \times \boldsymbol{A}'$ を満たす．ここで

$$\phi = -\int^z A_z(x, y, z')dz'$$

と置くと $A'_z = 0$ となるので，ベクトル場 $\boldsymbol{A}$ は一般性を失うことなく $A_z = 0$ に選ぶことができる．よって $\boldsymbol{A} = (A_x, A_y, 0)$ と置くと A_x, A_y は

$$\nabla \times \boldsymbol{A} = \left(-\frac{\partial A_y}{\partial z},\ \frac{\partial A_x}{\partial z},\ \frac{\partial A_y}{\partial x} - \frac{\partial A_x}{\partial y}\right) = \boldsymbol{F}$$

を満たせばよい．x, y 成分の関係式より z_0 を任意定数，$c(x, y)$ を x, y の任意関数として

$$A_x = \int_{z_0}^{z} F_y(x, y, z')dz', \quad A_y = -\int_{z_0}^{z} F_x(x, y, z')dz' + c(x, y) \quad \text{(A.42)}$$

と置き，z 成分の関係式に代入すると

$$\begin{aligned} F_z &= \frac{\partial A_y}{\partial x} - \frac{\partial A_x}{\partial y} \\ &= -\int_{z_0}^{z} \left(\frac{\partial F_x(x, y, z')}{\partial x} + \frac{\partial F_y(x, y, z')}{\partial y} \right) dz' + \frac{\partial c(x, y)}{\partial y} \end{aligned}$$

となる．この右辺第 1 項に $\boldsymbol{\nabla} \cdot \boldsymbol{F} = 0$ を用いると

$$\begin{aligned} F_z(x, y, z) &= \int_{z_0}^{z} \frac{\partial F_z(x, y, z')}{\partial z'} dz' + \frac{\partial c(x, y)}{\partial y} \\ &= F_z(x, y, z) - F_z(x, y, z_0) + \frac{\partial c(x, y)}{\partial y} \end{aligned}$$

であるから，式 (A.42) の関数 $c(x, y)$ を

$$\frac{\partial c(x, y)}{\partial y} = F_z(x, y, z_0), \quad \therefore\ c(x, y) = \int^{y} F_z(x, y', z_0)dy'$$

と選べば $\boldsymbol{F} = \boldsymbol{\nabla} \times \boldsymbol{A}$ を満たす．よって ⅱ ⇒ ⅰ が示された．最後に ⅲ ⇒ ⅱ はその対偶の成立を示すことにより証明する．ある点で $\boldsymbol{\nabla} \cdot \boldsymbol{F} \gtrless 0$ (以下，複号同順) のとき，その近傍に，内部の各点で $\boldsymbol{\nabla} \cdot \boldsymbol{F} \gtrless 0$ が成り立つような領域 V を選ぶことができ，その表面を S とするとガウスの定理により

$$\oint_S \boldsymbol{F} \cdot d\boldsymbol{S} = \int_V (\boldsymbol{\nabla} \cdot \boldsymbol{F})dV \gtrless 0$$

よって，ⅱ の否定 ($\boldsymbol{\nabla} \cdot \boldsymbol{F} \neq 0$ となる点が存在する) ⇒ ⅲの否定 ($\boldsymbol{F}$ の面積分が 0 でない閉曲面が存在する) が示されたので ⅲ ⇒ ⅱ が成り立つ．以上により，3 つの条件 ⅰ ～ ⅲ が互いに同値であることが示された．

一般に，ベクトル場 $\boldsymbol{F}$ は保存場 $\boldsymbol{F}_1$ とソレノイダル場 $\boldsymbol{F}_2$ の和に分解できることが知られている．

$$\boldsymbol{F} = \boldsymbol{F}_1 + \boldsymbol{F}_2, \quad \boldsymbol{\nabla} \times \boldsymbol{F}_1 = 0, \quad \boldsymbol{\nabla} \cdot \boldsymbol{F}_2 = 0 \quad \text{(A.43)}$$

これをヘルムホルツの定理といい，電磁場をはじめとするベクトル場の理論において重要な役割を果たす．

B　極座標による積分

被積分関数が回転対称性をもつとき，面積分や体積積分は極座標を用いて実行するのが簡便である．

■ 面積分

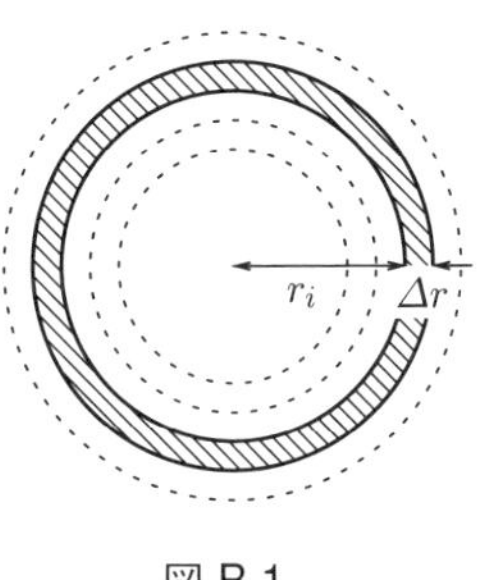

図 B.1

原点からの距離 r のみの関数 $f(r)$ の，原点を中心とする円形領域 S での面積分 $\int_S f dS$ を考える．領域 S を図 B.1 のように幅 Δr の細い円環領域に分割して番号づけすると，各円環領域 i 上での関数の値は一定 $[f = f(r_i)]$ とみなすことができる．この領域の面積 ΔS_i は半径 r_i の円周の長さ $2\pi r_i$ と幅 Δr の積により $\Delta S_i = 2\pi r_i \Delta r$ であるから，面積分は

$$\int_S f dS = \sum_i f(r_i)\Delta S_i = \sum_i f(r_i) \cdot 2\pi r_i \Delta r = 2\pi \int f(r) r dr \qquad \text{(B.1)}$$

のように r に関する 1 次元積分で表される．たとえば半径 a の円板上に面電荷密度 $\sigma(r)$ の電荷が分布しているとき，円板上の電荷の総量は

$$Q = \int \sigma(r) dS = 2\pi \int_0^a \sigma(r) r dr$$

により求められる．

■ 体積積分

次に，原点からの距離 r のみの関数 $f(r)$ の，原点を中心とする球対称な領域 V での体積積分 $\int_V f dV$ について考える．今度は領域 V を厚さ Δr の薄い球殻領域に分割して番号づけする．図 B.1 をこの球の中心を通る断面と考えればよいだろう．やはり各領域 i 上での関数の値 $f(r_i)$ は一定とみなすことができる．この領域の体積 ΔV_i は半径 r_i の球の表面積 $4\pi r_i^2$ と厚さ Δr の積 $\Delta V_i = 4\pi r_i^2 \Delta r$ で与えられるので，体積積分は

$$\int_V f dV = \sum_i f(r_i)\Delta V_i = \sum_i f(r_i) 4\pi r_i^2 \Delta r = 4\pi \int f(r) r^2 dr \qquad \text{(B.2)}$$

のように r についての 1 次元積分で表される．たとえば，半径 a の球の内部が電荷密度 $\rho(r)$ に帯電しているとき，球内の電荷の総量は

$$Q = \int \rho dV = 4\pi \int_0^a \rho(r) r^2 dr$$

により求められる．

■ 球面積分

半径 r_0 の球面上で定義されたスカラー場 f が球座標の方位角 φ によらず極角 θ のみで定まる軸対称な関数のとき，その球面に関する面積分 $\oint f dS$ を考える．図 B.2 のように極角 θ によって球面を細い円環領域に分割すると，i 番目の円環領域上で関数の値は一定 $[f = f(\theta_i)]$ とみなすことができる．この円環領域は半径 $R_i = r_0 \sin\theta_i$，幅 $r_0 \Delta\theta$ であり，面積は

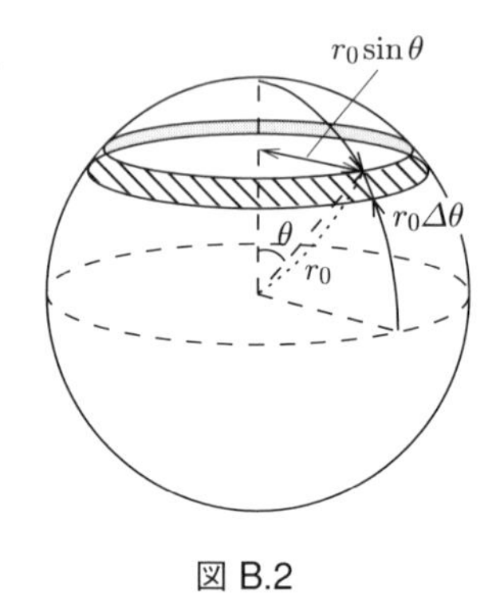

図 B.2

$$\Delta S_i = 2\pi r_0 \sin\theta_i \cdot r_0 \Delta\theta = 2\pi r_0^2 \sin\theta_i \Delta\theta$$

で与えられるので，面積分は

$$\oint f dS = \sum_i f(\theta_i) \Delta S_i = 2\pi r_0^2 \int_0^\pi f(\theta) \sin\theta d\theta \tag{B.3}$$

のように θ に関する 1 次元積分で表される．

C　磁場，磁気モーメント，磁化に関する諸法則

C.1　一様磁場のベクトルポテンシャル

無限に長いソレノイドに一定の電流を流すと，その内部には一様な磁束密度が生じる．したがって，一様磁場のベクトルポテンシャルは，ソレノイドの電流分布から導くことができるだろう．いま，ソレノイドの中心軸に沿って z 軸をとり，ソレノイドの半径を R_s (最終的には極限 $R_s \to \infty$ をとる)，単位長さあたりの電流 (単位長さあたりの巻き数と電流の積) を J とすると，このソレノイドの内部には z 軸方向に大きさ $B_0 = \mu_0 J$ の一様な磁束密度が生じる．したがって，一様な磁束密度 B_0 をつくる電流分布は円柱座標 (R_s, φ', z') を用いて

$$\boldsymbol{j}(\boldsymbol{r}')dV' = J\boldsymbol{e}'_\varphi R_s d\varphi' dz' = \frac{B_0 R_s\, d\varphi' dz'}{\mu_0}(-\sin\varphi', \cos\varphi', 0)$$

で与えられる．式 (4.35) より，この電流分布によるベクトルポテンシャルは

$$\begin{aligned}\boldsymbol{A}(\boldsymbol{r}) &= \frac{\mu_0}{4\pi}\int \frac{\boldsymbol{j}(\boldsymbol{r}')}{|\boldsymbol{r}-\boldsymbol{r}'|}dV' \\ &= \frac{B_0 R_s}{4\pi}\int_0^{2\pi} d\varphi' \int_{-\infty}^{\infty} dz' \frac{(-\sin\varphi', \cos\varphi', 0)}{|\boldsymbol{r}-\boldsymbol{r}'|}\end{aligned}$$

となる．まず φ' 積分を実行しよう．$|x|, |y| \ll R_s$ とすると

$$\begin{aligned}\frac{R_s}{|\boldsymbol{r}-\boldsymbol{r}'|} &= \frac{R_s}{\sqrt{x^2+y^2+(z-z')^2-2R_s(x\cos\varphi'+y\sin\varphi')+R_s^2}} \\ &\simeq \left[1+\frac{(z-z')^2}{R_s^2}-\frac{2(x\cos\varphi'+y\sin\varphi')}{R_s}\right]^{-1/2} \\ &\simeq \frac{1}{\sqrt{1+(z-z')^2/R_s^2}}\left(1+\frac{x\cos\varphi'+y\sin\varphi'}{R_s[1+(z-z')^2/R_s^2]}\right)\end{aligned}$$

であるから，φ' 積分で 0 とならない項のみを残すと

$$\begin{aligned}A_x &= -\frac{B_0}{4\pi}\int dz' \int d\varphi' \frac{y\sin^2\varphi'}{R_s[1+(z-z')^2/R_s^2]^{3/2}} \\ &= -\frac{B_0}{4}\int dz' \frac{y}{R_s[1+(z-z')^2/R_s^2]^{3/2}}, \\ A_y &= \frac{B_0}{4\pi}\int dz' \int d\varphi' \frac{x\cos^2\varphi'}{R_s[1+(z-z')^2/R_s^2]^{3/2}} \\ &= \frac{B_0}{4}\int dz' \frac{x}{R_s[1+(z-z')^2/R_s^2]^{3/2}}\end{aligned}$$

となる．z' についての積分は変数変換 $z' = z + R_s\tan\theta$ により実行でき，

$$\boldsymbol{A} = \frac{B_0(-y, x, 0)}{4}\int_{-\pi/2}^{\pi/2}\cos\theta d\theta = \frac{1}{2}B_0\,(-y, x, 0)$$

が得られる．円柱座標 (R, φ, z) の基本ベクトルを用いると位置ベクトルは $\boldsymbol{r} = R\boldsymbol{e}_R + z\boldsymbol{e}_z$，磁束密度は $\boldsymbol{B}_0 = B_0\boldsymbol{e}_z$ であり，これらを用いて上のベクトルポテンシャルは

$$\begin{aligned}\boldsymbol{A} &= \frac{1}{2}B_0\,(-R\sin\varphi, R\cos\varphi, 0) = \frac{1}{2}B_0 R\boldsymbol{e}_\varphi = \frac{1}{2}B_0 R(\boldsymbol{e}_z \times \boldsymbol{e}_R) \\ &= \frac{1}{2}B_0\boldsymbol{e}_z \times (\boldsymbol{r} - z\boldsymbol{e}_z) = \frac{1}{2}\boldsymbol{B}_0 \times \boldsymbol{r} \qquad (4.38)\end{aligned}$$

と書ける．

C.2 回転電流のつくるベクトルポテンシャル

任意の形状の面素片 $\boldsymbol{S}$ の周 C に沿って流れる回転電流 I がつくる磁場について考える．図C.1のように，C に沿った線素片を $d\boldsymbol{r}'$ とする．$\dfrac{1}{2}\boldsymbol{r}' \times d\boldsymbol{r}'$ が $\boldsymbol{r}'$ と $d\boldsymbol{r}'$ を2辺とする三角形の面ベクトルであることに注意すると，これを C 上のすべての線素片について足し合わせることにより面素片ベクトル $\boldsymbol{S}$ が

$$\boldsymbol{S} = \frac{1}{2}\oint_C \boldsymbol{r}' \times d\boldsymbol{r}' \tag{C.1}$$

と表されることがわかる．

C に沿って流れる回転電流によるベクトルポテンシャルは，面素片から十分遠方 ($|\boldsymbol{r}| \gg |\boldsymbol{r}'|$) において

$$\begin{aligned}\boldsymbol{A}(\boldsymbol{r}) &= \frac{\mu_0}{4\pi}\oint_C \frac{I d\boldsymbol{r}'}{|\boldsymbol{r}-\boldsymbol{r}'|} \simeq \frac{\mu_0}{4\pi}\oint_C \frac{I d\boldsymbol{r}'}{r}\left(1 + \frac{\boldsymbol{r}\cdot\boldsymbol{r}'}{r^2}\right) \\ &= \frac{\mu_0 I}{4\pi r^3}\oint_C (\boldsymbol{r}\cdot\boldsymbol{r}')d\boldsymbol{r}'\end{aligned} \tag{C.2}$$

である．ベクトル3重積の公式 (A.26) を用いると

$$\begin{aligned}(\boldsymbol{r}' \times d\boldsymbol{r}') \times \boldsymbol{r} &= (\boldsymbol{r}\cdot\boldsymbol{r}')d\boldsymbol{r}' - (\boldsymbol{r}\cdot d\boldsymbol{r}')\boldsymbol{r}', \\ \oint_C (\boldsymbol{r}' \times d\boldsymbol{r}') \times \boldsymbol{r} &= \oint_C (\boldsymbol{r}\cdot\boldsymbol{r}')d\boldsymbol{r}' - \oint_C (\boldsymbol{r}\cdot d\boldsymbol{r}')\boldsymbol{r}'\end{aligned} \tag{C.3}$$

また $x_i' x_j'$ の値は C を1周すると元に戻るので，その変化 $d(x_i' x_j')$ の C に沿った和は0であるから

$$0 = \oint_C d(x_i' x_j') = \oint_C x_i' dx_j' + \oint_C x_j' dx_i', \quad \oint_C x_i' dx_j' = -\oint_C x_j' dx_i' \tag{C.4}$$

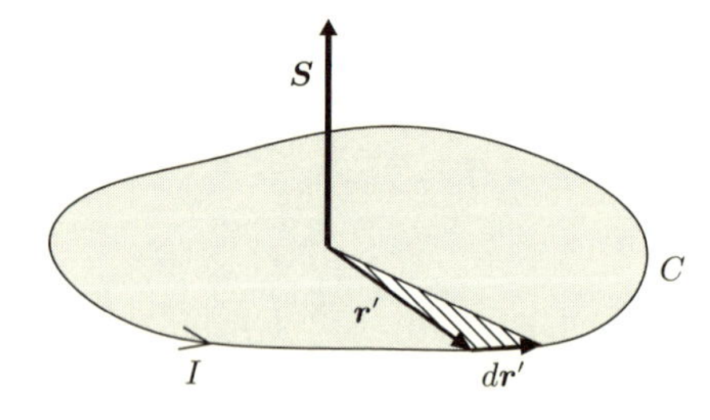

図C.1 面素片ベクトルの積分表示 (C.1) の導出

より

$$\oint_C (\boldsymbol{r}\cdot d\boldsymbol{r}')\boldsymbol{r}' = \sum_j x_j \oint_C x_i' dx_j' = -\sum_j x_j \oint_C x_j' dx_i' = -\oint_C (\boldsymbol{r}\cdot\boldsymbol{r}')d\boldsymbol{r}'$$

を式 (C.3) に代入して

$$\oint_C (\boldsymbol{r}\cdot\boldsymbol{r}')d\boldsymbol{r}' = \frac{1}{2}\oint_C (\boldsymbol{r}'\times d\boldsymbol{r}')\times\boldsymbol{r} = \boldsymbol{S}\times\boldsymbol{r} \tag{C.5}$$

が得られる．したがって式 (C.2) より

$$\boldsymbol{A}(\boldsymbol{r}) = \frac{\mu_0 I}{4\pi r^3}\boldsymbol{S}\times\boldsymbol{r} = \frac{\mu_0}{4\pi}\frac{\boldsymbol{m}\times\boldsymbol{r}}{r^3}, \quad \boldsymbol{m} = I\boldsymbol{S} \tag{C.6}$$

となり，回転電流のつくる磁場は，その形によらず磁気モーメント $\boldsymbol{m} = I\boldsymbol{S}$ によって表される．

C.3　回転電流が磁場から受ける力

閉曲線 C に沿って流れる電流 I が磁束密度 $\boldsymbol{B}$ の一様磁場から受ける力のモーメントを導く．C 上の点 $\boldsymbol{r}'$ 近傍における電流素片 $Id\boldsymbol{r}'$ が磁場から受ける力は式 (1.26) より

$$d\boldsymbol{F} = Id\boldsymbol{r}'\times\boldsymbol{B}$$

よって，電流回路にはたらく力のモーメントは

$$\boldsymbol{N} = \oint_C \boldsymbol{r}'\times d\boldsymbol{F} = I\oint_C \boldsymbol{r}'\times(d\boldsymbol{r}'\times\boldsymbol{B}) \tag{C.7}$$

となる．これを

$$\boldsymbol{m}\times\boldsymbol{B} = I\boldsymbol{S}\times\boldsymbol{B} = \frac{1}{2}I\oint_C (\boldsymbol{r}'\times d\boldsymbol{r}')\times\boldsymbol{B} \tag{C.8}$$

と比較する．まず式 (C.7) の右辺は，ベクトル三重積の展開公式 (A.26) より

$$\boldsymbol{r}'\times(d\boldsymbol{r}'\times\boldsymbol{B}) = (\boldsymbol{B}\cdot\boldsymbol{r}')d\boldsymbol{r}' - \boldsymbol{B}(\boldsymbol{r}'\cdot d\boldsymbol{r}')$$

であるが，この第 2 項の周積分は

$$\oint \boldsymbol{r}'\cdot d\boldsymbol{r}' = \frac{1}{2}\oint d(\boldsymbol{r}'^2) = 0$$

であるから

$$\oint_C \boldsymbol{r}'\times(d\boldsymbol{r}'\times\boldsymbol{B}) = \oint_C (\boldsymbol{B}\cdot\boldsymbol{r}')d\boldsymbol{r}'$$

となる．同様にして式 (C.8) の右辺は

$$(\boldsymbol{r}' \times d\boldsymbol{r}') \times \boldsymbol{B} = (\boldsymbol{B} \cdot \boldsymbol{r}')d\boldsymbol{r}' - (\boldsymbol{B} \cdot d\boldsymbol{r}')\boldsymbol{r}'$$

であり，この周積分の i 成分に式 (C.4) を用いると

$$B_k \oint_C (x'_k dx'_i - x'_i dx'_k) = 2B_k \oint_C x'_k dx'_i = 2\left[\oint (\boldsymbol{B} \cdot \boldsymbol{r}')d\boldsymbol{r}'\right]_i$$

となるので

$$\oint_C (\boldsymbol{r}' \times d\boldsymbol{r}') \times \boldsymbol{B} = 2\oint_C (\boldsymbol{B} \cdot \boldsymbol{r}')d\boldsymbol{r}'$$

したがって式 (C.7) と (C.8) とは一致し，任意の面素片 $\boldsymbol{S}$ の周 C に沿って流れる回転電流 I が磁場から受ける力のモーメントは，その磁気モーメント $\boldsymbol{m} = I\boldsymbol{S}$ を用いて $\boldsymbol{N} = \boldsymbol{m} \times \boldsymbol{B}$ と表される．

C.4 磁化と磁化電流

5.5 節では，磁化電流密度と磁化の間の関係

$$\boldsymbol{j}_{\mathrm{m}} = \boldsymbol{\nabla} \times \boldsymbol{M} \tag{5.27}$$

をストークスの定理を用いて間接的に導いたが，ここではこの関係式を，微小領域の磁化電流の考察から直接導出してみよう．

磁化が生じている磁性体を微小体積要素に分割し，その周を流れる単位長さあたりの磁化電流 $J_{\mathrm{m}} = M$ を考える．一般に磁化が一様でない場合には，となり合う微小体積要素の周を流れる磁化電流が境界面で相殺されず，磁性体内部に磁化電流密度 $\boldsymbol{j}_{\mathrm{m}}$ が体積分布する．いま，微小体積要素として 3 辺の長さが x, y, z 方向にそれぞれ Δx, Δy, Δz の直方体を考え，ここに分布する磁化を各成分 M_x, M_y, M_z のみをもつ 3 つの磁化の重ね合わせと考えれば，それぞれに対応する磁化電流を合成することにより，磁化電流密度 $\boldsymbol{j}_{\mathrm{m}}$ と磁化 $\boldsymbol{M}$ の関係を導くことができる．

x 方向の磁化 M_x のみがある場合には，図 C.2 のように yz 面に平行な磁化電流が生じ，この磁化電流密度を $\boldsymbol{j}_1 = (0, j_{1y}, j_{1z})$ とする．y 方向の磁化電流密度は z 方向にとなり合う体積要素の磁化電流の差 $M_x(z+\Delta z)\Delta x - M_x(z)\Delta x$ を断面積 $\Delta x \Delta z$ で除することにより

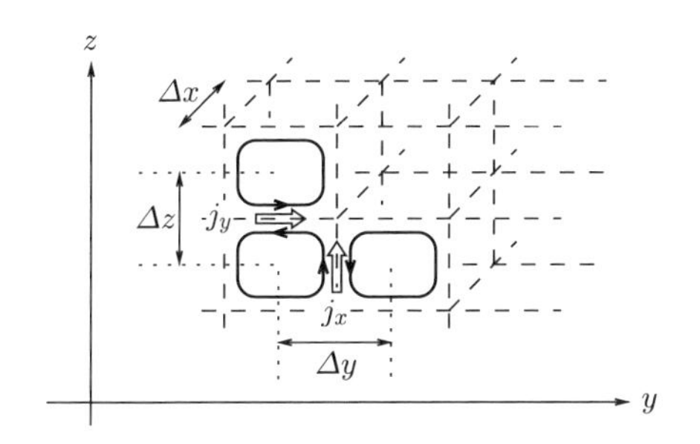

図 C.2　磁性体の磁化と磁化電流

$$j_{1y} = \frac{M_x(z+\Delta z) - M_x(z)}{\Delta z} = \frac{\partial M_x}{\partial z},$$

また z 方向の磁化電流密度は y 方向にとなり合う体積要素の磁化電流の差を考えて

$$j_{1z} = \frac{M_x(y) - M_x(y+\Delta y)}{\Delta y} = -\frac{\partial M_x}{\partial y}$$

となる．同様に磁化の y 成分に対応する磁化電流密度 $\boldsymbol{j}_2 = (j_{2x}, 0, j_{2z})$ は

$$j_{2z} = \frac{\partial M_y}{\partial x}, \quad j_{2x} = -\frac{\partial M_y}{\partial z}$$

z 成分に対応する磁化電流密度 $\boldsymbol{j}_3 = (j_{3x}, j_{3y}, 0)$ は

$$j_{3x} = \frac{\partial M_z}{\partial y}, \quad j_{3y} = -\frac{\partial M_z}{\partial x}$$

と求められ，これらを足し合わせることにより磁化電流密度は

$$\begin{aligned} \boldsymbol{j}_{\mathrm{m}} &= \boldsymbol{j}_1 + \boldsymbol{j}_2 + \boldsymbol{j}_3 \\ &= \left(\frac{\partial M_z}{\partial y} - \frac{\partial M_y}{\partial z}, \ \frac{\partial M_x}{\partial z} - \frac{\partial M_z}{\partial x}, \ \frac{\partial M_y}{\partial x} - \frac{\partial M_x}{\partial y} \right) \\ &= \boldsymbol{\nabla} \times \boldsymbol{M} \end{aligned}$$

となり，式 (5.27) が導かれた．

D　電磁誘導に関する諸法則

D.1　磁場中を運動するコイルに生じる誘導起電力

図D.1のように，空間的に一様でない磁束密度 $\boldsymbol{B}$ の静磁場中を速度 $\boldsymbol{v}$ で運動するコイル C を考える．このときコイル上の単位電荷あたりにはたらくローレンツ力 $\boldsymbol{v}\times\boldsymbol{B}$ をコイルに沿って線積分した量

$$\oint_C (\boldsymbol{v}\times\boldsymbol{B})\cdot d\boldsymbol{r}$$

がローレンツ起電力である．コイルを貫く磁束の変化を表すため，C 上の微小線素片 $\Delta\boldsymbol{r}_i$ に着目する．この線素片が微小時間 Δt の間に描く面の面素片ベクトルは $\Delta\boldsymbol{S}_i=\boldsymbol{v}\Delta t\times\Delta\boldsymbol{r}_i$ と表され，この部分を貫く磁束を $\Delta\varPhi_i=\boldsymbol{B}_i\cdot\Delta\boldsymbol{S}_i$ と表すと，これは図D.1のように，前方 $\Delta\boldsymbol{r}_i$ では磁束の増加，後方 $\Delta\boldsymbol{r}_j$ では磁束の減少を正しく表す (面素片ベクトルの向きに注意せよ)．これらをすべての線素片について足し合わせることにより，コイルを貫く磁束の変化 $\Delta\varPhi$ は

$$\begin{aligned}\Delta\varPhi&=\sum_i \boldsymbol{B}_i\cdot(\boldsymbol{v}\Delta t\times\Delta\boldsymbol{r}_i)=-\Delta t\sum_i(\boldsymbol{v}\times\boldsymbol{B}_i)\cdot\Delta\boldsymbol{r}_i\\&=-\Delta t\oint_C(\boldsymbol{v}\times\boldsymbol{B})\cdot d\boldsymbol{r}\end{aligned}$$

となる．上の1行目の最後の等式でスカラー3重積の公式 (A.25) を用いた．よってローレンツ起電力は

$$V=\oint_C(\boldsymbol{v}\times\boldsymbol{B})\cdot d\boldsymbol{r}=-\frac{\Delta\varPhi}{\Delta t}=-\frac{d\varPhi}{dt}$$

と表され，電磁誘導の法則に従うことが確かめられる．

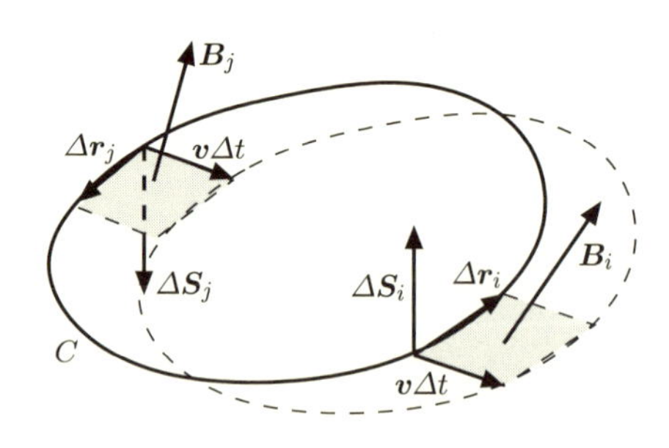

図 D.1　磁場中を運動するコイルに生じるローレンツ起電力

D.2　相互インダクタンスの相反定理

任意のコイル C_1, C_2 の間の相互インダクタンスの相反性は以下のようにして一般的に示すことができる．C_1 を流れる電流 I_1 がつくる磁場は，ベクトルポテンシャル (4.37) を用いて

$$\boldsymbol{B}(\boldsymbol{r}) = \boldsymbol{\nabla} \times k_{\mathrm{m}} \oint_{C_1} \frac{I_1 d\boldsymbol{r}_1}{|\boldsymbol{r} - \boldsymbol{r}_1|} \tag{D.1}$$

と表され，コイル C_2 を周とする曲面 S_2 を貫く磁束は

$$\begin{aligned} \Phi_{21} &= \int_{S_2} \boldsymbol{B}(\boldsymbol{r}_2) \cdot d\boldsymbol{S}_2 = k_{\mathrm{m}} I_1 \int_{S_2} d\boldsymbol{S}_2 \cdot \boldsymbol{\nabla}_2 \times \oint_{C_1} \frac{d\boldsymbol{r}_1}{|\boldsymbol{r}_2 - \boldsymbol{r}_1|} \\ &= k_{\mathrm{m}} I_1 \oint_{C_2} d\boldsymbol{r}_2 \cdot \oint_{C_1} d\boldsymbol{r}_1 \frac{1}{|\boldsymbol{r}_2 - \boldsymbol{r}_1|} \end{aligned} \tag{D.2}$$

と求められる．最後の式変形でストークスの定理 (A.39) を用いた．したがって，C_1 に対する C_2 の相互インダクタンスは

$$M_{21} = \frac{\Phi_{21}}{I_1} = k_{\mathrm{m}} \oint_{C_2} d\boldsymbol{r}_2 \cdot \oint_{C_1} d\boldsymbol{r}_1 \frac{1}{|\boldsymbol{r}_2 - \boldsymbol{r}_1|} \tag{D.3}$$

と表されるが，この式はコイルの添字 1, 2 の交換に対して対称な形をしている．よって相反性 $M_{12} = M_{21}$ が一般的に成り立つことが示された．

E　物理基礎定数表

名　称	値 (SI)	
電気素量	$e = 1.602176634 \times 10^{-19}$ C	(定義値)
真空の誘電率	$\varepsilon_0 = 8.85418782 \times 10^{-12}$ F/m	
真空の透磁率	$\mu_0 = 1.25663706 \times 10^{-6}$ H/m	
真空中の光速	$c = 2.99792458 \times 10^8$ m/s	(定義値)
電子の静止質量	$m_e = 9.1093837 \times 10^{-31}$ kg	$\fallingdotseq 511$ keV/c^2
陽子の静止質量	$m_p = 1.67262192 \times 10^{-27}$ kg	$\fallingdotseq 938$ MeV/c^2
アヴォガドロ数	$N_{\mathrm{A}} = 6.02214076 \times 10^{23}$ mol^{-1}	(定義値)
重力定数	$G = 6.67430 \times 10^{-11}$ m^3/s$^2 \cdot$ kg	
プランク定数	$h = 6.62607015 \times 10^{-34}$ J $\cdot$ s	(定義値)
ボルツマン定数	$k_{\mathrm{B}} = 1.380649 \times 10^{-23}$ J/K	(定義値)

上の表の中の eV (電子ボルト) はエネルギーの単位であり，電気素量 e の電荷が 1 V の電位差によって得るエネルギー 1 eV $\simeq 1.6 \times 10^{-19}$ J を表す．keV(キロ電子ボルト) $= 10^3$ eV，MeV(メガ電子ボルト) $= 10^6$ eV のほか，meV(ミリ電子ボルト) $= 10^{-3}$ eV なども用いられる．また，アインシュタインの関係式として知られる $E = mc^2$ に基づき，粒子の質量を表すための単位として，エネルギーの単位を真空中の光速 c の 2 乗で除した keV/c^2, MeV/c^2 などが用いられる．たとえば

$$1\ \mathrm{keV}/c^2 = \frac{10^3 \times (1.6 \times 10^{-19})}{(3.0 \times 10^8)^2} = 1.8 \times 10^{-33}\ \mathrm{kg}$$

である．

演習問題解説

1章

1.1 重力加速度の大きさを g とすると，鉛直方向の重力 mg と水平方向のクーロン力 QE および糸の張力のつり合いにより

$$\tan\alpha = \frac{QE}{mg}$$

クーロン力と重力の合力は一様な力であり，これを見かけの重力とする振り子運動が起きる．電場の向きを反転させると，つり合いの位置は糸の支点を通る鉛直線について反転するので，この位置を中心として右図のような最大振れ角 2α の振り子運動をする．

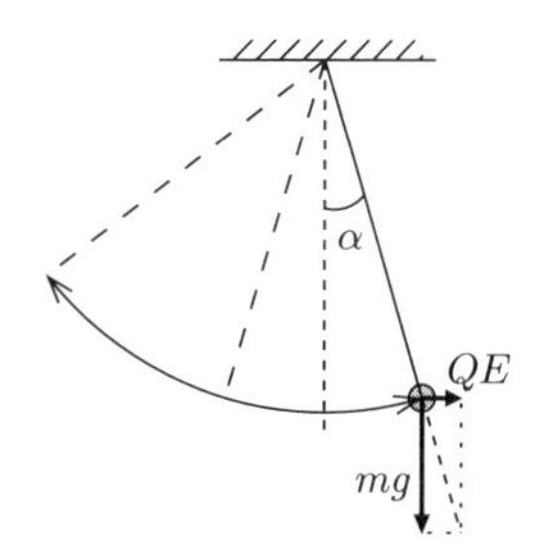

1.2 式 (1.16) より抵抗率 $\rho = 1/\sigma$ は

$$\rho = \frac{m_e}{ne^2\tau}$$

例題 1.2 より銅内の自由電子の数密度は $n = 0.85 \times 10^{29}\ \mathrm{m}^{-3}$ であるから，緩和時間 τ は

$$\tau = \frac{m_e}{ne^2\rho} = \frac{9.1 \times 10^{-31}}{(0.85 \times 10^{29}) \cdot (1.6 \times 10^{-19})^2 \cdot (1.7 \times 10^{-8})}$$
$$= 2.5 \times 10^{-14}\ \mathrm{s} = 25\ \mathrm{fs} \quad (\mathrm{fs} = 10^{-15}\ \mathrm{s}：フェムト秒)$$

1.3 検流計 G を流れる電流が 0 のとき内部抵抗による電圧降下がないので電池の起電力は AC 間の電圧降下に等しい．このとき抵抗線には一定の電流 $I = V_{\mathrm{B}}/R$ (R は抵抗線の抵抗) が流れているので，電池の起電力は抵抗線 AB に加えられている電圧 V_{B} の $\overline{\mathrm{AC}}/\overline{\mathrm{AB}}$ 倍である．したがって

$$V_{\mathrm{S}} = \frac{l_{\mathrm{S}}}{l}V_{\mathrm{B}}, \quad V_{\mathrm{X}} = \frac{l_{\mathrm{X}}}{l}V_{\mathrm{B}}, \quad \therefore\ V_{\mathrm{X}} = \frac{l_{\mathrm{X}}}{l_{\mathrm{S}}}V_{\mathrm{S}}$$

1.4 抵抗 R_1, R_2 を流れる電流を I_1, I_2 とすると，検流計に電流が流れないことから可変抵抗 r に電流 I_1，試料 X に電流 I_2 が流れる．検流計の両端の電位差が 0 であることから

$$R_1I_1 = R_2I_2, \quad rI_1 = XI_2, \quad \therefore\ X = \frac{I_1}{I_2}r = \frac{R_2}{R_1}r$$

1.5 N 段のときの合成抵抗を R_N とすると，下図のように，これは抵抗 r と抵抗 $2r+R_{N-1}$ の並列接続と等価である．

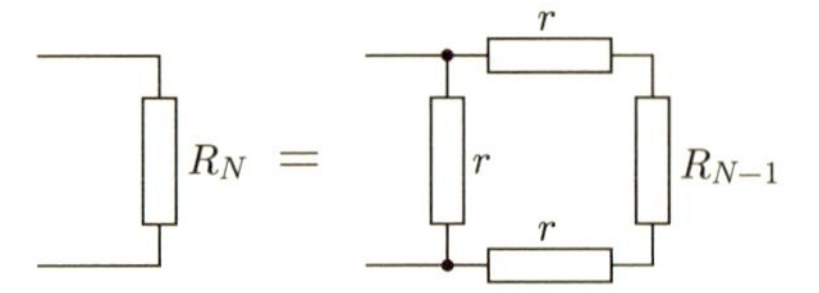

よって漸化式

$$\frac{1}{R_N}=\frac{1}{r}+\frac{1}{2r+R_{N-1}}$$

が成り立ち，$N\to\infty$ での極限を $R_N\to R$ とすると

$$\frac{1}{R}=\frac{1}{r}+\frac{1}{2r+R},\quad R^2+2Rr-2r^2=0,\quad \therefore\ R=(\sqrt{3}-1)r$$

1.6 粒子は xy 面に平行な平面上を運動する．運動方程式は

$$m\dot{v}_x=q(E_x+v_yB_z),\quad m\dot{v}_y=-qv_xB_z$$

第 1 式の両辺を時間で微分して v_y を消去すると

$$\ddot{v}_x=\frac{qB_z}{m}\dot{v}_y=-\left(\frac{qB_z}{m}\right)^2v_x=-\omega_c^2v_x\quad\left(\omega_c=\frac{qB_z}{m}\right)$$

で，v_x は角周波数 ω_c で単振動する．初期条件より

$$v_x(t)=v_0\cos\omega_ct+v_{\mathrm{d}}\sin\omega_ct\quad(v_{\mathrm{d}}\text{ は定数})$$

$$\begin{aligned}v_y(t)&=\frac{m\dot{v}_x-qE_x}{qB_z}=-v_0\sin\omega_ct+v_{\mathrm{d}}\cos\omega_ct-\frac{E_x}{B_z}\\&=-v_0\sin\omega_ct-v_{\mathrm{d}}(1-\cos\omega_ct),\quad v_{\mathrm{d}}=\frac{E_x}{B_z}\end{aligned}$$

始点を原点にとると，軌道の式は

$$x(t)=\frac{v_0\sin\omega_ct+v_{\mathrm{d}}(1-\cos\omega_ct)}{\omega_c},$$

$$y(t)=-\frac{v_0(1-\cos\omega_ct)+v_{\mathrm{d}}(\omega_ct-\sin\omega_ct)}{\omega_c}$$

で，$v_0=0$ のときサイクロイド，$v_0\neq0$ のときトロコイドとよばれる曲線となる．いずれの場合も粒子の平均速度は $\bar{\boldsymbol{v}}=(0,-v_{\mathrm{d}},0)$ で，$-y$ の向きにドリフトする．下図は $v_0=2v_{\mathrm{d}}$ の場合の軌道である．

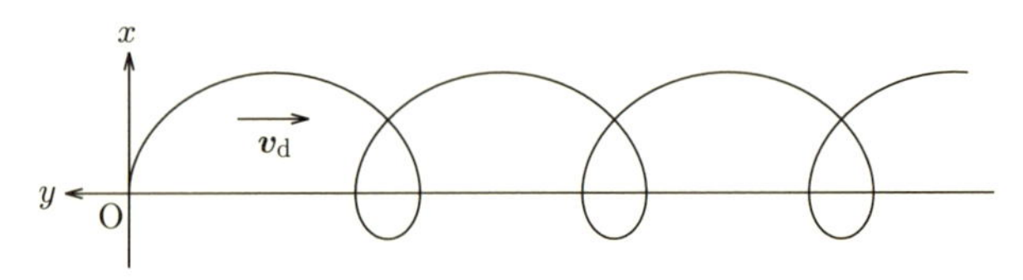

2章

2.1 (a) 各点電荷のつくる電場を合成して $E = \dfrac{\sqrt{3}q}{4\pi\varepsilon_0 a^2}$

(b) 3つの点電荷系の静電エネルギーは

$$U = \frac{q^2 + 2qq'}{4\pi\varepsilon_0 a} = 0, \quad \therefore\ q' = -\frac{q}{2}$$

2.2 直線電荷を微小区間に分割すると，$x = x'$ 近傍の長さ $\Delta x'$ の微小電荷 $\Delta q = \lambda\Delta x'$ が $x = R$ につくる電場 ΔE はクーロンの法則より

$$\Delta E = \frac{\Delta q}{4\pi\varepsilon_0(R - x')^2} = \frac{\lambda}{4\pi\varepsilon_0(R - x')^2}\,\Delta x'$$

直線電荷全体のつくる電場は，区間 $-\infty < x' < 0$ での積分により，

$$E(R) = \sum \frac{\lambda}{4\pi\varepsilon_0(R - x')^2}\,\Delta x' = \frac{\lambda}{4\pi\varepsilon_0}\int_{-\infty}^{0}\frac{dx'}{(R - x')^2}$$

$$= \frac{\lambda}{4\pi\varepsilon_0}\left[\frac{1}{R - x'}\right]_{-\infty}^{0} = \frac{\lambda}{4\pi\varepsilon_0 R}$$

2.3 (a) 円環上の点から z 軸上の点 $(0, 0, z)$ までの距離は $\sqrt{z^2 + a^2}$ であるから，z 軸上の電位は

$$\phi(z) = \frac{Q}{4\pi\varepsilon_0\sqrt{z^2 + a^2}}$$

(b) 電荷分布の対称性より z 軸上の電場は z 方向に生じ，

$$E(z) = -\frac{d\phi(z)}{dz} = \frac{Qz}{4\pi\varepsilon_0(z^2 + a^2)^{3/2}}$$

この電場の強さが最大値をとるとき

$$\frac{dE(z)}{dz} = \frac{Q}{4\pi\varepsilon_0}\frac{a^2 - 2z^2}{(z^2 + a^2)^{5/2}} = 0, \quad \therefore\ z = \pm\frac{a}{\sqrt{2}}$$

2.4 (a) 各直線電荷からの距離は $\sqrt{a^2 + y^2}$ であるから，各直線電荷がつくる電場の強さはガウスの法則より

$$E = \frac{\lambda}{2\pi\varepsilon_0\sqrt{a^2 + y^2}}$$

2つの直線電荷による電場を合成することにより，求める電場は x 方向に

$$E_x = -\frac{2a}{\sqrt{a^2 + y^2}}E = -\frac{a\lambda}{\pi\varepsilon_0(a^2 + y^2)}$$

(b) 各直線電荷からの距離が $r_\pm$ の点での電位は

$$\phi = \frac{\lambda}{2\pi\varepsilon_0}\left[\int_{r_+}^{a}\frac{dr}{r} - \int_{r_-}^{a}\frac{dr}{r}\right] = \frac{\lambda}{2\pi\varepsilon_0}\log\frac{r_-}{r_+}$$

よって等電位面は各直線電荷からの距離の比 r_+/r_- が等しい点の集合であるが，これは

$$\frac{r_+^2}{r_-^2} = \frac{(x-a)^2+y^2}{(x+a)^2+y^2} = c^2 \quad (c = e^{-2\pi\varepsilon_0\phi/\lambda} > 0)$$

$$\left(x - \frac{1+c^2}{1-c^2}a\right)^2 + y^2 = \left(\frac{2c}{1-c^2}\,a\right)^2 \quad (c \neq 1)$$

より，断面が下図のような円筒となる．$c = 1$ $(\phi = 0)$ のときは平面 $x = 0$.

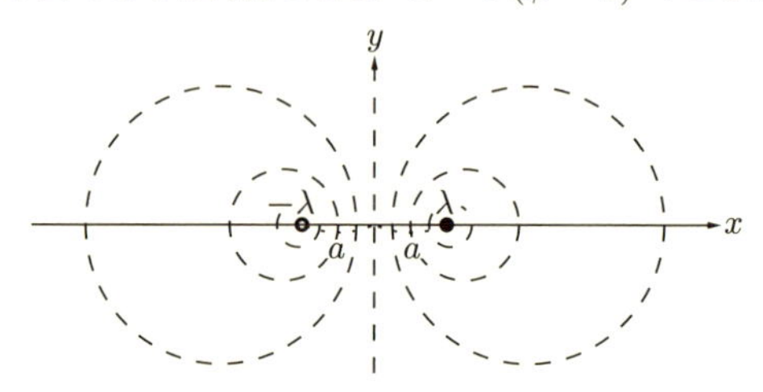

2.5 地球表面を覆う半径 $R = 6.4 \times 10^6$ m の球面にガウスの法則を適用すると，地球全体の電荷 Q はこの球面を貫く電束に等しいので，

$$Q = -\varepsilon_0 E \cdot 4\pi R^2 = -(8.85 \times 10^{-12}) \times 100 \times 4\pi \times (6.4 \times 10^6)^2$$
$$= -4.6 \times 10^5 \text{ C}$$

2.6 くり抜く前の半径 a の球電荷が内部につくる電場を $\boldsymbol{E}_\mathrm{A}$，くり抜いた部分に分布していた半径 b の球電荷が内部につくる電場を $\boldsymbol{E}_\mathrm{B}$ とすると，求める電場は $\boldsymbol{E} = \boldsymbol{E}_\mathrm{A} - \boldsymbol{E}_\mathrm{B}$ により求められる．$\boldsymbol{E}_\mathrm{A}$ について，原点を中心とする半径 r $(r < a)$ の球面にガウスの法則を適用して

$$4\pi\varepsilon_0 r^2 E_\mathrm{A}(r) = \frac{4\pi}{3}r^3\rho_0, \quad E_\mathrm{A}(r) = \frac{\rho_0}{3\varepsilon_0}r, \quad \boldsymbol{E}_\mathrm{A} = \frac{\rho_0}{3\varepsilon_0}\boldsymbol{r}$$

同様に $\boldsymbol{E}_\mathrm{B}$ については，点 $\boldsymbol{r}_0$ を中心とする半径 r' の球面にガウスの法則を適用することにより

$$E_\mathrm{B} = \frac{\rho_0}{3\varepsilon_0}r', \quad \boldsymbol{E}_\mathrm{B} = \frac{\rho_0}{3\varepsilon_0}(\boldsymbol{r} - \boldsymbol{r}_0)$$

よって空洞内における電場は

$$\boldsymbol{E} = \boldsymbol{E}_\mathrm{A} - \boldsymbol{E}_\mathrm{B} = \frac{\rho_0}{3\varepsilon_0}\boldsymbol{r}_0$$

となり，$\boldsymbol{r}_0$ の向きの一様な電場であることがわかる．

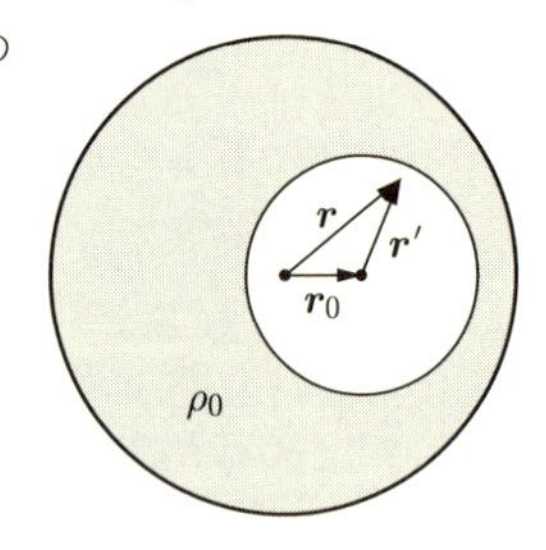

3章

3.1 導体球 B の電荷を Q' とすると，導体球の中心から距離 r の位置に生じる電場 $E(r)$ は，ガウスの法則より

$$E(r) = \begin{cases} \dfrac{Q+Q'}{4\pi\varepsilon_0 r^2} & (r > 3a) \\ 0 & (2a < r < 3a) \\ \dfrac{Q}{4\pi\varepsilon_0 r^2} & (a < r < 2a) \end{cases}$$

内側の導体球の電位は

$$\begin{aligned} \phi(a) &= \int_a^\infty E(r)dr = \int_a^{2a} \frac{Q}{4\pi\varepsilon_0 r^2}dr + \int_{3a}^\infty \frac{Q+Q'}{4\pi\varepsilon_0 r^2}dr \\ &= \frac{1}{4\pi\varepsilon_0}\left[-\frac{Q}{2a} + \frac{Q}{a} + \frac{Q+Q'}{3a}\right] = \frac{1}{4\pi\varepsilon_0}\frac{2Q'+5Q}{6a} = 0 \end{aligned}$$

$$\therefore\ Q' = -\frac{5}{2}Q$$

3.2 (a) 導体板の左端を境として左右に分解することにより，このコンデンサーは，右図のような 3 つのコンデンサーを接続したものとみなすことができる．これらのコンデンサーの電気容量はそれぞれ

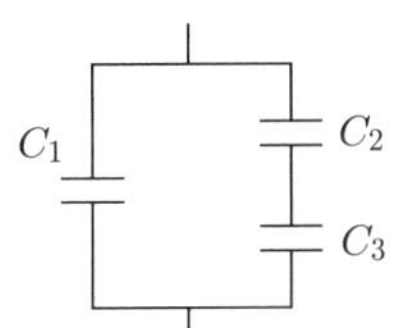

$$C_1 = \frac{\varepsilon_0 l(l-x)}{d}, \quad C_2 = \frac{\varepsilon_0 lx}{y}, \quad C_3 = \frac{\varepsilon_0 lx}{d-w-y}$$

であるから，合成容量は

$$C = C_1 + \frac{1}{\frac{1}{C_2}+\frac{1}{C_3}} = \frac{\varepsilon_0 l^2}{d}\left(1 + \frac{wx}{l(d-w)}\right)$$

(b) 電気容量を $C = C_0 + Dx$ と置く．コンデンサーに電圧 V が加えられているとき，コンデンサーに蓄えられている電荷は $Q = CV$ で，静電エネルギーは

$$U = \frac{Q^2}{2C} = \frac{Q^2}{2(C_0+Dx)}$$

Q を保ったまま導体板を左へ Δx だけ移動させたときの静電エネルギーの変化 ΔU が，導体板にはたらく力 F にさからってする仕事 $-F\Delta x$ に等しいことから

$$F = -\frac{\Delta U}{\Delta x} = -\frac{dU}{dx} = \frac{DQ^2}{2(C_0+Dx)^2} = \frac{1}{2}DV^2 = \frac{\varepsilon_0 lwV^2}{2d(d-w)}$$

3.3 電極に蓄えられている単位長さあたりの電荷を λ とすると，中心軸から距離 r の位置に生じる電場 $E(r)$ はガウスの法則より

$$2\pi r\varepsilon_0 E(r) = \lambda, \quad E(r) = \frac{\lambda}{2\pi\varepsilon_0 r}$$

で，電場は $r = a$ で最大値 $E_{\max} = \dfrac{\lambda}{2\pi\varepsilon_0 a}$ となる．電極間の電圧は

$$V = \int_a^b E(r)dr = \frac{\lambda}{2\pi\varepsilon_0}\log\frac{b}{a} = aE_{\max}\log\frac{b}{a}$$

と書ける．よって電場の最大値が絶縁体力 E_c となるときの電圧は

$$\begin{aligned} V_c &= aE_c\log\frac{b}{a} \\ &= (0.5\times10^{-3})\cdot(3.0\times10^6)\cdot\log\frac{50}{0.5} = 6.9\times10^3\,\mathrm{V} \end{aligned}$$

3.4 各導線に単位長さあたり $\pm\lambda$ の電荷が蓄えられているとき，中心軸を結ぶ線分上で $+\lambda$ の導線の中心軸から距離 r $(a \le r \le w-a)$ の位置に生じる電場は，2 つの直線電荷のつくる電場を合成することにより

$$E(r) \simeq \frac{\lambda}{2\pi\varepsilon_0 r} + \frac{\lambda}{2\pi\varepsilon_0(w-r)}$$

であるから，電極間の電圧は

$$\begin{aligned} V &= \int_a^{w-a} E(r)dr = \frac{\lambda}{2\pi\varepsilon_0}\left(\log\frac{w-a}{a} - \log\frac{a}{w-a}\right) \\ &= \frac{\lambda}{\pi\varepsilon_0}\log\frac{w-a}{a} \end{aligned}$$

よって単位長さあたりの電気容量は

$$\mathcal{C} = \frac{\lambda}{V} = \frac{\pi\varepsilon_0}{\log\frac{w-a}{a}} \simeq \frac{\pi\varepsilon_0}{\log(w/a)}$$

3.5 球面 S_δ 上での電場は点電荷のつくる電場 $q/4\pi\varepsilon_0\delta^2$ に等しいので，この半球面を貫く電束は

$$\varPhi_\delta = \varepsilon_0 \times (\text{電場の強さ}) \times (\text{半球面の面積}) = \frac{q}{4\pi\delta^2}\cdot 2\pi\delta^2 = \frac{q}{2}$$

導体平面上の原点 O から距離 r の位置に生じる電場は鏡像法を用いて式 (3.21) で表され，下向きに

$$E(r) = \frac{qa}{2\pi\varepsilon_0(r^2+a^2)^{3/2}}$$

この電場の面積分を計算することにより，円 S_R を貫く電束は

$$\begin{aligned} \varPhi_R &= \int_0^R \frac{qa}{2\pi(r^2+a^2)^{3/2}}2\pi r dr \quad (r = a\tan\theta) \\ &= q\int_0^{\theta_R}\sin\theta d\theta = q(1-\cos\theta_R) = q\left(1 - \frac{a}{\sqrt{a^2+R^2}}\right) \end{aligned}$$

ガウスの法則より $\varPhi_\delta = \varPhi_R$ であるから

$$\frac{a}{\sqrt{a^2+R^2}} = \frac{1}{2}, \quad \therefore\ R = \sqrt{3}\,a$$

3.6 まず 1 つの面が等電位になるよう，その面に関して対称な位置に電荷 $-q$ を置く．次にもう 1 つの面も等電位になるよう，その面に関して q と $-q$ に対称な位置にそれぞれ $-q,\ q$ を置けばよい．電気力線は右図のようになる．

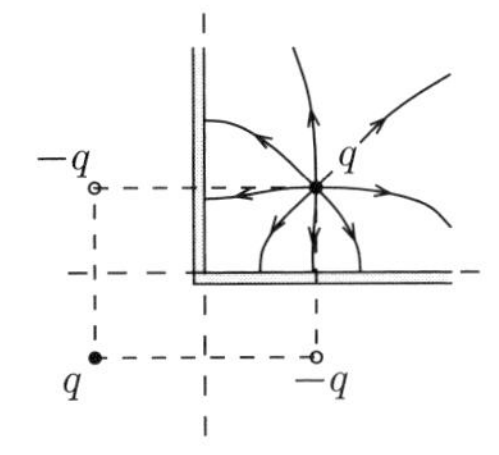

3.7 (a) 導体球の表面の位置を，直線 OP から測った角度 θ で表す．この位置から点電荷 q までの距離 l および鏡像電荷 $-q'$ までの距離 l' は余弦定理により

$$l^2 = s^2 + a^2 - 2as\cos\theta$$

$$l'^2 = s'^2 + a^2 - 2as'\cos\theta = \frac{a^4}{s^2} + a^2 - \frac{2a^3}{s}\cos\theta$$
$$= \frac{a^2}{s^2}\left(a^2 + s^2 - 2as\cos\theta\right) = \frac{a^2}{s^2}l^2$$

であるから，

$$\frac{l'}{l} = \frac{a}{s} = \frac{q'}{q}$$

よって，点電荷 $q,\ -q'$ による球面上の電位は

$$\frac{1}{4\pi\varepsilon_0}\left(\frac{q}{l} - \frac{q'}{l'}\right) = 0$$

となり，θ によらず一定である．(ここでは導体球は帯電しておらず，ガウスの法則より導体球を覆う閉曲面を貫く電束は 0 でなくてはならないので，球面の等電位性を破ることなく球内の電荷の総量を 0 とするため球の中心に点電荷 $+q'$ を置く必要がある．導体球が帯電している場合は，その分の電荷を球の中心の電荷に加えればよい．)

(b) 点電荷 q の導体表面からの距離を h とすると $s = a + h$ で，$a \to \infty$ のとき

$$q' = \frac{a}{s}q = \frac{a}{a+h}q \to q$$

また，導体表面から点電荷 $-q'$ までの距離は

$$a - s' = a - \frac{a^2}{a+h} = \frac{ah}{a+h} = \frac{h}{1 + h/a} \to h$$

で導体平面に関する鏡像に一致する．

(c) 3 つの点電荷がつくる電位 $\phi(r,\theta)$ $(r \geq a)$ は，点電荷 q からの距離 $l = \sqrt{r^2 + s^2 - 2rs\cos\theta}$，点電荷 $-q'$ からの距離 $l' = \sqrt{r^2 + s'^2 - 2rs'\cos\theta}$ を用いて

$$\phi(r,\theta) = \frac{1}{4\pi\varepsilon_0}\left(\frac{q}{l} - \frac{q'}{l'} + \frac{q'}{r}\right)$$

であり，導体表面における電場は，$r=a$ のとき $l'=(a/s)l$ に注意すると

$$E(\theta)=-\left(\frac{\partial\phi}{\partial r}\right)_{r=a}=\frac{1}{4\pi\varepsilon_0}\left(\frac{q}{l^2}\frac{\partial l}{\partial r}-\frac{q'}{l'^2}\frac{\partial l'}{\partial r}+\frac{q'}{r^2}\right)_{r=a},$$

$$\frac{q}{l^2}\left(\frac{\partial l}{\partial r}\right)_{r=a}=q\,\frac{a-s\cos\theta}{l^3},$$

$$\frac{q'}{l'^2}\left(\frac{\partial l'}{\partial r}\right)_{r=a}=\frac{qa}{s}\frac{a-(a^2/s)\cos\theta}{(al/s)^3}=q\,\frac{s^2/a-s\cos\theta}{l^3}$$

$$E(\theta)=-\frac{q}{4\pi\varepsilon_0}\left[\frac{s^2/a-a}{(a^2+s^2-2as\cos\theta)^{3/2}}-\frac{1}{sa}\right]$$

$$\therefore\ \sigma(\theta)=\varepsilon_0E(\theta)=-\frac{q}{4\pi}\left[\frac{s^2-a^2}{a(a^2+s^2-2as\cos\theta)^{3/2}}-\frac{1}{sa}\right]$$

この大きさは $\theta=0,\ \pi$ のときそれぞれ最大と最小で，

$$\sigma(0)=-\frac{q}{4\pi}\frac{3s-a}{s(s-a)^2},\quad \sigma(\pi)=-\frac{q}{4\pi}\frac{s-a}{s(s+a)^2}$$

4章

4.1 直線電流のつくる磁束密度を求めたときの式 (4.9) を利用する．まず，長さ a の辺上の電流素片 $I\Delta z$ が長方形の中心，すなわち電流から距離 $R=b/2$ の位置につくる磁束密度は，長方形に垂直な向きに

$$\Delta B_a=\frac{\mu_0 I(b/2)\Delta z}{4\pi(z^2+\frac{b^2}{4})^{3/2}}$$

これを区間 $-a/2\leq z\leq a/2$ について足し合わせる (積分する) ことにより，長さ a の辺を流れる電流がつくる磁束密度は

$$B_a=\int_{-a/2}^{a/2}\frac{\mu_0 Ib}{8\pi(z^2+\frac{b^2}{4})^{3/2}}dz=\frac{\mu_0 I}{2\pi b}\int_{-\alpha}^{\alpha}\cos\theta d\theta\quad\left(\tan\alpha=\frac{a}{b}\right)$$

$$=\frac{\mu_0 I}{\pi b}\sin\alpha=\frac{\mu_0 Ia}{\pi b\sqrt{a^2+b^2}}$$

長さ b の辺を流れる電流がつくる磁束密度は，B_a の式で a と b を置き換えることにより

$$B_b=\frac{\mu_0 Ib}{\pi a\sqrt{a^2+b^2}}$$

よって 4 辺の寄与を加えることにより，求める磁束密度は

$$B=2B_a+2B_b=\frac{2\mu_0 I\sqrt{a^2+b^2}}{\pi ab}$$

4.2 (a) 円電流が軸上につくる磁束密度の式 (4.11) を利用すると，求める磁束密度は，

$$B(z) = \frac{\mu_0 I a^2}{2} \left(\frac{1}{\{a^2 + (l-z)^2\}^{3/2}} + \frac{1}{\{a^2 + (l+z)^2\}^{3/2}} \right)$$

(b) テイラー展開の公式

$$(1+x)^\alpha = 1 + \alpha x + \frac{\alpha(\alpha-1)}{2} x^2 + \cdots$$

を用いると

$$\frac{1}{\{a^2 + (l \mp z)^2\}^{3/2}} = \frac{1}{(a^2 + l^2)^{3/2}} \left(1 + \frac{\mp 2lz + z^2}{a^2 + l^2} \right)^{-3/2}$$
$$\simeq \frac{1}{(a^2 + l^2)^{3/2}} \left(1 - \frac{3}{2} \frac{\mp 2lz + z^2}{a^2 + l^2} + \frac{15}{8} \frac{4l^2 z^2}{(a^2 + l^2)^2} \right)$$
$$= \frac{1}{(a^2 + l^2)^{3/2}} \left(1 \pm \frac{3lz}{a^2 + l^2} + \frac{3(4l^2 - a^2) z^2}{2(a^2 + l^2)^2} \right)$$
$$\therefore\ B(z) \simeq \frac{\mu_0 I a^2}{(a^2 + l^2)^{3/2}} \left(1 + \frac{3(4l^2 - a^2) z^2}{2(a^2 + l^2)^2} \right)$$

原点での磁場をできるだけ一様にするには磁場の z 依存性をできるだけ小さくすればよいので，z^2 の係数を 0 とする条件より $l = a/2$.

(c) $l = a/2$ のときの原点近傍の磁束密度は

$$B(0) = \frac{\mu_0 I a^2}{(a^2 + a^2/4)^{3/2}} = \frac{8\mu_0 I}{\sqrt{5^3} a}$$

よって，$B(0) = 30 \times 10^{-6}$ T となる電流の値は

$$I = \frac{\sqrt{5^3} a B(0)}{8\mu_0} = \frac{11.2 \times 0.03 \times (30 \times 10^{-6})}{8 \cdot (1.26 \times 10^{-6})} = 1.0 \text{ A}$$

4.3 (a) 直線電流 I が距離 R の位置につくる磁束密度が，電流を軸とする円の接線方向に $\dfrac{\mu_0 I}{2\pi R}$ であることを用いて，2 本の直線電流がつくる磁束密度を合成する．磁束密度は z 軸に垂直であるから xy 面上の 2 次元成分表示 $\boldsymbol{B} = (B_x, B_y)$ で表すと，電流 1 および 2 が点 $(0, y, 0)$ につくる磁束密度 $\boldsymbol{B}_1$ および $\boldsymbol{B}_2$ は

$$\boldsymbol{B}_1 = \frac{\mu_0 I}{2\pi(y^2 + a^2)}(-y, -a), \quad \boldsymbol{B}_2 = \frac{\mu_0 I}{2\pi(y^2 + a^2)}(-y, a)$$
$$\therefore\ \boldsymbol{B} = \boldsymbol{B}_1 + \boldsymbol{B}_2 = -\frac{\mu_0 I y}{\pi(y^2 + a^2)} \boldsymbol{e}_x$$

(b) 電流 2 のつくる磁束密度の向きが逆になるので

$$\boldsymbol{B} = \boldsymbol{B}_1 - \boldsymbol{B}_2 = -\frac{\mu_0 I a}{\pi(y^2 + a^2)} \boldsymbol{e}_y$$

平行な 2 本の直線電流のまわりの磁場は図 4.4 を参照せよ．

4.4 電流分布の対称性により磁束密度は電流に垂直に，板面と平行な向きに生じる．板の中心面上を原点として板に垂直に z 軸，電流の向きに y 軸をとり，磁束密度の x 成分を z の関数 $B(z)$ として，図のように板の中心面について対称な長方形回路 C にアンペールの法則を適用する．

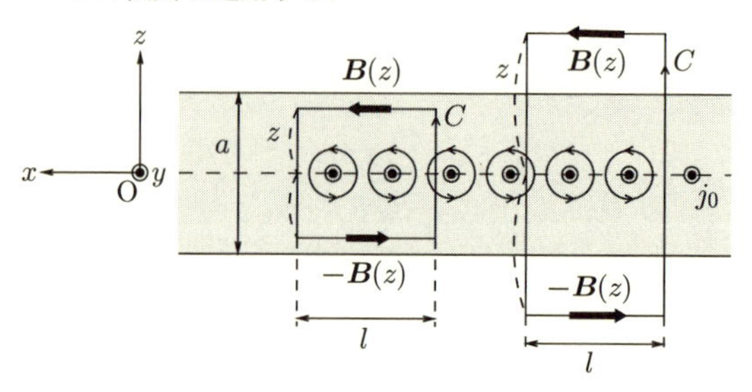

板の中心面に関する対称性より $B(-z) = -B(z)$ であり，回路 C に沿った磁束密度の周積分は $2lB(z)\,(z \geq 0)$ となる．また，回路を貫く電流は $0 \leq z \leq a/2$ のとき $2j_0lz$，$z > a/2$ のとき j_0la であるから，アンペールの法則より

$$2lB(z) = \begin{cases} 2\mu_0 j_0 lz & (0 \leq z \leq a/2) \\ \mu_0 j_0 la & (z > a/2) \end{cases},$$

$$\therefore\ B(z) = \begin{cases} \frac{1}{2}\mu_0 j_0 a & (z > a/2) \\ \mu_0 j_0 z & (|z| \leq a/2) \\ -\frac{1}{2}\mu_0 j_0 a & (z < -a/2) \end{cases}$$

となり，導体板の外側には一様な磁場が生じる．

4.5 $x > 0$ の領域で磁束密度は y 軸の正の向きに $B_y = \dfrac{\mu_0 I}{2\pi x}$ であるから，運動方程式より

$$m\frac{dv_z}{dt} = qv_xB_y = \frac{\mu_0 Iqv_x}{2\pi x} = \frac{\mu_0 Iq}{2\pi x}\frac{dx}{dt}, \quad \frac{dx}{x} = \frac{2\pi m}{\mu_0 Iq}dv_z$$

磁場中で粒子の速度の大きさは一定 $(= v_0)$ であるから，粒子が電流に最も近づいたときの速度は $(0, 0, -v_0)$ である．このときの電流からの距離を R_1 とすると，v_z が 0 から $-v_0$ に変化する間に x が R_0 から R_1 に変化するので，上式を積分して

$$\int_{R_0}^{R_1}\frac{dx}{x} = \frac{2\pi m}{\mu_0 Iq}\int_0^{-v_0}dv_z, \quad \log\frac{R_1}{R_0} = -\frac{2\pi mv_0}{\mu_0 Iq}$$

$$\therefore\ R_1 = R_0\exp\left(-\frac{2\pi mv_0}{\mu_0 Iq}\right)$$

5章

5.1 (a) 極板面積 ax と $a(a-x)$ の2つのコンデンサーの並列接続とみなせるので，求める電気容量は

$$C(x)=\frac{\varepsilon ax}{d}+\frac{\varepsilon_0 a(a-x)}{d}=\frac{\varepsilon_0 a^2+(\varepsilon-\varepsilon_0)ax}{d}$$

(b) コンデンサーに蓄えられている電荷を Q とし，電気容量を $C(x)=C_0+Dx$ と置くと，コンデンサーに蓄えられている静電エネルギーは

$$U(x)=\frac{Q^2}{2(C_0+Dx)}$$

誘電体板にはたらく力を F とすると，電荷 Q を一定に保ったまま誘電体板の位置を Δx だけ変化させたときの静電エネルギーの変化が F にさからってする仕事 $-F\Delta x$ に等しいことから

$$F=-\frac{dU}{dx}=\frac{DQ^2}{2(C_0+Dx)^2}=\frac{1}{2}DV^2=\frac{a}{2d}(\varepsilon-\varepsilon_0)V^2$$

(c) 極板間の電場 $E=V/d$ は真空部分と誘電体部分とで等しく，

$$\frac{F}{ad}=\frac{(\varepsilon-\varepsilon_0)V^2}{2d^2}=\frac{1}{2}(\varepsilon-\varepsilon_0)E^2$$

5.2 コンデンサーに蓄えられる電荷を Q，誘電率 $\varepsilon_1, \varepsilon_2$ の誘電体内に生じる電場をそれぞれ E_1, E_2 とすると，

$$\varepsilon_1 E_1=\varepsilon_2 E_2=\frac{Q}{S}\quad \text{(ガウスの法則)}$$

$$V=E_1d_1+E_2d_2=\left(\frac{d_1}{\varepsilon_1}+\frac{d_2}{\varepsilon_2}\right)\frac{Q}{S},\quad \frac{Q}{S}=\frac{\varepsilon_1\varepsilon_2}{\varepsilon_1 d_2+\varepsilon_2 d_1}V$$

$$\therefore\ E_1=\frac{\varepsilon_2 V}{\varepsilon_1 d_2+\varepsilon_2 d_1},\quad E_2=\frac{\varepsilon_1 V}{\varepsilon_1 d_2+\varepsilon_2 d_1}$$

各誘電体内の分極 P_1, P_2 は

$$P_1=(\varepsilon_1-\varepsilon_0)E_1,\quad P_2=(\varepsilon_2-\varepsilon_0)E_2$$

であるから，境界面に生じる表面分極電荷密度は

$$\sigma_p=P_1-P_2=\varepsilon_0(E_2-E_1)=\frac{\varepsilon_0(\varepsilon_1-\varepsilon_2)}{\varepsilon_1 d_2+\varepsilon_2 d_1}V$$

5.3 境界で磁束密度の法線成分と磁場の接線成分が連続であるから，空隙内の磁束密度の法線成分 B'_n および接線成分 B'_t は

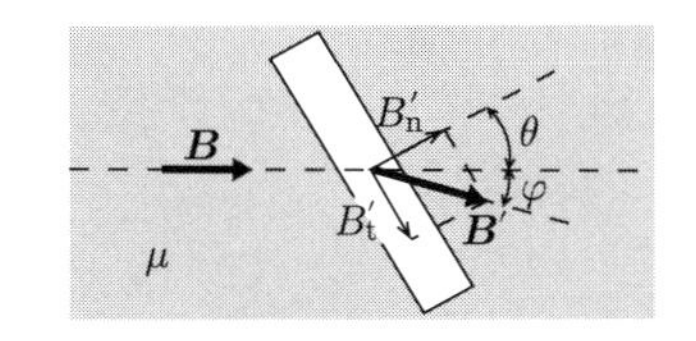

$$B'_\mathrm{n}=B\cos\theta,\quad \frac{B'_\mathrm{t}}{\mu}=\frac{B\sin\theta}{\mu_0},$$

$$\therefore\ B' = \sqrt{{B'_{\rm n}}^2 + {B'_{\rm t}}^2} = B\sqrt{\cos^2\theta + \frac{\mu^2}{\mu_0^2}\sin^2\theta},$$

$$\frac{B'_{\rm t}}{B'_{\rm n}} = \tan(\theta+\varphi) = \frac{\tan\theta + \tan\varphi}{1 - \tan\theta\tan\varphi} = \frac{\mu}{\mu_0}\tan\theta,$$

$$\therefore\ \tan\varphi = \frac{(\mu-\mu_0)\tan\theta}{\mu_0 + \mu\tan^2\theta}$$

$t = \tan\theta$ と置くと

$$\tan\varphi = \frac{(\mu-\mu_0)t}{\mu_0 + \mu t^2} = \frac{\mu-\mu_0}{\mu_0/t + \mu t} = \frac{\mu-\mu_0}{(\sqrt{\mu_0/t} - \sqrt{\mu t})^2 + 2\sqrt{\mu\mu_0}}$$

よって φ は

$$\sqrt{\mu_0/t} - \sqrt{\mu t} = 0, \quad t = \tan\theta = \sqrt{\mu_0/\mu}$$

のとき最大値 $\varphi_{\rm max}$ をとり,

$$\tan\varphi_{\rm max} = \frac{\mu-\mu_0}{2\sqrt{\mu\mu_0}}$$

6 章

6.1 アンペールの法則より，電流から距離 R の位置には磁束密度 $B(R) = \dfrac{\mu_0 I}{2\pi R}$ の磁場が生じる．したがってコイルを貫く磁束は

$$\Phi = \int_{-a}^{a} B(R+x)a dx = \frac{\mu_0 Ia}{2\pi}\int_{-a/2}^{a/2}\frac{dx}{R+x}$$

$$= \frac{\mu_0 Ia}{2\pi}\log\frac{R+a/2}{R-a/2} = MI, \quad M \equiv \frac{\mu_0 a}{2\pi}\log\frac{R+a/2}{R-a/2}$$

(上の式の M は z 軸に沿った導線と正方形コイルの間の相互インダクタンスである.) よって電磁誘導の法則より，コイルに生じる誘導起電力は

$$V = -\frac{d\Phi}{dt} = -M\frac{dI}{dt} = MI_0\omega\sin\omega t$$

6.2 コイル前方の辺が磁場領域にあるとき，コイルに生じる誘導起電力は

$$V = -N\frac{d\Phi}{dt} = -NB_0 av$$

であるから，コイルを流れる電流は

$$I = \frac{V}{R} = -\frac{NB_0 av}{R}$$

であり，コイルにはたらく力，すなわちコイル前方の辺が磁場から受ける力は

$$F = IB_0 l = -\frac{NB_0^2 av}{R}$$

次にコイル後方の辺が磁場領域に入ったときはコイルを貫く磁束が減少するのでコイルを流れる電流の向きが反転するが，今度は後方の辺が力を受けるので力の向きは最初と同じである．よって台車の運動方程式は台車の位置によらず

$$M\frac{dv}{dt} = -\frac{NB_0^2 av}{R}$$

と表される．変数分離して積分すると

$$\frac{dv}{v} = -\lambda dt, \quad \lambda \equiv \frac{NB_0^2 a}{MR}$$

$$\int_{v_0}^{v(t)} \frac{dv}{v} = -\lambda \int_0^t dt' = -\lambda t, \quad \therefore\ v(t) = v_0 e^{-\lambda t}$$

となり，台車は指数関数的に減速する．この原理は車両の制動装置にも用いられている．

6.3 コイルの法線と磁場のなす角を ωt とするとコイルを貫く磁束は $\Phi(t) = B_0 S\cos\omega t$ であるから，回路を流れる電流を $I(t)$ とすると

$$RI = -N\frac{d\Phi}{dt} - L\frac{dI}{dt},$$

$$RI + L\frac{dI}{dt} = NB_0 S\omega\sin\omega t$$

$I = I_1\sin\omega t + I_2\cos\omega t$ と置いて上の式に代入し，両辺の $\sin\omega t$ と $\cos\omega t$ の係数を比較することにより

$$RI_1 - \omega LI_2 = NB_0 S\omega, \quad RI_2 + \omega LI_1 = 0$$

$$I_1 = \frac{NB_0 S\omega R}{R^2 + (\omega L)^2}, \quad I_2 = -\frac{NB_0 S\omega \cdot \omega L}{R^2 + (\omega L)^2}$$

よって電流の最大値は

$$I_{\max} = \sqrt{I_1^2 + I_2^2} = \frac{NB_0 S\omega}{\sqrt{R^2 + (\omega L)^2}}$$

6.4 ソレノイド A に電流 I_A を流すと，ソレノイド内には磁束密度 $\mu_0 nI_A$ が生じるのでコイル B を貫く磁束は $\Phi_B = \mu_0 nI_A S$ であり，A に対する B の相互インダクタンスは

$$M_{BA} = \frac{\Phi_B}{I_A} = \mu_0 nS$$

一方，コイル B に電流 I_B を流したとき，z 軸上に生じる磁束密度は $B(z) = \dfrac{\mu_0 I_B b^2}{2(z^2 + b^2)^{3/2}}$ であるから，ソレノイドの位置 z 近傍の長さ dz 部分に生じる誘導起電力 dV_A は，この部分の巻き数 ndz と磁束 $\Phi_A = B(z)S$ の時間変化率との積により

$$dV_{\mathrm{A}} = -(ndz) \cdot \frac{d\Phi_{\mathrm{A}}}{dt} = -\frac{\mu_0 n b^2 S dz}{2(z^2+b^2)^{3/2}} \frac{dI_{\mathrm{B}}}{dt}$$

となる．これを z について区間 $(-\frac{1}{2}l, \frac{1}{2}l)$ で積分することにより，ソレノイドAに生じる誘導起電力が得られ，Bに対するAの相互インダクタンス M_{AB} が求められる．

$$V_{\mathrm{A}} = -\frac{\mu_0 n b^2 S}{2} \int_{-l/2}^{l/2} \frac{dz}{(z^2+b^2)^{3/2}} \frac{dI_B}{dt} = -M_{\mathrm{AB}} \frac{dI_B}{dt},$$

$$\begin{aligned} M_{\mathrm{AB}} &= \frac{\mu_0 n S b^2}{2} \int_{-l/2}^{l/2} \frac{dz}{(z^2+b^2)^{3/2}} \quad (z = b\tan\theta) \\ &= \frac{\mu_0 n S}{2} \int_{-\theta_0}^{\theta_0} \cos\theta d\theta \quad \left(\tan\theta_0 = \frac{l}{2b} \gg 1, \quad \theta_0 \simeq \frac{\pi}{2}\right) \\ &= \mu_0 n S \sin\theta_0 \simeq \mu_0 n S \end{aligned}$$

よって相反性が確かめられた．

6.5 点電荷が原点につくる電場は $E = -\dfrac{qz}{4\pi\varepsilon_0 |z|^3}$ であるから，原点を中心とする xy 面上の半径 r の円 C を貫く電束電流は

$$I_d = \frac{d}{dt}(\pi r^2 \varepsilon_0 E) = -\frac{d}{dt}\frac{r^2 qz}{4|z|^3} = \frac{r^2 qv}{2|z|^3} \quad (v = \dot{z})$$

よって，アンペール-マクスウェルの法則より

$$\oint_C \boldsymbol{B} \cdot d\boldsymbol{r} = 2\pi r B(r) = \mu_0 I_d = \frac{\mu_0 r^2 qv}{2|z|^3},$$

$$\therefore \ B(r) = \frac{\mu_0}{4\pi} \frac{qvr}{|z|^3}$$

これは電流素片 $q\boldsymbol{v}$ がビオ-サバールの法則に従ってつくる磁束密度に一致する．

6.6 回路を流れる電流を $I(t) = A\sin\omega t + B\cos\omega t$ と置くとコンデンサーに蓄えられる電荷は

$$Q(t) = \int I(t)dt = \frac{1}{\omega}(-A\cos\omega t + B\sin\omega t)$$

であり，これらを

$$RI + \frac{Q}{C} = V_0 \sin\omega t$$

に代入して，両辺の $\sin\omega t$ と $\cos\omega t$ の係数を比較することにより

$$RA - X_C B = V_0, \quad RB + X_C A = 0 \quad (X_C = 1/\omega C)$$

$$A = \frac{X_C}{R^2 + X_C^2} V_0, \quad B = -\frac{R}{R^2 + X_C^2} V_0$$

よって，コンデンサーの極板間電圧は

$$V_{\text{out}} = \frac{Q}{C} = X_C(-A\cos\omega t + B\sin\omega t)$$
$$= \frac{X_C}{\sqrt{R^2+X_C^2}} V_0 \sin(\omega t + \phi), \quad \tan\phi = -\frac{A}{B} = \frac{R}{X_C}$$

よって，角周波数 ω の高い信号はリアクタンス X_C が小さいため出力端子に現れにくく，この回路は高周波数のノイズを遮断して低周波数の信号を取り出す低域通過フィルターとして用いられる．

6.7 (a) 鉄芯の入った長さ x のソレノイドと中空の長さ $l-x$ のソレノイドとの直列接続とみなせるので，式 (6.8), (6.14) より求めるインダクタンスは

$$L(x) = \mu n^2 xS + \mu_0 n^2(l-x)S = \mu_0 n^2 lS + (\mu-\mu_0)n^2 xS$$

(b) インダクタンスを $L(x) = L_0 + Kx$ と置くと，コイルの磁気エネルギーは

$$U(x) = \frac{1}{2}(L_0 + Kx)I^2$$

鉄芯にはたらく力を F とすると，電流 I を保ったまま鉄芯の位置を Δx だけゆっくりと変化させたときの磁気エネルギーの変化が F にさからってした仕事 $-F\Delta x$ に等しいことから，

$$-F = \frac{dU(x)}{dx} = -\frac{1}{2}KI^2 = \frac{1}{2}(\mu-\mu_0)n^2SI^2$$

(c) ソレノイド内の磁束密度は真空部分で $B_0 = \mu nI$，鉄芯部分で $B = \mu nI$ であり，これらを用いて

$$-\frac{F}{S} = \frac{1}{2}(\mu-\mu_0)n^2I^2 = \frac{B^2}{2\mu} - \frac{B_0^2}{2\mu_0}$$

7章

7.1 ガウス関数を $f(u) = e^{-u^2/2a^2}$, $u = k(z-z_0) - \omega t$ と置くと

$$\boldsymbol{E}(\boldsymbol{r},t) = E_0 f(u)\boldsymbol{e}_x$$

この電場の発散は 0 で式 (7.5a) を満たす．また回転は y 成分のみをもつので，式 (7.5c) より磁束密度は

$$\frac{\partial \boldsymbol{B}}{\partial t} = -\boldsymbol{\nabla}\times\boldsymbol{E} = \left(0,\ -\frac{\partial E_x}{\partial z},\ 0\right) = -kE_0 f'(u)\boldsymbol{e}_y,$$
$$\therefore \boldsymbol{B}(\boldsymbol{r},t) = -kE_0\boldsymbol{e}_y\int f'(u)dt = \frac{kE_0}{\omega}\boldsymbol{e}_y\int f'(u)du = \frac{E_0}{c}f(u)\boldsymbol{e}_y$$

これは式 (7.5b), (7.5d) を満たす．よって磁束密度は y 軸方向で，電場と同じガウス関数の波形をもつ．(このことはガウス関数に限らず一般の波形の電磁波について成り立つ．)

7.2 電極間に生じる電場は，中心軸からの距離を r とすると

$$E(r) = \frac{Q/l}{2\pi\varepsilon_0 r} \quad (a \leq r \leq b)$$

であるから，電極間の電位差は

$$V = \int_a^b E(r)dr = \frac{Q}{2\pi\varepsilon_0 l}\log\frac{b}{a}$$

であり，コンデンサーの電気容量は

$$C = \frac{Q}{V} = \frac{2\pi\varepsilon_0 l}{\log(b/a)}$$

電極間の電場のエネルギーは

$$\int_a^b \frac{1}{2}\varepsilon_0 E^2(r)\cdot 2\pi r l dr = \frac{Q^2}{4\pi\varepsilon_0 l}\int_a^b \frac{dr}{r} = \frac{Q^2\log(b/a)}{4\pi\varepsilon_0 l}$$

となり，コンデンサーの静電エネルギー $Q^2/2C$ に等しい．

7.3 (a) コンデンサーの電気容量は $C = \varepsilon_0\pi a^2/d$．時刻 t におけるコンデンサーの電荷を $Q(t)$ とすると，回路を流れる電流 $I = -dQ/dt$ より

$$\frac{Q}{C} = RI = -R\frac{dQ}{dt}, \quad \frac{dQ}{dt} = -\lambda Q, \quad \left(\lambda \equiv \frac{1}{RC}\right)$$

$$\therefore\ Q(t) = Q_0 e^{-\lambda t}$$

(b) 図 7.4 と同様に円柱座標をとる．極板間の電場は一様で

$$E_z(t) = -\frac{Q(t)/\pi a^2}{\varepsilon_0} = -\frac{Q_0 e^{-\lambda t}}{\varepsilon_0\pi a^2}$$

であり，対称性より磁場は φ 方向に生じ，その強さは中心軸からの距離 r の関数で表される．極板に平行な半径 r の円 C_r を貫く電束電流は

$$I_{\mathrm{d}}(r) = -\varepsilon_0\pi r^2\frac{dE}{dt} = \frac{r^2}{a^2}Q_0\lambda e^{-\lambda t}$$

よって磁束密度 $B_\varphi(r,t)$ は，アンペール-マクスウェルの法則より

$$\oint_{C_r}\boldsymbol{B}\cdot d\boldsymbol{r} = 2\pi r B_\varphi(r,t) = \mu_0 I_{\mathrm{d}} = \frac{r^2}{a^2}\mu_0\lambda Q_0 e^{-\lambda t},$$

$$\therefore\ B_\varphi(r,t) = \frac{\mu_0\lambda Q_0 r e^{-\lambda t}}{2\pi a^2}$$

(c) $r = a$ におけるポインティングベクトルは，側面に垂直外向きに

$$S_R^{\mathrm{em}}(t) = -\frac{1}{\mu_0}E_z(t)B_\varphi(a,t) = \frac{\lambda Q_0^2 e^{-2\lambda t}}{2\varepsilon_0\pi^2 a^3}$$

であり，側面全体から単位時間あたりに流出する電磁場のエネルギーは

$$2\pi a d S_R^{\mathrm{em}}(t) = \frac{d\lambda Q_0^2 e^{-2\lambda t}}{\varepsilon_0\pi a^2} = \frac{\lambda Q_0^2 e^{-2\lambda t}}{C}$$

(d) 上問の結果を $0 \leq t \leq \infty$ で積分することにより，全放電過程で極板間から流出するエネルギーの和は

$$\int_0^\infty \frac{\lambda Q_0^2 e^{-2\lambda t}}{C} dt = \frac{Q_0^2}{2C}$$

となり，最初にコンデンサーに蓄えられていた静電エネルギーに等しい．

7.4 下図のように導体円柱の中心軸に沿って電流の向きに z 軸をとる．

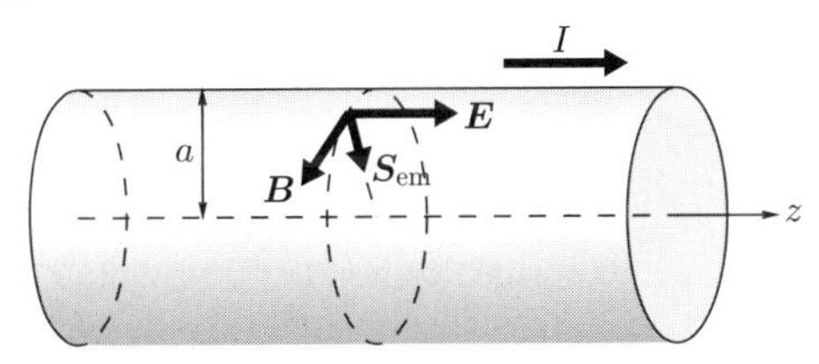

導体内部には z 軸の向きに一様な電場 $\boldsymbol{E} = rI\boldsymbol{e}_z$ が生じている．また，アンペールの法則より，この電流により導体側面に生じる磁束密度は $\boldsymbol{B} = \dfrac{\mu_0 I}{2\pi a}\boldsymbol{e}_\varphi$ であるから，導線側面におけるポインティングベクトルは

$$\boldsymbol{S}_{\mathrm{em}} = \frac{1}{\mu_0}\boldsymbol{E} \times \boldsymbol{B} = \frac{rI^2}{2\pi a}\boldsymbol{e}_z \times \boldsymbol{e}_\varphi = -\frac{rI^2}{2\pi a}\boldsymbol{e}_R$$

となる．よって単位長さあたりの導線に単位時間あたりに流入する電磁場のエネルギーは

$$2\pi a|\boldsymbol{S}_{\mathrm{em}}| = rI^2$$

であり，単位長さあたりの導線内での消費電力に一致する．

7.5 光線の強度は $I = (1 \times 10^{-3})/(25 \times 10^{-6}) = 40\ \mathrm{W/m^2}$ で，太陽光の強度の約 1/25 倍．電場と磁束密度の振幅をそれぞれ E_0, B_0 とすると，式 (7.23) より

$$I = \overline{|\boldsymbol{S}_{\mathrm{em}}|} = \frac{1}{2}c\varepsilon_0 E_0^2$$

$$E_0 = \sqrt{\frac{2I}{c\varepsilon_0}} = \sqrt{\frac{2 \times 40}{(3 \times 10^8)\cdot(9 \times 10^{-12})}} = 1.7 \times 10^2\ \mathrm{V/m},$$

$$B_0 = \frac{E_0}{c} = 5.7 \times 10^{-7}\ \mathrm{T}$$

索　引

❐ あ 行

❐ か 行

❐ さ 行

❐ た　行

❐ な 行

❐ は 行

❐ ま 行

❐ や 行

❐ ら　行

著者略歴

在田 謙一郎（ありた けんいちろう）

1967年 徳島市に生まれる
1986年 山口県立宇部高等学校卒業
1990年 京都大学理学部卒業
1995年 同大学院 理学研究科 博士課程修了
京都大学基礎物理学研究所研究員，名古屋工業大学助手，同准教授，その間レーゲンスブルク大学理論物理学研究所（ドイツ）客員研究員を経て，
2021年 名古屋工業大学教授
理学博士
専門は原子核理論

2024年11月7日 初版発行

理工系物理学の基礎
電磁気学

著者 在田 謙一郎
発行者 山本 格

発行所 株式会社 培風館
東京都千代田区九段南 4-3-12・郵便番号 102-8260
電話(03) 3262-5256(代表)・振替 00140-7-44725

三美印刷・牧 製本

PRINTED IN JAPAN

ISBN 978-4-563-02529-8 C3042